基礎からの
高電圧工学

HIGH VOLTAGE ENGINEERING

高木浩一・向川政治
竹内　希・高橋克幸
門脇一則 共著

森北出版

はじめに

高電圧は発電，変電，送電，配電などいろいろな段階で使われている．送電には家庭で使う 100 V ではなく，50 万ボルト（500 kV）などの高電圧が使われている．身近にある電柱の電線でも 6.6 kV と，家庭の電圧の 66 倍の大きさである．なぜ危険な高電圧を利用しているのか？ ひとえに送電での電力損失を小さくするためである．電力損失は主に電線に電流が流れて抵抗成分で発熱することで生じる．送電の電圧を上げることで，小さな電流で同じ電力が送電できる．電圧を 66 倍にすれば，電流は 1/66 倍なので電力損失は 0.00023 倍に減り，500 kV 送電では 4×10^{-8} 倍に減る．高電圧技術があってはじめて電気が発電所から各家庭に届くことが理解できる．高電圧技術の利用は電気インフラだけではない．静電気や放電プラズマを利用する多くの産業機器にも使われる．小惑星探査機「はやぶさ」のイオンエンジンも高電圧でイオンを加速する．このように高電圧工学を学ぶと，機器の故障や事故電流につながる絶縁破壊現象について学べ，電気エネルギーインフラ，高電圧を利用した産業機器，高電界で生じる物理現象など多くのことが理解できるようになる．

本書は，理工学分野に携わる大学や工業高等専門学校の学生，高電圧に携わる技術者が高電圧の基礎知識を得るための入門書として執筆・編集した．講義を行う先生方や受講する学生の利便性に配慮して，大学や高専の講義との対応するように 12 章だてとし，1 回の講義が章一つに対応する．独学では 2 時間で章一つを学ぶイメージである．高電圧現象の記載は，関連する基礎科目の諸法則との関係にも触れて，専門基礎から発展的に学習ができるようにした．また，高電圧現象を説明するモデルが理解できるように，数式と説明文の双方で記述した．高電圧機器を学ぶ章では，実物を見たことがない人でもその用途と原理およびそれらの発展の歴史を容易に理解できるよう，イラスト，写真，年表などを掲載している．理解度の確認やアクティブラーニングが可能なように，例題や演習，発展的学習も加えた．演習問題解説においては，答えの導出過程も丁寧に記述している．

本書で学ぶことで本分野への興味が高まり，また，得た知識やスキルがこれからの時代，社会を切り開き生き抜く力の一助となれば筆者等の望外な喜びである．

著者一同

目 次

Chapter 1 高電圧工学の基礎

この章の目標は，(1) 高電圧現象の理解，(2) 高電圧工学の基礎となる科目とのつながりの把握である．高電圧現象とは，高電圧による強電界の発生や，その電界が荷電粒子などへ及ぼす力，それに起因する運動，電離や絶縁破壊などを指す．ここでは，高電圧現象の基礎となる電極間の電界分布，電界中の荷電粒子の運動などを学び，高電圧工学の俯瞰力を身につけ，学習の素地を築く．

1.1 高電圧技術が支える電気インフラ

電気はわれわれの暮らしを支えている．身の回りでも，見上げると照明がある．蛍光灯でも LED 照明でも電気で光をつくっている．台所には冷蔵庫や炊飯器，電子レンジがあり，電気で熱交換や発熱をしている．風呂場の洗濯機や居間の掃除機は，電気でモータを動かしている．電話などの通信機器は，電気で信号を送っている．このように電気は，容易に光や熱，運動などのエネルギーに変えられる．このため，生活に欠かせないものとなっている．

高電圧（high voltage）の概念は，もともと電力インフラを構成する発電や変電，送電や配電などで生じる電磁気学的な現象などを基礎として構築されている．このため，一般家庭に届く 100 V に減圧される直前の 6.6 kV より大きな電圧を高電圧とよぶ．

家庭の電気は 100 V で使われているが，送電は 100 V ではなく，家庭直前は 6.6 kV で送られる．これを柱上変圧器で 100 V または 200 V に落と（降圧）したものが家庭へ入る．このため，同じ電力を送るのに電流 I は 1/66 ですむ．送電ロス P_{loss} は，電線の抵抗分を R とすると，

$$P_{\mathrm{loss}} = RI^2 \tag{1.1}$$

となる．このため，6.6 kV で送ることで，送電ロスは 100 V 送電の 1/4356 になる．発電所から変電所への送電は 500 kV などであるため，このときの送電ロスは 2.5×10^7 分の 1 となる．高電圧技術を使わなければ，多くの電気が発電所から家庭へ届く前に電線で熱として失われる．このように，われわれの電気を使う暮らしは，高電圧技術によって支えられていることがわかる．

高電圧現象には，6.6 kV より低い電圧で起こる荷電粒子の移動や衝突電離，絶縁破壊が含まれる．1 気圧の空気の場合では，7.46 μm のギャップに 327 V の電圧が加わるときに火花放電が発生する．このため正確には，パッシェンの法則による最小火花電圧（空気では 327 V）が高電圧現象の起こる最低電圧になる．

1.2 高電圧現象とその扱い

高電圧特有の現象で，高電圧に伴って発生する**高電界**（high electric field）で引き起こされる現象を高電圧現象という．高電圧現象は，主に電界中の誘電体にはたらく力や，固体・液体・気体中の荷電粒子にはたらく力，またその力による運動一般を指す．

ある荷電粒子の運動を考えよう．電界 E [V/m] の中では，粒子の電荷量 q [C] に比例して力（クーロン力）f_q [N] を受ける．

$$f_q = qE \tag{1.2}$$

この力を受け，粒子は以下の運動方程式に従って加速される．

$$f_q = ma \tag{1.3}$$

ただし，m [kg] および a [m/s^2] は，それぞれ粒子の質量と加速度である．加速された粒子は他の粒子と衝突しながら移動するため，平均的な移動速度 v_d は [m/s] は，

$$v_d = \mu E \tag{1.4}$$

と表される．ここで，比例定数 μ [m^2/(V·s)] は**移動度**（mobility），速度 v_d は**ドリフト速度**（drift velocity）とよばれる．

電界が高くなると速度が上がり，粒子の運動エネルギーが増す．その結果，原子や分子の最外殻電子をはじき出す**電離**（ionization）が引き起こされる．電離が繰り返し起こると，荷電粒子の数はネズミ算式（指数関数的）に増えて，電界中の気体の導電性が急激に増し，絶縁性は失われる．この現象を，**絶縁破壊**（(dielectric) breakdown）や**放電**（discharge）とよんでおり，この結果，**プラズマ**（plasma）が生成される．これは高電圧現象の代表的なものとなる．この現象は主に気体中で見られるが，液体中でも固体（絶縁物）中でも起こる．各相での絶縁破壊や放電開始条件を把握しておくことは，高電圧での絶縁設計において重要である．

■ 例題 1.1

大気イオンの移動度が正イオンで $1.69 \times 10^{-4}\,\mathrm{m^2/(V{\cdot}s)}$，負イオンで $2.40 \times 10^{-4}\,\mathrm{m^2/(V{\cdot}s)}$ とする．雷雲が近づいてきたときの電界 100 kV/m における大気イオンの移動（ドリフト）速度を求めよ．

■ 解答

$v_d = \mu E$ より，正イオンは 16.9 m/s $(= 1.69 \times 10^{-4} \times 100 \times 10^3)$，負イオンは 24.0 m/s $(= 2.40 \times 10^{-4} \times 100 \times 10^3)$ と求まる．

1.3 静電界の基礎

1.3.1 ■ 電位と電界

電荷に関する位置エネルギーに相当する概念を**電位**（electric potential）とよび，電位は単位電荷量の 1 C（クーロン）の荷電粒子を基準電位（0 V）から運ぶために必要なエネルギー（J，ジュール）で定義される．ある 2 点間の電位の差（電位差）は，電気工学では一般に**電圧**（voltage）とよぶ．電荷に力を及ぼす作用場を**電場**もしくは**電界**（electric field）よび，単位電荷量 1 C の荷電粒子に加わる力（N，ニュートン）で定義される．時間によって変化しない電界を**静電界**（electrostatic field）とよぶ．絶縁破壊は，電界がある値を超えたときに起こり，その値は 1 気圧の空気で 3 MV/m，絶縁に用いられる SF_6 ガスで 8 MV/m，液体では水で 20 MV/m，絶縁油で 27 MV/m，固体では油浸紙で 15 MV/m，石英ガラスで 30 MV/m，フッ素樹脂（テフロンなど）で 60 MV/m，ポリイミドフィルム（カプトン）で 280 MV/m 程度である．このため，高電圧現象では絶縁物中の電界分布の把握は重要となる．

磁界と電界の関係は，以下の**マクスウェルの方程式**（Maxwell's equation）で記述される．

$$\nabla \times \boldsymbol{E} = -\frac{\partial \boldsymbol{B}}{\partial t} \tag{1.5}$$

$$\nabla \times \boldsymbol{H} = \boldsymbol{J} + \frac{\partial \boldsymbol{D}}{\partial t} \tag{1.6}$$

$$\nabla \cdot \boldsymbol{B} = 0 \tag{1.7}$$

$$\nabla \cdot \boldsymbol{D} = \rho \tag{1.8}$$

ここで，$\boldsymbol{E}$ [V/m] は電界，$\boldsymbol{B}$ [T] は磁束密度，$\boldsymbol{H}$ [A/m] は磁界強度，$\boldsymbol{J}$ [A/m^2] は電流密度，$\boldsymbol{D}$ [C/m^2] は**電束密度**（electric flux density），ρ [C/m^3] は電荷密度を表す．∇（ナブラ）は微分演算子である．

式 (1.5) は時間的に変化する磁場による電界の発生（誘導電界）を表す．これは発電機など電気機器の基礎となる式で，**ファラデーの法則**（Faraday's law）の微分形である．式 (1.6) は電流による磁場生成を示しており，変圧器や電動機の基礎となる式である．式 (1.7) は，磁界に関するガウスの法則を示しており，磁気単極子が存在しないことを意味する．式 (1.8) は，電荷分布がある場合の電束密度に関する**ガウスの法則**（Gauss's law）（微分形）を示す．

磁界がない場合，式 (1.5) は $\nabla \times \boldsymbol{E} = 0$ となり，誘導電界は発生しない．また，電界は電位（スカラーポテンシャル）ϕ[V] の勾配として定義される．

$$\boldsymbol{E} = -\nabla\phi \tag{1.9}$$

電界と電束密度は，**誘電率**（permittivity）ε によって次のように示される．

$$\boldsymbol{D} = \varepsilon\boldsymbol{E} \tag{1.10}$$

式 (1.9), (1.10) を式 (1.8) に代入することで，以下の**ポアソンの式**（Poisson's equation）が得られる．

$$\nabla^2\phi = -\frac{\rho}{\varepsilon} \tag{1.11}$$

電荷が存在しない場合 ($\rho = 0$) は，右辺を 0 とした**ラプラスの式**（Laplace's equation）となる．

$$\nabla^2\phi = 0 \tag{1.12}$$

1.3.2 ■ 真空中の電界分布

真空中において，直交座標系で位置座標 (x, y, z) におけるポアソンの式は，式 (1.11) の ∇ に $\boldsymbol{i}\frac{\partial}{\partial x} + \boldsymbol{j}\frac{\partial}{\partial y} + \boldsymbol{k}\frac{\partial}{\partial z}$（ただし，$\boldsymbol{i}, \boldsymbol{j}, \boldsymbol{k}$ はそれぞれ x, y, z 方向の単位ベクトル）を代入して，次のようになる．

$$\nabla^2\phi = \frac{\partial^2\phi}{\partial x^2} + \frac{\partial^2\phi}{\partial y^2} + \frac{\partial^2\phi}{\partial z^2} = -\frac{\rho}{\varepsilon_0} \tag{1.13}$$

ただし，ε_0 は真空の誘電率で 8.854×10^{-12} F/m である．電界（ベクトル）$\boldsymbol{E}$ と電位 ϕ は，式 (1.9) に示す勾配（傾き）で関係付けられる．

$$\boldsymbol{E} = -\nabla\phi = -\left(\boldsymbol{i}\frac{\partial\phi}{\partial x} + \boldsymbol{j}\frac{\partial\phi}{\partial y} + \boldsymbol{k}\frac{\partial\phi}{\partial z}\right) \tag{1.14}$$

式 (1.14) より，電界ベクトルの向きは電位の勾配がもっとも急に下がる方向で，電界の大きさはその方向の傾き（$\partial\phi/\partial r$）になっていることがわかる．電荷と電界は，ガウスの法則より次のようになる．

$$\nabla \cdot \boldsymbol{E} = \left(\frac{\partial E_x}{\partial x} + \frac{\partial E_y}{\partial y} + \frac{\partial E_z}{\partial z}\right) = \frac{\rho}{\varepsilon_0} \tag{1.15}$$

式 (1.14) および式 (1.15) の積分形は次のようになる．

$$\phi = -\int_{r_1}^{r_2} \boldsymbol{E} \cdot d\boldsymbol{r} \tag{1.16}$$

$$\int_S \boldsymbol{E} \cdot \boldsymbol{n} dS = \frac{1}{\varepsilon_0} \int \rho dv = \frac{Q}{\varepsilon_0} \tag{1.17}$$

ここで r_1，r_2 はそれぞれ基準電位（$\phi = 0$）と求める電位の位置，$\boldsymbol{r}, \boldsymbol{n}$ は単位方向ベクトルおよび単位法線ベクトル，S は任意の閉曲面，v は閉曲面内の微小部分の体積，Q は閉曲面内の総電荷量である．

ラプラスの式は，さまざまな幾何学的形状に存在する電界を計算するために使用することができる．代表的な電極配置である平行平板（面），球（点），同軸円筒（線）電

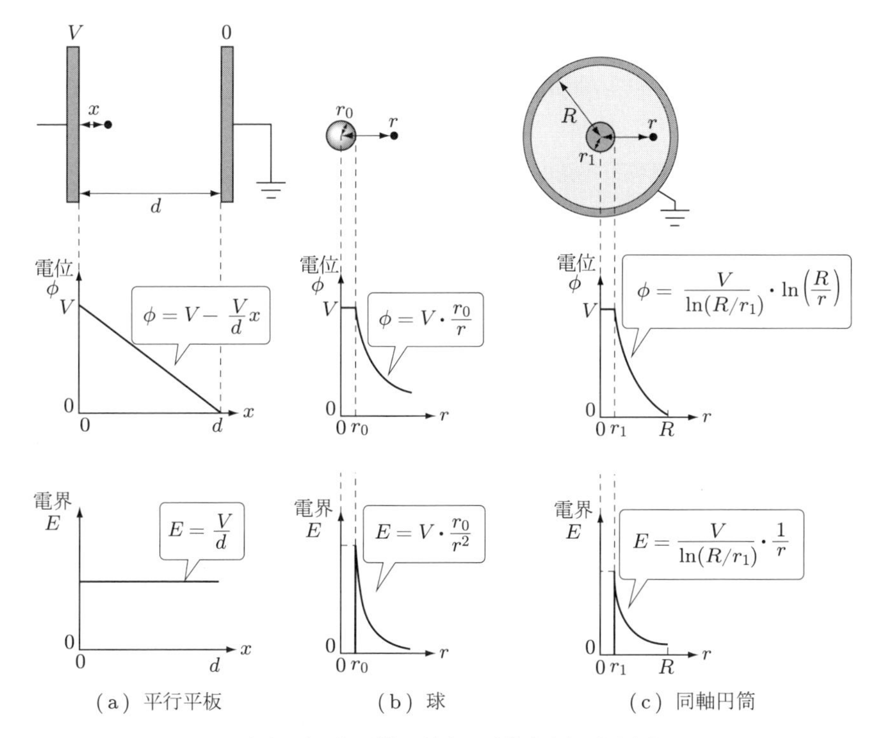

図 1.1　各電極形状に対する電位分布と電界分布

極配置での電位と電界の空間分布を**図 1.1** に示す．図中の式のように，同じ電圧 V を印加しても電極表面の電界が異なることがわかる．印加電圧 V が 10 kV，電極間隔が $d = 1\,\mathrm{cm}$ の場合，平行平板電極の電界は 1 MV/m で，空気の絶縁破壊電界の 3 MV/m より小さい．しかし，半径 r_1 が 1 mm の同軸円筒電極では，接地電極までの距離 R が 1 cm の場合，線電極に 10 kV を印加すると表面の電界は 4.3 MV/m と絶縁破壊電界に達する．

1.3.3 ■ 誘電体中の電界分布

電力設備では絶縁破壊を防ぐため，一般に電極間を固体や液体の絶縁物で満たす．絶縁体は高い絶縁性能を有すると同時に，分極などの誘電現象も起こす．このため絶縁体は，誘電現象に着目して誘電体ともよばれる．

電極間の絶縁物が液体や固体の場合，材質の誘電率を考慮して，電束密度 $\boldsymbol{D}$ を用いる．式 (1.8) は直交座標系では次のようになる．

$$\nabla \cdot \boldsymbol{D} = \left(\frac{\partial D_x}{\partial x} + \frac{\partial D_y}{\partial y} + \frac{\partial D_z}{\partial z} \right) = \rho \tag{1.18}$$

電束密度と電界の関係は式 (1.10) で示される．材質の誘電率と真空の誘電率の比 ε_r（$= \varepsilon/\varepsilon_0$）は物質に固有で**比誘電率**（relative permittivity）とよばれており，水で約 80，石英ガラスで約 3.8 となる．よく用いられる絶縁物の比誘電率を**表 1.1** に示す．これは**絶縁耐圧**（dielectric strength）とともに，電界や蓄積可能なエネルギー密度を決める重要な数値である．なお，絶縁耐圧は物質固有の絶縁破壊電圧である．

表 1.1 物質の絶縁耐圧と比誘電率

物質（誘電体）	絶縁耐圧 [MV/m]	比誘電率 ε_r
空気	3	1
SF_6 ガス	8	1
雲母	200	7
石英ガラス	30	3.8
セラミックス	12	7
ポリエチレン	150	2.3
カプトン	280	3.6
テフロン	60	2
パラフィン	10	2.3
油浸紙	15	6
シリコーン油	14	2.8
絶縁油	27	2.2
水	20	80

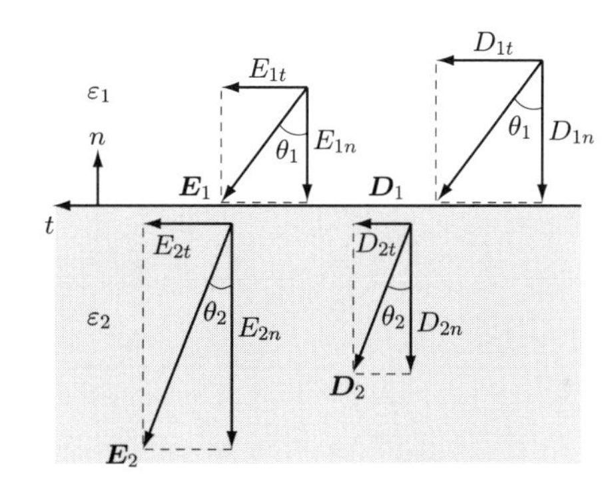

図 1.2 境界面での電界・電束密度の方向と大きさ

電極間が異なる二つの絶縁物で満たされた場合を考えよう．**図 1.2** に示すような二つの誘電体の界面では，ガウスの法則と電界の周回積分より，次の境界条件が導き出される．

$$E_{1t} = E_{2t}, \quad D_{1n} = D_{2n} \tag{1.19}$$

ここで，E および D は電界および電束密度の大きさ，添字の 1 および 2 は誘電率 ε_1 および ε_2 の誘電体，添字 t および n は境界面に対して平行および垂直方向を示す．式 (1.10) より，$\boldsymbol{E}$ と $\boldsymbol{D}$ の各成分は次のようになる．

$$D_{1n} = \varepsilon_1 E_{1n}, \quad D_{2n} = \varepsilon_2 E_{2n} \tag{1.20}$$

$$D_{1t} = \varepsilon_1 E_{1t}, \quad D_{2t} = \varepsilon_2 E_{2t} \tag{1.21}$$

したがって，式 (1.19) は次のように書ける．

$$E_{2t} = E_{1t}, \quad E_{2n} = \frac{\varepsilon_1}{\varepsilon_2} E_{1n} > E_{1n} \quad （ただし，\varepsilon_1 > \varepsilon_2） \tag{1.22}$$

1.3.4 ■ 静電エネルギー

高電圧現象の大切な性質として，**静電エネルギー** (electrostatic energy) がある．これは電界および電束 (電荷) により生じるエネルギーであり，エネルギー密度 w_E [J/m^3] は以下の式となる．

$$w_E = \frac{1}{2}\boldsymbol{D} \cdot \boldsymbol{E} = \frac{\varepsilon}{2}E^2 = \frac{1}{2\varepsilon}D^2 \tag{1.23}$$

加えられる電界は絶縁耐圧で制限される．したがって，絶縁耐圧が高く，誘電率が大きいほど，高いエネルギー密度を実現できることがわかる．また，図 1.1(a) の平行平板電極で電極の面積を S [m^2]，電極間の距離を d [m] とすると，電極間の体積は Sd [m^3] となる．したがって，この間のエネルギー W_E [J] は，

$$W_E = w_E Sd = \frac{1}{2}(DS) \times (Ed) = \frac{1}{2}QV \tag{1.24}$$

のように，電極間の電位差 V [V] と，電極に現れる電荷 Q [C] の積となる．

■ **例題 1.2**

2 cm の空気層からなる平行平板電極間に 50 kV の電圧を印加した．厚さ d [cm]，比誘電率 5 の誘電体板を挿入するとき，空気層の電界が 30 kV/cm（空気の絶縁破壊電界）になる厚さ d を求めよ．

■ **解答**

誘電体挿入前の空気層の電界は 25 kV/cm (= 50 kV/2 cm) である．誘電体挿入後の空気層の電界を E とすると，誘電体中の電界は $E/5$ となる．したがって，$E/5 \times d + E \times (2-d) = 50$．$E$ に 30 を代入して d を求めると，0.42 cm となる．

1.4 電界の不平等性とその視覚化

1.4.1 ■ 電気力線と等電位面

電界を視覚的に表すために，**電気力線**（line of electric force）という仮想的な場を表す多数の流線（フラックス）が用いられる．空間に電界 $\boldsymbol{E}$ が存在するとき，電気力線は電界 $\boldsymbol{E}$ の接線になるような連続的な曲線として表すことができる．したがって，電気力線の方向や面密度で，各位置における電界の方向と大きさを視覚化できる．電気力線の主な性質は，

① 電気力線上の接線は，その点の電界の方向を示す
② 各点における電気力線の面密度は，その点の電界の大きさを示す
③ 電気力線は正電荷で発生して負電荷で消滅する

の 3 点となる（**図 1.3**）．

電気力線の発生と電荷量は，式 (1.17) に示すガウスの法則で関係付けられている．式 (1.17) の左辺は平曲面から出ていく電気力線の総数を求める式となっている．右辺は電荷量 Q を真空の誘電率 ε_0 で割ったものであり，等式が成り立つので，これが電気力線の発生量となる．すなわち，1 C の電荷から $1/\varepsilon_0$ 本の電気力線が発生していることを示している．

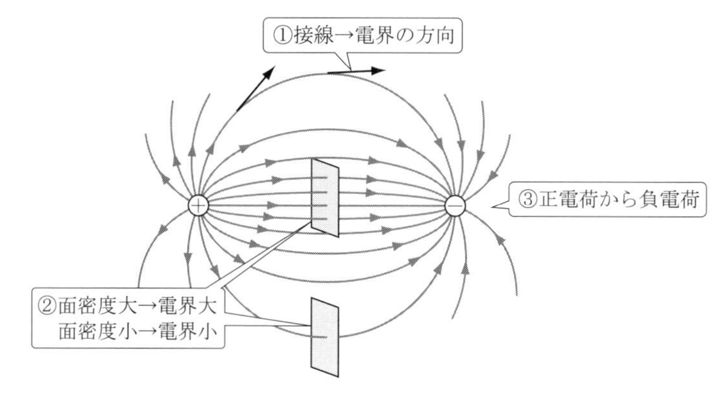

図 1.3 電気力線の性質

空間内で同じ電位をもつ点を連ねることで，一つの仮想的な面ができる．これは**等電位面**（equipotential surface）とよばれ，地形図の等高線や気象図の等圧線同様，電位分布の可視化に用いられる．等電位面には，

① 等電位面と電気力線は常に垂直に交わる
② 二つの異なる電位の等電位面は交わらない

といった性質がある．**図 1.4**(a) に平行平板電極間に生じる等電位面と電気力線の様子を，また，図 (b) に同軸円筒電極間に生じる等電位面と電気力線の様子を示す．等電位面の二つの性質が成り立っていることが確認できる．また，平行平板電極間では，電気力線の密度や等電位面の間隔が常に一定（一定電界）なのに対して，同軸円筒電極間では内部導体付近で電気力線の密度が大きく，等電位面の間隔が小さくなっており，電界が大きいこと（電界集中）がわかる．

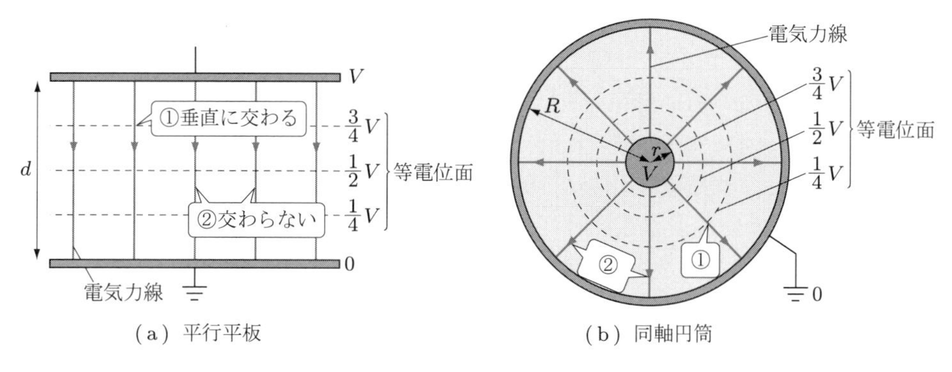

(a) 平行平板　(b) 同軸円筒

図 1.4 各電極形状における等電位面

1.4.2 ■ 電界集中係数

電界または電極配置の不平等性を定量的に示す値として，シュワイガー（Schwaiger）は，**電界利用率**（Schwaiger Factor）η を

$$\eta = \frac{E_\mathrm{a}}{E_\mathrm{m}} = \frac{V}{d}\frac{1}{E_\mathrm{m}} \tag{1.25}$$

と定義した．ここで，E_a は平均電界（電極間の印加電圧 V を電極間距離 d で割ったもの），E_m は電極表面の最大電界である．η の逆数 f は**電界集中係数**（electric field enhancement factor）あるいは電界不平等係数とよばれ，しばしば電力機器の絶縁設計に用いられる．

$$E_\mathrm{m} = \frac{E_\mathrm{a}}{\eta} = E_\mathrm{a} f = \frac{V}{d} f \tag{1.26}$$

η や f は電極配置が決まると印加電圧と無関係に決まる値であり，完全な平等電界では 1 となる．電界の不平等性（電界ひずみ，電界集中）が強くなるほど η は小さく（$0 \leq \eta \leq 1$），f は大きく（$1 \leq f < \infty$）なり，最大電界が無限大の場合は $\eta = 0$，$f = \infty$ となる．

表 1.2 に，代表的な電極配置における最大電界 E_m とその発生場所，および電界集中係数 f を示す．平行平板の場合，電極端の曲率が小さな部分に電界が集中する**エッジ効果**（edge effect）を無視すると，ほぼ平等電界となる．このため平均電界と最大電界は等しく，電界集中係数は 1 となる．また，電極間隔 d と電極の半径 r の比が同じ場合，球形状の電界集中係数は円筒形状に比べて大きくなる．加えて，球対球や円筒対円筒に比べて球対平板や円筒対平板のような非対称な構成のほうが，電界集中係数は大きくなる．

電界分布は，おおまかに**平等電界**（uniform electric field）と**不平等電界**（non-uniform electric field）の二つに分類される．前者は電界集中係数 f が 1，後者は $f \gg 1$ の電極配置を意味している．しかし実用上，$f > 1$ や $f \fallingdotseq 1$ の電極配置を**準平等電界**（quasi-uniform electric field）として，前者の二つと分けて考えることが多い．これらは電界分布に加えて絶縁破壊現象の違いで分けられている．絶縁破壊は，電極間が放電で短絡される**全路破壊**（complete breakdown）と，電界が高い一部で放電が生じる**局部破壊**（partial breakdown）とに分けられる．前者が生じる電圧を全路破壊電圧 V_b，後者が生じる電圧を局部破壊電圧 V_i とすると，

平等電界：$f = 1$ かつ $V_\mathrm{b} = V_\mathrm{i}$（局部破壊を経ずに全路破壊へいたる）
準平等電界：$f > 1$ かつ $V_\mathrm{b} = V_\mathrm{i}$
不平等電界：$f \gg 1$ かつ $V_\mathrm{b} > V_\mathrm{i}$（局部破壊を経て全路破壊へいたる）

表 1.2　代表的な電極配置における最大電界と電界集中係数

電極配置	最大電界 E_m とその発生場所	電界集中係数 f
(a) 平行平板 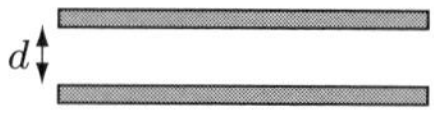 d	$E_\mathrm{m}=\dfrac{V}{d}$ 周縁部を除くすべて	1
(b) 同軸円筒 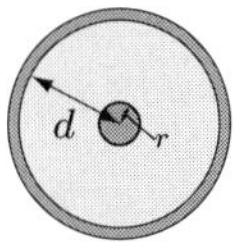 d r	$E_\mathrm{m}=\dfrac{V/r}{\ln(d/r)}$ 内側円筒表面	$\dfrac{(d-r)/r}{\ln(d/r)}$
(c) 同心球 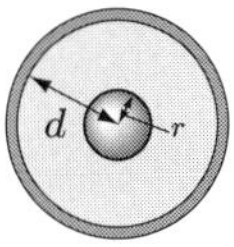 d r	$E_\mathrm{m}=\dfrac{dV}{r(d-r)}$ 内側球表面	$\dfrac{d}{r}$
(d) 球対球 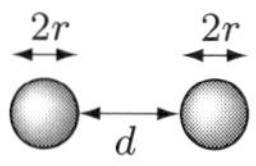 $2r$ $2r$ d	$E_\mathrm{m}=0.9\,\dfrac{V}{2d}\left(2+\dfrac{d}{r}\right)$ 球間でもっとも近い球表面上	$0.45\left(2+\dfrac{d}{r}\right)$
(e) 円筒対円筒 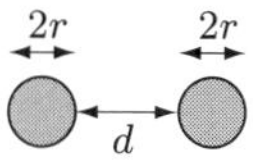 $2r$ $2r$ d	$E_\mathrm{m}=\dfrac{V/2r}{\ln(d/r)}$ ただし, $d \gg r$ 円筒間でもっとも近い円筒表面上	$\dfrac{d/2r}{\ln(d/r)}$
(f) 球対平板 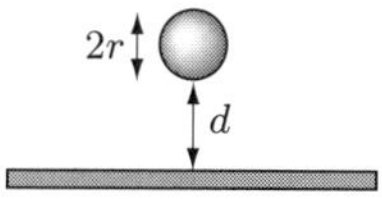 $2r$ d	$E_\mathrm{m}=\dfrac{V}{d}\left(0.94\,\dfrac{d}{r}+0.8\right)$ 平板にもっとも近い球面上	$0.94\,\dfrac{d}{r}+0.8$
(g) 円筒対平板 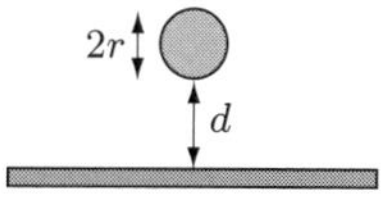 $2r$ d	$E_\mathrm{m}=\dfrac{V/r}{\ln(2d/r)}\ (d \gg r)$ 平板にもっとも近い円筒上	$\dfrac{d/r}{\ln(2d/r)}$

と定義される．

電極端の電界集中を防ぐため，平等電界には緩やかなカーブを描くような形状の円板型電極である**ロゴスキー電極**（Rogowski electrode）などが用いられる．エッジの曲率半径 r に対して，ギャップ長 d が $d < r$ となるように設定される．準平等電界には球電極が用いられる．球電極の半径を r とすると，ギャップ長は $d < r$ となるように設定される．

■ 例題 1.3

表 1.2 の以下の四つの電極配置について，電極間距離 $d = 5\,\mathrm{cm}$，電極半径 $r = 5\,\mathrm{mm}$ のときの電界集中係数 f を求めよ．

(1) 円筒対円筒　(2) 円筒対平板　(3) 球対球　(4) 球対平板

■ 解答

$d = 10r$ として，表 1.2 の式に代入する．(1) $f_1 = \dfrac{d/2r}{\ln(d/r)} = \dfrac{5}{\ln(10)} = 2.17$，(2) $f_2 = \dfrac{d/r}{\ln(2d/r)} = \dfrac{10}{\ln(20)} = 3.34$，(3) $f_3 = 0.45\left(2 + \dfrac{d}{r}\right) = 0.45(2 + 10) = 5.4$，(4) $f_4 = 0.94\dfrac{d}{r} + 0.8 = 0.94 \times 10 + 0.8 = 10.2$ となる．

静電気で高電圧を発生させてみよう

高電圧は静電気を使って簡単に発生させることができます．冬場の静電気は，摩擦帯電で 1 万ボルトに近い電圧を発生させます．塩ビ管やプラスチックの下敷きなどを服などで擦って帯電させ（数 kV になる），水道の少量の流れ落ちる水に近づけましょう．高電界現象（誘導帯電とクーロン力）で，水の軌道が変わる様子を観察してみよう．

演習問題

1.1　図 1.1(a) に示す平行平板電極での電位 ϕ と電界 E をラプラスの方程式を用いて求めよ．ただし，空間電荷は 0 とし，境界条件は，$x = 0$ のとき $\phi = V$，$x = d$ のとき $\phi = 0$ とする．

1.2　図 1.1(b), (c) に示す電極配置における電位 ϕ と電界 E をガウスの法則を用いて求めよ．

1.3　表 1.1 の数値を用い，ポリエチレン，水，空気を誘電体としたコンデンサの単位体積あたりの最大貯蔵エネルギー密度を求めよ．

1.4　**問図** 1.1 に示す二つの二層誘電体形状について，それぞれの場所における電界を求めよ．

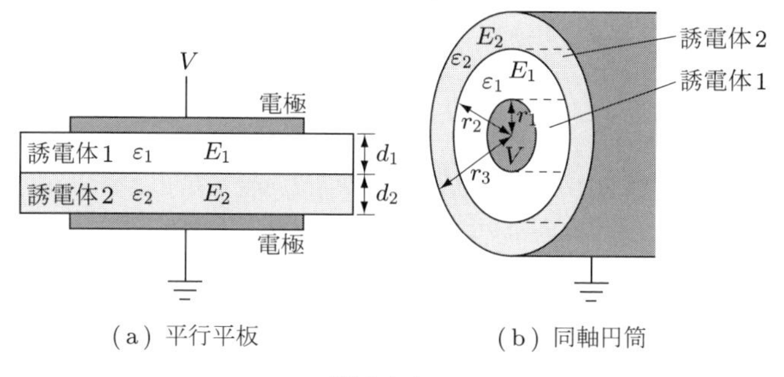

(a) 平行平板　　(b) 同軸円筒

問図 1.1

Chapter 2 気体と荷電粒子の性質

物質は，エネルギーを与えられるにしたがって固体，液体，気体と変化し，その次は原子・分子が電子とイオンに分離し，電離気体となる．高電圧の影響下では，荷電粒子は電界で加速されてエネルギーを得て，他の粒子と衝突することで電離や励起を引き起こす．この章では，電離気体に関係する基礎的知識として，(1) 気体の熱的性質，(2) 電子やイオンなどの荷電粒子の衝突と輸送現象，(3) 原子や励起種の構造と衝突過程について学び，第 3 章以降を学ぶうえでの学習の素地を築く．

2.1 気体の性質

2.1.1 ■ 気体の分子運動

空気は窒素分子や酸素分子などを含んでいる．気体を構成する分子は，気体の温度に対応する運動エネルギーをもっている．絶対温度 T の気体では，1 分子，1 自由度あたりの平均運動エネルギーは

$$\frac{1}{2}k_{\mathrm{B}}T \tag{2.1}$$

である．これを**エネルギー等分配則**（law of equipartition of energy）という．ここで k_{B} は**ボルツマン定数**（Boltzmann constant）であり，SI 単位系での定義値は 1.380649×10^{-23} J/K である．単原子分子は x, y, z 方向に動く自由度をもつので，質量 m の単原子分子の運動エネルギー $\frac{1}{2}m\boldsymbol{v}^2$ の平均は

$$\left\langle \frac{1}{2}m\boldsymbol{v}^2 \right\rangle = \left\langle \frac{1}{2}m\boldsymbol{v}_x^2 \right\rangle + \left\langle \frac{1}{2}m\boldsymbol{v}_y^2 \right\rangle + \left\langle \frac{1}{2}m\boldsymbol{v}_z^2 \right\rangle = \frac{3}{2}k_{\mathrm{B}}T \tag{2.2}$$

である．これより，気体分子の二乗平均速度は

$$\sqrt{\langle \boldsymbol{v}^2 \rangle} = \sqrt{\frac{3k_{\mathrm{B}}T}{m}} \tag{2.3}$$

となる．1 個の単原子分子が一辺の長さ L，体積 $V = L^3$ の立方体の容器に閉じ込められている場合を考えよう．x 方向の速度を v_x とすると，x 軸と垂直な壁に衝突するときの運動量の変化は $2mv_x$，1 秒あたりの壁への衝突回数は $v_x/2L$ であるので，

壁が受ける平均の力 F は

$$F = \left\langle 2mv_x \times \frac{v_x}{2L} \right\rangle = \frac{\langle mv_x^2 \rangle}{L} = \frac{k_\mathrm{B}T}{L} \tag{2.4}$$

したがって，立方体の容器内に N 個の単原子分子があるときに壁が受ける圧力 P は

$$P = \frac{NF}{L^2} = \frac{Nk_\mathrm{B}T}{V} \tag{2.5}$$

となる．これは理想気体の**状態方程式**（equation of state）である．気体分子の密度を $n = N/V$ とすると，$P = nk_\mathrm{B}T$ と表される．物質量 1 mol の物質は**アボガドロ数**（Avogadro number）$N_\mathrm{A} = 6.02214076 \times 10^{23}$ の分子を含む．気体の質量を w [g]，分子量（平均分子量）を M とすると，

$$PV = \frac{w}{M}RT \tag{2.6}$$

が成り立つ．ここで，$R = N_\mathrm{A}k_\mathrm{B} \approx 8.31\,\mathrm{J/(mol{\cdot}K)}$ は**気体定数**（gas constant）である．

■ **例題 2.1**

2 原子分子，3 原子分子の運動エネルギーの平均を求めよ．原子間距離は変わらないとする．

■ **解答**

2 原子分子の運動の自由度は，並進が 3，回転が 2 で，合計は 5．したがって，$\varepsilon = 5 \times (1/2)k_\mathrm{B}T = (5/2)k_\mathrm{B}T$．3 原子分子の運動の自由度は，直線状分子では並進が 3，回転が 2 で，合計は 5．したがって，$\varepsilon = 5 \times (1/2)k_\mathrm{B}T = (5/2)k_\mathrm{B}T$．非直線状分子では並進が 3，回転が 3 で，合計は 6．したがって，$\varepsilon = 6 \times (1/2)k_\mathrm{B}T = 3k_\mathrm{B}T$．

2.1.2 ■ ボルツマン分布則

前項では，気体のエネルギーや力の平均を求めたが，「平均」の意味をきちんと考えなかった．どのような母集団での平均を求めたことになるのだろうか．

気体分子の集まりは，最初に何らかの理由で規則的な動きをしていても，たがいに衝突して，ついにはランダムな状態になるはずである．このように，十分な時間が経過して，ランダムな運動をする状態を**熱平衡状態**（thermal equilibrium state）という．このとき，もっとも起こりやすい状態が実現していると考えられる．このような考えに基づくと，温度 T の気体分子の集団では，エネルギー E の状態を占める気体分子の割合は

$$e^{-E/k_\mathrm{B}T} \tag{2.7}$$

に比例することが導かれる．この性質を**ボルツマン分布則**（Boltzmann distribution law）といい，式(2.7)をボルツマン因子という．熱平衡状態の気体分子の集団での「平均」は，この分布則で求められる．

ボルツマン分布則の適用例の一つとして，地面から高さ h の位置の空気の分子の体積密度 n を考えよう．地上での分子密度を n_0 とし，温度 T は一様とする．高さ h での 1 分子の位置エネルギーは $E = mgh$ なので，密度の比は

$$\frac{n}{n_0} = e^{-E/k_\mathrm{B}T} = \exp\left(-\frac{mgh}{k_\mathrm{B}T}\right) \tag{2.8}$$

である．

■ 例題 2.2

海面の気圧が 1013 hPa のとき，岩手山（2038 m）の頂上の気圧を求めよ．空気の平均分子量を $M = 29$，海面から頂上までの温度は一様に 10 ℃とする．

■ 解答

温度は一様なので，気体密度の比と圧力の比は等しい．平均分子質量は $m = (M \times 10^{-3})/N_\mathrm{A}$ [kg] なので，海面上の圧力 $p_0 = 1013\,\mathrm{hPa}$ と頂上の圧力 p の比は

$$\begin{aligned}\frac{p}{p_0} &= \exp\left(-\frac{mgh}{k_\mathrm{B}T}\right) = \exp\left\{-\frac{(M\times 10^{-3})gh}{RT}\right\}\\ &= \exp\left\{-\frac{(29\times 10^{-3})\times 9.8\times 2038}{8.314\times(273+10)}\right\} = 0.78\end{aligned}$$

したがって，$p = 1013 \times 0.78 = 617\,\mathrm{hPa}$ となる．

ボルツマン分布則のもう一つの適用例として，容器内に N 個の単原子分子があり，位置エネルギーの差がない場合を考えよう．このとき，1 分子のエネルギーは

$$E = \frac{1}{2}m\boldsymbol{v}^2 = \frac{1}{2}m(v_x^2 + v_y^2 + v_z^2) \tag{2.9}$$

であり，速度空間における気体分子の位置は $\boldsymbol{v} = (v_x, v_y, v_z)$ で表される．**図 2.1** のように，この点を含む微小体積 $dv_x dv_y dv_z$ の中にある気体分子の数 dN は，比例定数 C を用いて

$$dN = C\exp\left\{-\frac{m}{2k_\mathrm{B}T}(v_x^2 + v_y^2 + v_z^2)\right\}dv_x dv_y dv_z \tag{2.10}$$

である．これを，速度空間における**マクスウェル–ボルツマン分布**（Maxwell–

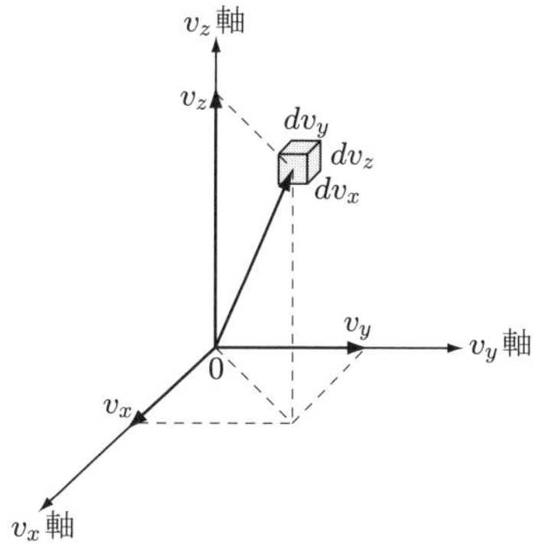

図 2.1　速度空間

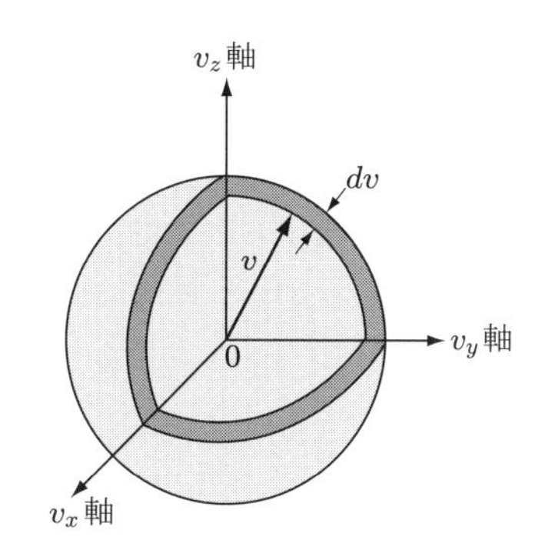

図 2.2　速度空間を厚さ dv の球殻に分ける

Boltzmann distribution）という．速度空間の全体で和をとったときに総分子数が N となるように規格化すると，比例定数は

$$C = N\left(\frac{m}{2\pi k_\mathrm{B}T}\right)^{3/2} \tag{2.11}$$

と定まる．また，N 個の分子のうち，速さが v と $v+dv$ の間にある気体分子の数 dN' は，**図 2.2** のように半径 v，厚さ dv の球殻の体積 $4\pi v^2 dv$ を用いて

$$dN' = C\exp\left(-\frac{mv^2}{2k_\mathrm{B}T}\right)4\pi v^2 dv \tag{2.12}$$

となる．これを，**分子の速さに関するマクスウェル分布**（Maxwell distribution for molecular speeds）という．

■ 例題 2.3

温度 T のマクスウェル–ボルツマン分布において，気体分子の速さの平均 $\langle v\rangle$ を求めよ．

■ 解答

$$\langle v\rangle = \frac{1}{N}\int v\,dN' = \int_0^\infty v\left(\frac{m}{2\pi k_\mathrm{B}T}\right)^{3/2}\exp\left(-\frac{mv^2}{2k_\mathrm{B}T}\right)4\pi v^2 dv$$

$x = v\sqrt{\dfrac{m}{2k_\mathrm{B}T}}$ とおき，積分公式 $\displaystyle\int_0^\infty x^3 e^{-x^2}dx = \frac{1}{2}$ を用いると，次のようになる．

$$\langle v\rangle = \frac{4\pi}{\pi^{3/2}}\sqrt{\frac{2k_\mathrm{B}T}{m}}\int_0^\infty x^3 e^{-x^2}dx = \frac{4}{\sqrt{\pi}}\sqrt{\frac{2k_\mathrm{B}T}{m}}\cdot\frac{1}{2} = \sqrt{\frac{8k_\mathrm{B}T}{\pi m}}$$

2.2 気体の衝突と反応速度

2.2.1 ■ 衝突断面積

気体は十分時間が経過したのちに熱平衡に達する．その間，気体分子は相互に衝突を起こし，ついにはランダムな運動になる．電離気体は電子と原子・分子の衝突により生成・維持されるので，衝突の理解は重要である．衝突の様子を理解するため，静止した標的粒子に別の粒子を衝突させ，その後散乱していく過程を考えよう．ここで扱う粒子は，気体分子だけでなく，電子も含めるものとする．

図 2.3 のように，エネルギー E の粒子を，その進行方向と垂直で厚さ L のシート内に分布する体積密度 n_{B} の標的粒子に入射する．単位時間あたり N_0 個の粒子を入射したときに単位時間あたり N 個の入射粒子が散乱されたとする．このとき，1 個の入射粒子の単位長さあたりの衝突回数は

$$P_c = \frac{N}{N_0 L}\ [\text{回/m}] \tag{2.13}$$

であり，これを**衝突確率**（collision probability）という．また，この逆数

$$\lambda = \frac{1}{P_c}\ [\text{m/回}] \tag{2.14}$$

を**平均自由行程**（mean free path）といい，これは粒子が前後する 2 回の衝突の間に走行する距離の平均値と考えられる．

入射粒子を規格化し，上記のシートに単位時間単位面積あたり Γ_{A} 個の粒子束を入射したとき，単位時間単位面積あたり N 個の入射粒子が散乱されたとする．このとき，単位面積あたりの標的粒子の数は $n_{\mathrm{B}}L$ であるので，標的粒子は 1 個あたり

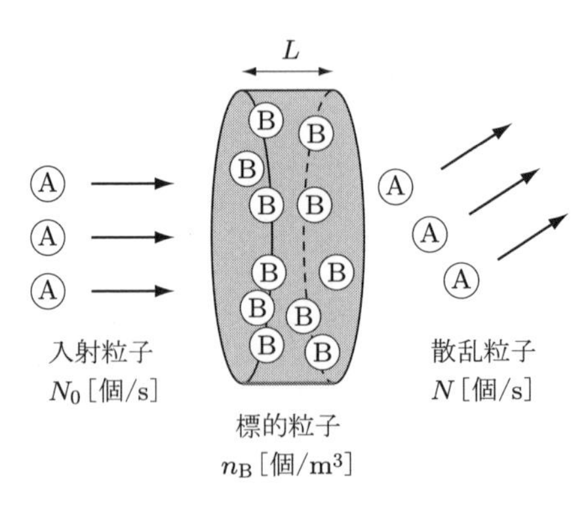

図 2.3 衝突のモデル

$$\sigma = \frac{N}{\Gamma_{\mathrm{A}} n_{\mathrm{B}} L}\,[\mathrm{m}^2] \tag{2.15}$$

の断面積をもっているとみなせる．このようにして測定される σ を，**衝突断面積**（collision cross section）または**全断面積**（total cross section）という．これより，衝突確率と平均自由行程は，

$$P_c = \frac{N}{\Gamma_{\mathrm{A}} L} = n_{\mathrm{B}}\sigma, \quad \lambda = \frac{1}{P_c} = \frac{1}{n_{\mathrm{B}}\sigma} \tag{2.16}$$

と表される．入射粒子の速度を v とすると，1 個の粒子の単位時間あたりの衝突回数は

$$\nu = \frac{v}{\lambda} = n_{\mathrm{B}}\sigma v\,[\mathrm{Hz}] \tag{2.17}$$

であり，これを**衝突周波数**（collision frequency）という．

標的粒子が密の場合，粒子束（以降，入射フラックス）Γ_{A} は，粒子の進行とともに減少する．入射粒子の進行方向と垂直で厚さ dx のシート内に標的粒子が体積密度 n_{B} で分布するとき，このシート内の単位面積あたりの標的粒子の数は $n_{\mathrm{B}}dx$，単位時間単位面積あたりの衝突回数 ΔN は，

$$\Delta N = \Gamma_{\mathrm{A}}\sigma n_{\mathrm{B}} dx \tag{2.18}$$

であり，これが厚さ dx のシート内での入射フラックスの減少量となる．この変化量は $d\Gamma_{\mathrm{A}} = -\Gamma_{\mathrm{A}}\sigma n_{\mathrm{B}} dx$ と表され，次の微分方程式が成り立つ．

$$\frac{d\Gamma_{\mathrm{A}}}{dx} = -\Gamma_{\mathrm{A}}\sigma n_{\mathrm{B}} \tag{2.19}$$

$x = 0$ での入射フラックスを $\Gamma_{\mathrm{A}} = \Gamma_0$ とすると，

$$\Gamma_{\mathrm{A}} = \Gamma_0 e^{-\sigma n_{\mathrm{B}} x} \tag{2.20}$$

この式より，平均自由行程は入射フラックスが $1/e$ に減衰する距離であることがわかる．全断面積は散乱されずに残った粒子を観測することで求められる．このような断面積は，**全包含断面積**（total inclusive cross section）ともよばれる．

図 2.4 のように入射粒子と標的粒子を半径 r_1, r_2 の剛体球とみなすと，両球の中心間距離が $r_1 + r_2$ 以内になれば衝突する．このときの衝突断面積は $\sigma = \pi(r_1 + r_2)^2$ となり，衝突断面積は標的粒子に固有の量ではないことがわかる．

一般に，標的粒子が同じでも入射粒子の種類が異なれば衝突断面積は変わる．また，衝突断面積は入射粒子のエネルギーにも依存する．**図 2.5** は，入射粒子を電子，標的粒子を希ガスとしたときの衝突確率の実験値であり，横軸は電子エネルギー E の 1/2

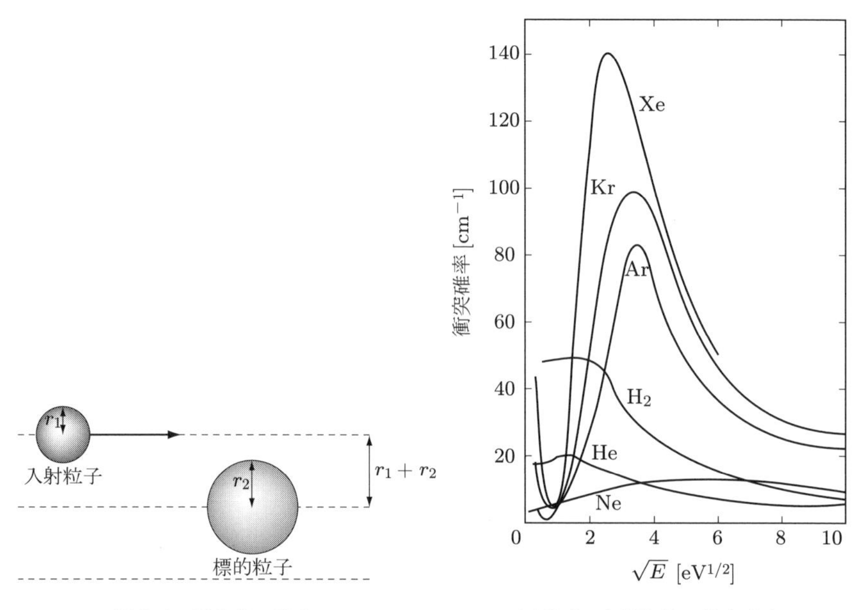

図 2.4 剛体球の衝突

図 2.5 各種気体の衝突確率

乗，希ガスの状態は 0℃，133 Pa（1 Torr）である．標的粒子が剛体球であれば衝突断面積は変わらないはずだが，実際の入射粒子や標的粒子の大きさは一定ではないことがこの実験によりわかる．これは，電子の量子力学的性質によるものである．

ここまでは，標的粒子は静止し，入射粒子は一定のエネルギー E をもっているものと考えてきたが，気体放電やプラズマを構成する入射粒子群や標的粒子群は一般には熱運動をしていて，速度空間に分布をもつ．

2.2.2 ■ さまざまな断面積

全断面積は散乱された入射粒子の総数で定義されているため，散乱後の粒子の状態の情報を含んでいない．より詳細な情報を得るには，終状態の粒子を観測する必要がある．衝突は終状態によって類別される．衝突によって粒子は運動の状態を変え，運動エネルギーの総和が保たれる衝突を**弾性衝突**（elastic collision），電子とイオンに分かれ運動エネルギーの総和が減少する衝突を**電離**（ionization），原子・分子が内部状態を変え運動エネルギーの総和の減少分が原子・分子に蓄えられる衝突を**励起**（excitation）という．

入射フラックスを Γ_A，標的粒子を 1 個とし，単位時間あたり N 個の入射粒子が散乱されたとする．衝突は弾性衝突，電離，励起だけとし，他の種類の衝突はないものとする．弾性衝突の数を N_{el}，電離の数を N_i，励起の数を N_{ex} とすると，それぞれ

を断面積で表せば,

$$\sigma_{\mathrm{el}} = \frac{N_{\mathrm{el}}}{\Gamma_{\mathrm{A}}}, \qquad \sigma_{\mathrm{i}} = \frac{N_{\mathrm{i}}}{\Gamma_{\mathrm{A}}}, \qquad \sigma_{\mathrm{ex}} = \frac{N_{\mathrm{ex}}}{\Gamma_{\mathrm{A}}} \tag{2.21}$$

となる．各断面積を，**弾性散乱断面積**（elastic-scattering cross section），**電離断面積**（ionization cross section），**励起断面積**（excitation cross section）という．ここで，$N = N_{\mathrm{el}} + N_{\mathrm{i}} + N_{\mathrm{ex}}$ なので，全断面積は，

$$\sigma = \sigma_{\mathrm{el}} + \sigma_{\mathrm{i}} + \sigma_{\mathrm{ex}} \tag{2.22}$$

と，各断面積の和で表される．各断面積は**部分断面積**（partial cross section）とよばれる．

観測される終状態の粒子は，弾性散乱では入射粒子と同種の粒子，電離で発生した電子やイオン，励起では発生した励起種である．発生した電子を観測して電離の数を測定する場合，電離以外の過程や多重電離で発生する電子が含まれる可能性がある．衝突の終状態の粒子を一つだけ測定して他の粒子を観測しないとき，この断面積を**1 粒子包含断面積**（single-particle inclusive cross section）ともいう．

化学反応では，標的粒子や入射粒子が反応し，衝突後に異なる種類の粒子が現れる．入射粒子を A，標的粒子を B とし，衝突後に粒子 C, D が現れる反応

$$\mathrm{A} + \mathrm{B} \longrightarrow \mathrm{C} + \mathrm{D} \tag{2.23}$$

を考えよう．終状態の粒子 C に注目し，これが単位時間あたり N_{C} 個生成されたとすると，N_{C} は反応の起こった回数でもある．ここで，標的粒子の数を N_{B}，入射フラックスを Γ_{A} とすると，

$$\sigma_{\mathrm{AB}} = \frac{N_{\mathrm{C}}}{\Gamma_{\mathrm{A}} N_{\mathrm{B}}} \tag{2.24}$$

は面積の次元をもつ．これを**反応断面積**（reaction cross section）という．入射粒子の速度を v，標的粒子の体積密度を n_{B} とすると，衝突周波数は

$$\nu = \frac{v}{\lambda} = n_{\mathrm{B}} \sigma_{\mathrm{AB}} v \tag{2.25}$$

であり，入射粒子 1 個による 1 秒間あたりの反応の数となる．入射粒子の体積密度が n_{A} のとき，入射フラックスは $\Gamma_{\mathrm{A}} = n_{\mathrm{A}} v$ なので，単位時間単位体積あたりの反応の数 R は，

$$R = \Gamma_{\mathrm{A}} \sigma_{\mathrm{AB}} n_{\mathrm{B}} = n_{\mathrm{A}} n_{\mathrm{B}} \sigma_{\mathrm{AB}} v \tag{2.26}$$

となる．これを**反応速度**（reaction rate）といい，R を $n_{\mathrm{A}} n_{\mathrm{B}}$ で割った量 $k_{\mathrm{AB}} = \sigma_{\mathrm{AB}} v$

を**反応レート定数**（reaction rate constant）という．粒子 C の体積密度を n_{C} とすると，この時間発展方程式は

$$\frac{dn_{\mathrm{C}}}{dt} = k_{\mathrm{AB}} n_{\mathrm{A}} n_{\mathrm{B}} \tag{2.27}$$

と表される．粒子 A, B, C の生成反応について同様の方程式を立てて連立させると，各粒子種の密度の時間変化が求められる．

2.3 荷電粒子の輸送現象

2.3.1 ■ 電界による速度分布関数の変化

平衡状態にある温度 T の気体の速度分布は，速度空間中で原点対称なマクスウェル－ボルツマン分布関数で表される．このような分布は等方的という．電界 $\boldsymbol{E}$ 中の電子やイオンは，電界と平行な向きの力を受け，速度空間中の分布関数は電界と平行な向きに偏り，等方性が崩れる．

荷電粒子の平均的な**ドリフト速度**（drift velocity）を v_d とし，弾性散乱の衝突周波数を ν_{m} とする．この粒子が一定速度で運動するときは，電界による力の力積は，単位時間あたりに衝突で失う運動量と等しくなる．1 回の衝突で失う運動量を mv_d とすると，

$$\nu_{\mathrm{m}} m v_d = eE \tag{2.28}$$

が成り立つ．これより，平均的な移動速度は $v_d = eE/m\nu_{\mathrm{m}}$ となる．v_d と E の比例定数 $\mu = e/m\nu_{\mathrm{m}}$ を**移動度**（mobility）という．電離気体中の電子の温度は電界にほぼ比例することが知られており，電子の移動度は，電界と気体の圧力の比 E/p とほぼ反比例する．電離気体中のイオンの移動度は，気体の圧力にもよるが，ほぼ一定値を示す．

電界が小さいとき，速度分布関数 f は近似的にマクスウェル－ボルツマン分布関数 f_0 を電界の向きに平行移動したものとみなせる．電子の分布関数は，電子の移動速度は電界の向きと逆向きとなるので，

$$f(v_x) = f_0\left(v_x - \frac{eE}{m\nu_{\mathrm{m}}}\right) \tag{2.29}$$

と表される．電界が強くなると，速度分布関数 f はマクスウェル－ボルツマン分布から外れた関数形となる．電子は大きな熱速度をもってランダムに運動するが，電界の作用で電界と逆向きの速度が重畳され，その向きにすべての電子は一様に流されていく（**図 2.6**）．

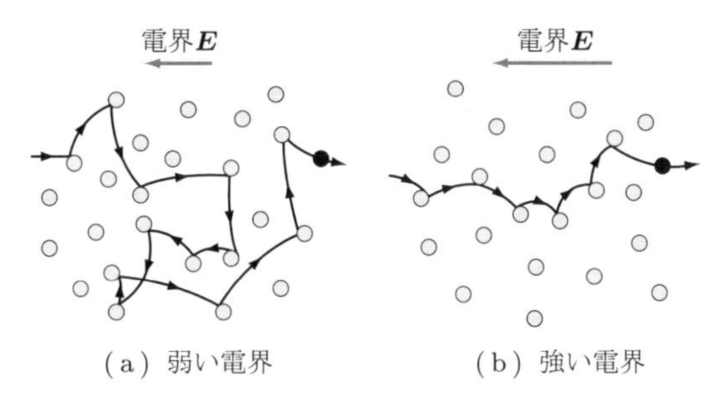

(a) 弱い電界　(b) 強い電界

図 2.6　電界中の電子の運動

2.3.2 ■ ドリフトと拡散

粒子密度が空間的に不均一なときは，粒子は他の粒子と衝突しながら密度の高い位置から低い位置へ流れる．この現象を**拡散**（diffusion）という．粒子はランダムな熱運動をしており，高密度側から低密度側に向かう粒子の数はその逆向きの粒子よりも多いので，正味の粒子の流れは密度の高いほうから低いほうに向かう．拡散による粒子フラックスの x 成分は，粒子数の体積密度を n とすると次式で表され，これを**フィックの法則**（Fick's law）という．また，D を**拡散係数**（diffusion constant）という．

$$\Gamma_x = -D\frac{\partial n}{\partial x} \tag{2.30}$$

粒子の拡散係数は，移動度と関係がある．電荷 $+e$ のイオンが電界中にあり，電界の作用で高電位側から低電位側に移動し，低電位側の密度が高くなったとする．このとき，低電位側のイオン密度の増加に伴い，イオンは高電位側に拡散し始める．この変化が平衡に達した極限では拡散フラックスと電界によるフラックスの和はゼロになるので，次式が成り立つ．

$$-D\frac{\partial n}{\partial x} + n\mu E_x = 0 \tag{2.31}$$

電界と電位の関係 $\boldsymbol{E} = -\nabla V$ を用いると

$$n = n_0 \exp\left(-\frac{V}{D/\mu}\right) \tag{2.32}$$

を得る．ここで，n_0 は $V=0$ の位置のイオン密度である．この状態は熱平衡状態であり，$\varepsilon = eV$ はイオン 1 個のエネルギーであるので，ボルツマン分布則より

$$\frac{D}{\mu} = \frac{k_{\mathrm{B}}T}{e} \tag{2.33}$$

となる．この関係式を**アインシュタインの関係式**（Einstein's relation）といい，これ

は粒子の種類によらず一般的に成り立つ．移動度の式 $\mu = e/\nu_{\mathrm{m}} m$ より，拡散係数は $D = k_{\mathrm{B}}T/\nu_{\mathrm{m}} m$ となる．ここで，熱エネルギー $mv^2/2 = (2/3)k_{\mathrm{B}}T$ を用いる．また，弾性衝突の平均自由行程を λ_{m} とすると†，衝突周波数は $\nu_{\mathrm{m}} = v/\lambda$ より，

$$\Gamma_x = -\frac{1}{3}\lambda_{\mathrm{m}} v \frac{\partial n}{\partial x} \tag{2.34}$$

を得る．粒子フラックスの向きと垂直な面を，その前後 λ_{m} の距離にある粒子が熱速度 v で通過するとき，正味の粒子の流れを求めると，この式と同じ式が得られる．

2.4 荷電粒子の基礎過程

2.4.1 ■ 原子の構造模型

物質は原子からできている．原子は，**原子核**（atomic nucleus）と，その周りの**核外電子**（extranuclear electron）からなる．**原子番号**（atomic number）Z の原子核のもつ電荷は素電荷 $e = 1.602 \times 10^{-19}$ C の Z 倍であり，核外電子の数は Z 個である．もっとも構造の単純な原子は水素 H であり，原子番号 Z は 1，原子核は電荷量 e，核外電子は 1 個である．

ボーア（N. Bohr）は，原子の発光スペクトルを説明するため，原子構造について次の条件 ①～③ が成り立つものとした．

① **振動数条件**：原子のエネルギーは離散的な値 $E_1, E_2, \ldots, E_n, \ldots, E_m, \ldots$ をとる．光子を吸収（放出）すると状態遷移 $n \to m$（$m \to n$）が起こる．吸収（放出）される光子の振動数 ν は，アインシュタインの式 $\varepsilon = h\nu$（h はプランク定数）とエネルギー保存則より次式を満たす．

$$h\nu = E_m - E_n \tag{2.35}$$

② **量子条件**：原子内の電子の角運動量は，定数 $\hbar$ の整数倍である．

$$L = \hbar n, \quad n = 1, 2, 3, \ldots \tag{2.36}$$

原子の状態（電子軌道ともいう）はこの整数 n で指定され，n を軌道の量子数という．

③ **対応原理**：量子数 n の十分大きい状態には古典物理（ニュートン力学や古典電磁気学）が適用される．

† $\lambda_{\mathrm{m}} = 1/n\sigma_{\mathrm{el}}$

原子番号 Z の原子内の核外電子の軌道を半径 r の円，この電子にはたらく力は核との間のクーロン力とする．電子の速度を v とすると，ニュートンの運動方程式より

$$\frac{m_e v^2}{r} = \frac{Ze^2}{4\pi\varepsilon_0 r^2} \tag{2.37}$$

となる．ここで m_e は電子の質量，ε_0 は真空の誘電率である．これより，電子の角運動量 L とエネルギー E は

$$L = m_e vr = \frac{Ze^2}{4\pi\varepsilon_0 v}, \quad E = \frac{1}{2}m_e v^2 - \frac{Ze^2}{4\pi\varepsilon_0 r} = -\frac{Ze^2}{8\pi\varepsilon_0 r} \tag{2.38}$$

量子条件 $L = \hbar n$ $(n = 1, 2, 3, \ldots)$ より，電子の速度と軌道半径は

$$v = \frac{Ze^2}{4\pi\varepsilon_0 \hbar n}, \quad r = \frac{Ze^2}{4\pi\varepsilon_0 m_e v^2} = \frac{4\pi\varepsilon_0 \hbar^2 n^2}{Ze^2 m_e} = \frac{n^2}{Z}a_0 \tag{2.39}$$

となる．ここで $a_0 = 4\pi\varepsilon_0\hbar^2/m_e e^2$ は**ボーア半径**（Bohr radius）とよばれ，水素原子（$Z=1$）の**基底状態**（ground state）（$n=1$ の最低エネルギーの状態）での電子の軌道半径である．量子数 n の状態のエネルギーは

$$E = -\frac{Ze^2}{8\pi\varepsilon_0 r} = -\frac{e^2}{8\pi\varepsilon_0 a_0}\cdot\frac{Z}{n^2} = -V_i\cdot\frac{Z^2}{n^2} \tag{2.40}$$

であり，$V_i = e^2/8\pi\varepsilon_0 a_0 = m_e e^4/32\pi^2\varepsilon_0^2\hbar^2$ は水素原子の基底状態のエネルギーの絶対値である．電子の 1 秒あたりの回転数 N は，式 (2.39) より

$$N = \frac{v}{2\pi r} = \frac{Z^2 e^4 m_e}{32\pi^3\varepsilon_0^2\cdot\hbar^3 n^3} \tag{2.41}$$

であり，古典電磁気学によれば，周波数 N の電磁波が放出される．

振動数条件より，状態の遷移 $m \to n$ で放出される光子の振動数 ν は

$$\nu = \frac{E_m - E_n}{h} = \frac{Z^2 e^4 m_e}{32\pi^2\varepsilon_0^2\cdot\hbar^2 h}\left(\frac{1}{n^2} - \frac{1}{m^2}\right) \tag{2.42}$$

となり，対応原理より，量子数 n, m が十分大きいときに ν は N と一致する．この一致により $\hbar = h/2\pi$ が結論される．プランク定数 $h = 6.62607015 \times 10^{-34}$ J·s を用いると，ボーア半径 $a_0 = 0.529177249 \times 10^{-10}$ m，水素原子の基底状態のエネルギー $V_i = 2.17987316 \times 10^{-18}$ J の値を得る．

電子のエネルギーは値が小さく，ジュールで表すのは不便なので，**電子ボルト**（electron volt, 単位 eV）で表すことが多い．1 eV は，1 V の電位差で電子が得るエネルギーであり，1 eV $= 1.602176634 \times 10^{-19}$ J，これより V_i は $V_i = 13.6056981$ eV と表される．

2.4.2 ■ 一般の原子構造

一般の原子は，原子番号 Z の原子核と，Z 個の核外電子をもっており，これらが相互作用する複雑な系である．1 個の電子に注目すると，その状態は原子核と残りの電子による中心対称なポテンシャルの中にあると考えられる．量子力学の角運動量の理論によると，球対称な系では角運動量は保存し，角運動量の大きさを指定する量子数 j と磁気量子数 $m_j = 0, \pm 1, \pm 2, \cdots, \pm j$ で状態は指定される．電子の角運動量 $\hat{\boldsymbol{J}}$ は軌道角運動量 $\hat{\boldsymbol{l}}$ とスピン角運動量 $\hat{\boldsymbol{s}}$ の和で表され，電子の状態は方位量子数 l（$\hat{\boldsymbol{l}}$ の大きさ），軌道磁気量子数 $m_l = 0, \pm 1, \pm 2, \ldots, \pm l$，スピン量子数 $s = 1/2$（$\hat{\boldsymbol{s}}$ の大きさ），スピン磁気量子数 $m_s = \pm 1/2$ で指定される．l が与えられると，個別の電子の状態は，ボーアの模型の量子数と一致するように選んだ主量子数 $n = l+1, l+2, \ldots$ で番号付けられる．

電荷 Ze のクーロンポテンシャルの中の電子では，次式が成り立つことが量子力学の計算により知られている．

$$n = \frac{Ze^2}{4\pi\varepsilon_0 \hbar}\sqrt{\frac{m_\mathrm{e}}{-2E}} = n_r + l + 1 \tag{2.43}$$

ここで，$n_r = 0, 1, 2, \ldots$ は動径量子数（波動関数の動径方向の節の数）である．この式より，ボーアの模型のエネルギー準位（式 (2.40)）が導かれる．また，主量子数 $n = 1, 2, 3, \ldots$ を定めたとき，方位量子数のとりうる値は $l = 0, 1, \ldots, n-1$ $(n_r = n, n-1, \ldots, 0)$ となる．

同じ n, l をもつ異なった状態は $2(2l+1)$ 個ある．これらの状態を**同等な状態**（equivalent state）という．一つの状態には 1 個の電子しか入れないという**パウリの排他原理**（Pauli exclusion principle）に従って，各状態は 1 個の電子で占められる．同等な状態に属する電子を**等価電子**（equivalence electron）といい，これらは一つの**電子殻**（electron shell）を成すという．主量子数 $n = 1, 2, 3, \ldots$ の状態群は K 殻，L 殻，M 殻，… とよばれる．これらの電子殻は複数の方位量子数の状態を含むので，これらを区別するときは n, l で指定される状態群を**副殻**（subshell）という．

■ **例題 2.4**

主量子数 n の電子核に収容可能な電子の総数を求めよ．

■ **解答**

主量子数 n の電子核において方位量子数のとりうる値は $l = 0, 1, \ldots, n-1$ である．各 l に対して $2(2l+1)$ 個の状態があるので，この殻に収容可能な電子数は次のようになる．

$$\sum_{l=0}^{n-1} 2(2l+1) = 4\frac{(n-1)(n-1+1)}{2} + 2n = 2n^2$$

2.4.3 ■ 励起状態および電離状態

原子や分子は，外力の作用しないときはもっともエネルギーの低い基底状態に落ち着こうとして，最低の準位から順に占められていく．原子番号 Z の原子では，パウリの排他原理に従って Z 個の核外電子がエネルギーの低い状態から順に占めていく．詳細な量子力学の計算により，**表 2.1** の順序で各電子状態が占められることが知られている．ここで，s, p, d, f は方位量子数 $l = 0, 1, 2, 3$ の状態を表し，同じ行の状態のエネルギーはほぼ同じであり，各列の全状態数は，スピンを考慮すると 2, $2 + 6 = 8$, $2 + 6 = 8$, $2 + 10 + 6 = 18$, $2 + 10 + 6 = 18$, $2 + 14 + 10 + 6 = 32, \ldots$ である．たとえば，ネオンは原子番号 $Z = 10$ なので，基底状態は電子殻 $1s, 2s, 2p$ がすべて電子で満たされた状態である．

表 2.1 電子状態の順序

$1s$	2 個
$2s$, $2p$	8 個
$3s$, $3p$	8 個
$4s$, $3d$, $4p$	18 個
$5s$, $4d$, $5p$	18 個
$6s$, $4f$, $5d$, $6p$	32 個

外部から可視光や X 線が照射されたり，電子やイオンが衝突したり，外力の作用があったりすると，殻外電子にエネルギーが与えられる．外力の作用でエネルギーを受け取った電子が原子核からの影響内にとどまりつつ高いエネルギー準位に移るとき，この現象を**励起**（excitation）といい，基底状態から励起状態へ遷移するのに必要なエネルギーを**励起エネルギー**（excitation energy）もしくは**励起電圧**（excitation potential）という．たとえば，原子番号 $Z = 10$ のネオンでは，基底状態の電子配置 $1s^2\,2s^2\,2p^6$ の電子のうちの 1 個または複数の電子がよりエネルギーの高い電子殻に移ったものが励起状態である．$2p$ かつ軌道磁気量子数 m_l の 2 電子のうちの 1 個が $3s$ に励起したときは ${}^1P$, ${}^3P$ の 2 種類，$3p$ に励起したときは ${}^1D$, ${}^3D$, ${}^1P$, ${}^3P$, ${}^1S$, ${}^3S$ の 6 種類の励起種がある．**図 2.7** は，各励起種のエネルギー準位図である（$3s$ へ励起したものは ${}^1P^{(0)}$, ${}^3P^{(0)}$ と記して区別している）．

励起状態の多くは不安定で 10^{-9}〜10^{-7} s 程度の寿命しかなく，その多くは基底状態

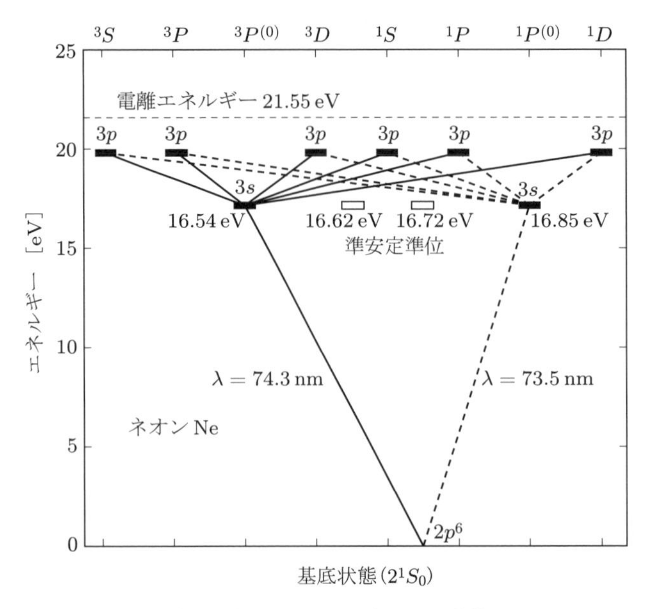

図 2.7 ネオン原子のエネルギー準位図

に復帰する傾向があるが，より低いエネルギーの励起状態に移ることもある．励起状態には，光子を 1 個放出することで基底状態やより低い励起状態に移ることができるものとできないものがある．これが可能な励起状態でエネルギーの最低のものを**共振状態**（resonance state）といい，この励起電圧を**共振電圧**（resonance potential）という．また，1 個の光子の放射による状態遷移ができない励起状態を**準安定状態**（metastable state）という．このため，非常に長い寿命をもち，10^5 s に達するものもある．準安定状態は（遷移確率の低い）2 光子放出を伴う遷移や，他の粒子との衝突によって基底状態やより低い励起状態に移る．

エネルギーを受け取った電子が原子核の影響の外に出て自由電子とイオンになるとき，この現象を**電離**（ionization）といい，これに必要なエネルギーを**電離エネルギー**（ionization energy）もしくは**電離電圧**（ionization potential）という．電離や励起に必要なエネルギーは，気体の種類によって異なる．代表的な気体について，**表 2.2** に示す．

2.4.4 ■ 原子・分子の衝突過程

電離を起こすためのエネルギーを原子が受け取る方法には，電子の衝突や光の照射，加熱，励起種との衝突などがあり，これによる電離をそれぞれ**衝突電離**（impact ionization），**光電離**（photoionization），**熱電離**（thermal ionization），**ペニング電**

表 2.2 主な原子の励起および電離電圧

原子		原子番号	分子量	共振電圧 V_r	準安定励起電圧 V_m	第一電離電圧 V_{i1}	第二電離電圧 V_{i2}	第三電離電圧 V_{i3}
希ガス	He	2	4.03	21.21	19.80	24.58	54.40	
	Ne	10	21.8	16.85	16.62	21.56	41.07	63.5
	Ar	18	39.9	11.61	11.55	15.76	27.6	40.9
	Kr	36	83.7	10.02	9.91	13.996	24.56	36.9
	Xe	54	130.2	8.45	8.32	12.127	21.2	32.1
その他	H	1	1.008	10.198		13.595		
	H_2			11.2		15.6		
	N	7	14.008	10.3	2.38	14.54	29.60	47.43
	N_2			6.1	6.2	15.51		
	O	8	16.000	9.15	1.97	13.61	35.15	54.93
	O_2			~5	1.0, 1.8	12.2		
	CO		28.01	6.0		14.1		
	CO_2			10.0		14.4		
	NO		30.008	5.4		9.5		

離（Penning ionization）という．電離の起こる確率は衝突断面積として表され，この断面積を電離断面積という．一般に，原子番号が大きく最外殻電子の軌道が大きくなるほど，電離断面積は大きくなる．

衝突電離 $\mathrm{e^- + X \longrightarrow X^+ + 2e^-}$

光電離 $h\nu + \mathrm{X \longrightarrow X^+ + e^-}$

熱電離 $\mathrm{X + X \longrightarrow X^+ + X + e^-}$

ペニング電離 $\mathrm{Y^* + X \longrightarrow X^+ + Y + e^-}$

衝突電離は，電子の運動エネルギーが電離エネルギーを超えたときに起こる．光電離は，光子 1 個のもつエネルギーが電離エネルギーとほぼ同じときに起こり，それ以外のエネルギーでは起こらない．熱電離は，粒子 X のもつ熱エネルギー $(3/2)k_{\mathrm{B}}T$ が電離エネルギーを超える高温状態において，粒子どうしの衝突によって起こる．ペニング電離は，他の粒子 Y の励起エネルギーが粒子 X の電離エネルギーよりも高いとき，衝突により X が Y の励起エネルギーをもらうことで起こる．

電離により生じたイオンと電子が結合して原子，分子になる現象を**再結合**（recombination）という．再結合には正イオンと電子が直接結合する**電子–イオン再結合**（electron–ion recombination），正イオンと負イオンが電子を授受することによる**イオン–イオン再結合**（ion–ion recombination）がある．電子–イオン再結合は非常に起こりにくいことが実験的に知られており，イオン－イオン再結合のほうが起こりやすい．

$$\text{電子－イオン再結合}\quad X^+ + e^- \longrightarrow X + h\nu$$
$$\text{イオン－イオン再結合}\quad X^+ + Y^- \longrightarrow XY + h\nu$$

再結合が起こると，正イオンの電離に要した分のエネルギーが余剰になり，電磁波の発生，分子の解離および励起の原動力となる．再結合には，**放射再結合**（radiative recombination），**解離再結合**（dissociative recombination），**三体再結合**（three-body recombination），**電荷交換再結合**（recombination by charge exchange）がある．

放射再結合は，正イオンと電子または負イオンの再結合の後に分子が生じるとき，光子を放出する再結合である．上記二つの反応式は放射性再結合である．

$$\text{解離再結合}\quad XY^+ + e^- \longrightarrow X^* + Y^*$$
$$\text{三体再結合}\quad X^+ + Y^- + Z \longrightarrow XY + Z\quad\text{（イオン再結合：第三体が中性）}$$
$$X^+ + e^- + Z \longrightarrow X^* + Z\quad\text{（電子再結合：第三体が中性）}$$
$$X^+ + 2e^- \longrightarrow X^* + e^-\quad\text{（電子再結合：第三体が電子）}$$
$$\text{電荷交換再結合}\quad X^+ + Y^+ \longrightarrow X^* + Y^*$$

解離再結合は，余剰エネルギーが原子の励起に使われてエネルギーを蓄える再結合の形式である．三体再結合は，正イオンと負イオンが中性分子を介して再結合する形式であり，余剰エネルギーは中性分子にも与えられる．再結合するイオン間，イオン－電子間の運動の相対速度が大きいと衝突してもたがいを捕捉できず反応が遅いが，第三体との衝突により減速されるとたがいを捕捉することが可能となるため反応が速くなり，再結合係数が大きくなる．したがって，ガス圧力が大きく分子間の衝突が多い場合に顕著になる．電荷交換再結合は，正イオンと負イオンが再結合するとき，原子あるいは分子どうしは結合せず，荷電粒子のやり取りのみを行う再結合の形式である．

電子が原子または分子にくっついて負イオンをつくることを**電子付着**（electron attachment）という．He，Ne，Ar のような最外殻電子軌道に空きのない不活性気体，純粋な H_2，N_2 気体中では電子付着は起こりにくい．他方，最外殻電子軌道の電子が一つ少ない F，Cl，Br のようなハロゲン原子を含む分子の気体，または O_2 気体は電子付着作用を強く起こす．そのため，これらの原子，分子を含む SF_6 のような化合物，空気，水蒸気などでも電子付着が起こりやすい．電子付着作用を起こしやすい気体を**電気的負性気体**（electronegative gas）といい，**電子親和力**（electron affinity）をもっているという．電子付着が起こるためには分子が電子を補捉する必要があるため，電子付着の速度は電子の運動エネルギー，すなわち電子の速度で大きく変化する．電子付着の特性は電子を消滅させることから，絶縁用途には最適であり，SF_6 ガスは電力用高電圧機器の絶縁に多用されている．

演習問題

2.1 0℃，1 気圧のもとで，$1\,\mathrm{cm}^3$ あたりの分子数（ロシュミット数）を求めよ．

2.2 1 Torr = 1 mmHg を地球上で 1 mm の深さの水銀柱のつくる圧力, 1 気圧を 760 mmHg と定めるとき，1 Torr ≈ 133 Pa, 1 気圧 ≈ 1013 hPa を導け．水銀の質量密度を $\rho = 13.6\,\mathrm{g/cm^3}$，重力加速度を $g = 9.8\,\mathrm{m/s^2}$ とする．

2.3 マクスウェル－ボルツマン分布の N 個の分子において，エネルギーが E と $E + dE$ の間にある気体分子の数 dN を求めよ．

2.4 Ar の原子半径を $a = 1.18 \times 10^{-10}\,\mathrm{m}$ と仮定して，気圧 2.66 Pa (20 mTorr)，温度 25 ℃における電子－中性粒子の弾性散乱の平均自由行程 λ_{el} と衝突周波数 ν_{el} を求めよ．ただし，電子の平均エネルギー（電子温度）は 5 eV とする．

2.5 x 方向の拡散フラックスと電界によるフラックスの和がゼロの条件 $-D\partial n/\partial x + n\mu E_x = 0$ と電界と電位の関係 $\boldsymbol{E} = -\nabla V$ より，密度 n の式を導け．ただし，$V = 0$ の位置のイオン密度を n_0 とする．

2.6 水素原子のエネルギー準位は式 (2.40) で表される．基底状態のエネルギーを eV 単位で表せ．また，電子が $n = 2$ の励起状態から基底状態に遷移するときに放射される光の振動数を求めよ．

2.7 状態遷移 $m \to n$ で放出される光子の振動数の式 (2.42) は，$m = n + 1$ のとき，n が十分大きい極限で次式になることを示せ．

$$\nu \approx \frac{Z^2 e^4 m_e}{16\pi^2 \varepsilon_0^2 \cdot \hbar^2 h n^3}$$

2.8 Xe の電離電圧は 12.1 eV である．効率よく光電離できる光の波長を求めよ．

2.9 Ne の電離電圧は 21.6 eV である．衝突電離するのに必要な電子速度の最小値を求めよ．

Chapter 3
気体放電の基礎過程

気体放電は，気体が絶縁物としての性質を失って導体の性質を表すようになる現象である．気体放電は，固体から放出された電子や宇宙線などに由来する電子から始まり，それが増殖することによる電気的な破壊現象である．気体における放電開始の機構は固体や液体の絶縁破壊の理解の基礎にもなっている．この章では，気体放電の基礎的知識として，(1) さまざまな電子放出の機構，(2) 電子なだれ，(3) 平等電界中の破壊現象，(4) 不平等電界中の破壊現象としてのストリーマ放電およびリーダ放電について学ぶ．本章では放電の開始に重点を置き，自続放電のさまざまな形態については第 5 章で扱う．

3.1 放電開始のプロセス

3.1.1 ■ 絶縁破壊の意味

通常の気体は，中性の原子分子からなる絶縁物である．高電圧の環境下では，電界により持続的な電離が起こり，急激な電流の増加とインピーダンスの減少が起こる．これを**絶縁破壊**（(dielectric) breakdown）という．

気体の絶縁破壊を起こすには，三つの要素，**初期電子**（initial electron），**衝突電離**（impact ionization），**二次電子**（secondary electron）が必要となる．電子は電界で加速され，中性のガス分子と衝突して電離を起こし，電子が増える．これを衝突電離という．絶縁破壊の初期に少量でも電子が存在ないと衝突が起こらないので，破壊の前には電子が必要である．この電子を初期電子という．しかし，これら二つだけでは，衝突電離で増えた電子は陽極に引き込まれるので，初期電子の供給がなくなれば放電は消える．放電が続くためには，初期電子が供給され続ける必要がある．一方，衝突電離で生じたイオンや光子が陰極に衝突すると電子が発生し，これを二次電子という．この二次電子が新たに初期電子としてふるまうと，放電は続くことになる．この様子をフィードバック制御の言葉でたとえると，初期電子は入力，衝突電離はゲイン，二次電子放出は（正の）フィードバックといえよう．これらが発振条件を満たすとき，全体系でゲインは無限大となり，入力がゼロでも有限の出力が得られる．後述のタウンゼントの火花条件はこのようなものである．以下，上記の 3 要素について説明する．

3.1.2 ■ 初期電子の発生

初期電子は，高エネルギー粒子線によるものと，固体の電子放出によるものがある．地球上には，宇宙線，岩石などに含まれる放射線，太陽からの紫外線などの高エネルギー粒子があり，それらが気体を電離して偶発的に電子が発生する．これによる偶発電子は，大気中では 10 個/(cm^3·s) 程度存在する．大気中の電子は，その多くが酸素や水蒸気と結びついて O^{2-} などの負イオン単体や，$[H_2O]_nO_2^-$ などのクラスターイオンを形成する．これらのイオンは空気中に 10^2〜10^3 個/cm^3 程度存在している．

3.1.3 ■ 電極表面からの電子放出

固体内の電子は真空中よりもエネルギーの低い状態にあり，固体内に束縛されている．固体から電子を放出させるには，固体内の電子にエネルギーを与えるか，固体表面のエネルギー障壁を低くする必要がある．前者による電子放出には**光電子放出**（photoelectric emission）や**熱電子放出**（thermionic electron emission）が，後者による電子放出には**電界放出**（field emission）や**二次電子放出**（secondary electron emission）がある．

(1) 光電子放出

波長 λ がある値よりも短い単色光を金属に光を当てると，金属はその外部に電子を放出する．この現象を**光電効果**（photoelectric effect）といい，放出される電子を**光電子**（photoelectron），最大の波長を**限界波長**（threshold wavelength）という．光電子の量は，限界波長より短い光ではその強度に比例するが，限界波長より長い光を強く当てても光電効果は起こらない．光電子は，次のアインシュタイン（A. Einstein）の光量子方程式を満たす．

$$\frac{1}{2}m_e v^2 = h\nu - e\phi \tag{3.1}$$

ϕ は**仕事関数**（work function）とよばれ，金属の種類，表面の清浄度，結晶であれば結晶面に依存する．v は光電子の最高速度，e, m_e は素電荷と電子質量，ν は光の振動数である．金属の仕事関数の例を**表 3.1** に示す．限界波長 λ_0 は次式で表される．

$$\lambda_0 = \frac{c}{\nu} = \frac{ch}{e\phi} \tag{3.2}$$

表 3.1 金属の仕事関数

金属の種類	Na	Mg	Al	K	Ni	Cu	Mo	Cs	Ba	Ta	W	Pt	Th
仕事関数 [eV]	2.4	3.6	4.3	1.9	4.6	3.9	4.3	1.8	2.3	4.1	4.5	5.3	3.4

ここで，c は光速度である．この現象は，金属中のフェルミ準位付近の電子が 1 個の光量子のエネルギー $h\nu$ を得て金属面から飛び出したものと解釈される．

(2) 熱電子放出

金属の温度が上昇し，金属中のフェルミ準位付近の電子がエネルギー障壁よりも大きなエネルギーを得ると，電子は金属外部に放出される．このエネルギー障壁を**熱電子仕事関数**（thermionic work function）という．熱電子仕事関数を ϕ とするとき，熱電子放出による電子電流密度は次のようになる．

$$J_s = \frac{4\pi e m_{\mathrm{e}} k_{\mathrm{B}}^2}{h^3} T^2 \exp\left(-\frac{e\phi}{k_{\mathrm{B}}T}\right) \tag{3.3}$$

この式を**リチャードソン－ダッシュマンの式**（Richardson－Dushmann equation）といい，この電流を飽和電流密度という．J_s が T^2 の因子をもつのは，金属内の電子がマクスウェル－ボルツマン分布をした気体でなく，量子力学的性質をもっていることを表している．

(3) 電界放出

熱電子による飽和電流密度は電圧に依存しないが，この状態からさらに電圧を増やすと，電流が増え始める．**図 3.1** は電界による電位障壁の変化を表している．電界のないとき (a) に対し，電界のある (b) では印加電界と影像力によって実質的な電位障壁が低下する．これによる電流の増加を**ショットキー効果**（Schottky effect）という．

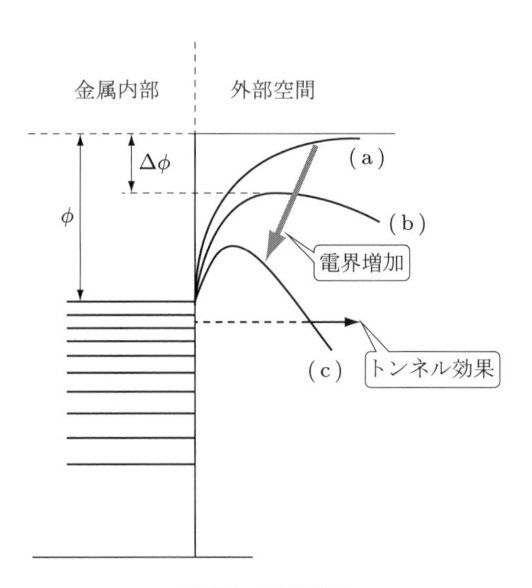

図 3.1 電位障壁

電界 E による電位障壁の低下 $\Delta\phi$ は次式で表される．

$$\Delta\phi = \sqrt{\frac{eE}{4\pi\varepsilon_0}} \tag{3.4}$$

飽和電流密度の式 (3.3) の ϕ を $\phi - \Delta\phi$ に置き換えると，

$$J = AT^2 \exp\left\{-\frac{e(\phi - \Delta\phi)}{k_B T}\right\} = J_s \exp\left(\frac{0.44\sqrt{E}}{T}\right) \tag{3.5}$$

となる．ここで，J_s は電界が加わっていないときの飽和電流密度である．

陰極に 10^8 V/m 以上の非常に高い電界が加わると，陰極からの電子放出は急激に増大する．図 3.1 (c) に示すように，電位障壁は電界が大きくなると山の傾きが急になり，障壁の幅が狭くなる．障壁の幅が広いときは電子が電位障壁を超えるエネルギーを得ることで金属外に放出されるが，幅が電子のド・ブロイ波長程度に狭くなると，**トンネル効果**（tunnelling effect）により金属の外部に透過できるようになる．トンネル電流は次式で表される．

$$J = \frac{e^2 E^2}{16\pi^2 \hbar\phi} \exp\left(\frac{4\sqrt{2m_e^* e\phi^3}}{3\hbar E}\right) \tag{3.6}$$

ここで，E はバリア中の電界，ϕ は電位障壁，m_e^* は電子の有効質量であり，この式を**ファウラー–ノルドハイムの式**（Fowler–Nordheim equation）という．トンネル効果による電界放出は陰極の温度が低い場合でも起こるので，**冷陰極放出**（cold emission）ともよばれている．

(4) 二次電子放出

二次電子は，入射粒子の衝突に伴い二次的に現れた電子，という意味である†．入射粒子には，電子，光子，イオン，励起種などがあり，それらを一次粒子ともいう．

正イオンが金属や半導体表面に衝突するとき，正イオンが中和されるとともに固体中の電子が放出される．電子放出を伴う正イオンの中和機構に**オージェ中和**（Auger neutralization）がある．これは，運動エネルギーの小さな正イオンが金属表面に近づいたとき，固体中の電子が正イオンの基底準位にトンネル効果で移動するとともに，固体内の別の電子が量子力学的な相関によって余剰エネルギーを得て固体表面から脱出する現象である．このときの量子相関を**オージェ効果**（Auger effect），この電子放出の形式を**オージェ放出**（Auger emission）という．

---

† 二次電子放出という語は，真空電子工学分野では入射粒子が電子，放電プラズマ工学分野では入射粒子がイオン，光子，励起種であることを暗に意味することが多い．

3.2 絶縁破壊（放電開始）理論

3.2.1 ■ 電子なだれ

平行平板電極に電圧が印加され，電極間に初期電子が供給されると，電子は電極間の原子や分子などの粒子と衝突し，電離が起こる．電離でエネルギーを失った電子と発生した電子が電界で加速され再び電離を引き起こすと，電子数の増幅が起こる．この電離を**衝突電離**（impact ionization）とよび，電離による電子数の増幅作用を**α作用**（α-action），電子が増殖する現象を**電子なだれ**（electron avalanche）という．

タウンゼント（J. S. Townsend）は，α 作用を次のように説明した．空間電荷の影響は無視でき，電子密度は電界と垂直な方向において一様とする．陰極からの距離を x，電子密度を $n_{\mathrm{e}}(x)$ とすると，電子が電界と平行に微小距離 dx 進むときの電子の増分 $dn_{\mathrm{e}} = n_{\mathrm{e}}(x + dx) - n_{\mathrm{e}}(x)$ は n_{e} と dx に比例する．これを $\alpha n_{\mathrm{e}} dx$ と表すと，次式が成り立つ．

$$\frac{dn_{\mathrm{e}}}{dx} = \alpha n_{\mathrm{e}} \tag{3.7}$$

係数 α を**タウンゼントの第一電離係数**（Townsend's primary ionization coefficient）という．$x = 0$ で $n_{\mathrm{e}} = n_{\mathrm{cathode}}$ なる境界条件のもとでこの式を解くと，解は

$$n_{\mathrm{e}} = n_{\mathrm{cathode}} \exp(\alpha x) \tag{3.8}$$

となる．電極間隔を d，電極の面積を S，電子のドリフト速度を v_{e} とし，陽極での電流はすべて電子によるものとすると，電極間を流れる電流 I は，$x = d$ で $n_{\mathrm{e}} = n_{\mathrm{anode}}$ として

$$I = e n_{\mathrm{anode}} v_{\mathrm{e}} S = I_{\mathrm{cathode}} \exp(\alpha d) \tag{3.9}$$

となる．ここで，$I_{\mathrm{cathode}} = e n_{\mathrm{cathode}} v_{\mathrm{e}} S$ であり，これは陰極での電子電流である．陰極の電子電流は，α 作用により陽極で $\exp(\alpha d)$ 倍に増幅される．

ハロゲン族などの電気的負性気体が存在する場合は，衝突電離だけでなく，分子が電子を捕獲して負イオンとなる現象も生じる．この現象を**電子付着**（electron attachment）といい，これによる電子数の減衰作用を**η 作用**（η-action）という．電子が微小距離 dx 進むときの電子の減少分を $\eta n_{\mathrm{e}} dx$ と表し，衝突電離と電子付着が同時に考えると，次式が成り立つ．

$$\frac{dn_{\mathrm{e}}}{dx} = (\alpha - \eta) n_{\mathrm{e}} \tag{3.10}$$

係数 η を**電子付着係数**（electron attachment coefficient）という．電気的負性気体

中では，タウンゼントの第一電離係数 α が実質 $\bar{\alpha} = \alpha - \eta$ に変わったとみなすことができる．$\bar{\alpha}$ を**実効電離係数**（effective ionization coefficient）という．

3.2.2 ■ タウンゼントの絶縁破壊条件

平行平板電極に加えられる電圧が低いときは初期電子の供給がないと電流が流れないが，電界が強いと初期電子の供給がなくても電流が維持されるようになる．このような放電を**自続放電**（self-sustaining discharge）という．前項で説明した α 作用だけの場合は，陰極の電子密度 n_0 を何らかの方法で与えない限り電流はゼロになってしまい，自続放電の現象を説明できない．

タウンゼントは電子なだれから自続放電にいたる過程を考えるため，衝突電離で生じた正イオンが中性分子に衝突して電離を起こす過程と，正イオンが陰極面に衝突して 2 次電子を放出する過程を考慮した．前者を $\boldsymbol{\beta}$ **作用**（β-action），後者を $\boldsymbol{\gamma}$ **作用**（γ-action）という．β 作用は非常に小さいことが知られているので，ここでは γ 作用だけを考えることにする．陰極へ入射されるイオン数と陰極から放出される二次電子の数との比を γ と記し，これを**二次電子放出係数**（secondary electron emission coefficient）という．

陰極に初期電子の供給と二次電子の発生の両方があるときは，陰極上の電子密度はこれらの電子数の和で決まる．この密度を n_{cathode} とすると，陰極での電子電流は $I_{\mathrm{cathode}} = en_{\mathrm{cathode}}v_{\mathrm{e}}S$ となる．この電流は，α 作用により倍率 $\exp(\alpha d)$ で陽極に伝達され，全電流 $I = I_{\mathrm{cathode}}\exp(\alpha d)$ となる．また，全電流はイオン電流と電子電流からなるので，電流の連続性より $I - I_{\mathrm{cathode}} = I_{\mathrm{cathode}}\{\exp(\alpha d) - 1\}$ は陰極上でのイオン電流となる．したがって，陰極での電子電流 I_{cathode} は，α 作用により倍率 $\exp(\alpha d) - 1$ でイオン電流となって陰極に帰還されるものと考えられる．二次電子放出を考慮し，イオンは 1 価とすると，陰極での二次電子による電流 I_γ はイオン電流の γ 倍となるので，

$$I_\gamma = \gamma I_{\mathrm{cathode}}\{\exp(\alpha d) - 1\} \tag{3.11}$$

となる．陰極上の電子電流 I_{cathode} は，初期電子による電流 $I_0 = en_0v_{\mathrm{e}}S$ と二次電子による電流 I_γ の和であるので，定常状態では次式が成り立つ．

$$I_{\mathrm{cathode}} = I_0 + \gamma\{\exp(\alpha d) - 1\}I_{\mathrm{cathode}} \tag{3.12}$$

$M = \gamma\{\exp(\alpha d) - 1\}$ とおくと次式を得る．

$$I_{\mathrm{cathode}} = \frac{I_0}{1 - M} \tag{3.13}$$

ここで，次のように考えて直してみよう．初期電子による電流を I_0 とすると，これによる二次電子電流はその M 倍の I_0M となる．この電流によってさらに二次電子が生じ，I_0M^2 が流れる．**図 3.2** は，このような過程が無限に続く様子を表している．この結果，陰極上の電子電流 I_{cathode} が形成されるものと考えると

$$I_{\text{cathode}} = I_0 + I_0M + I_0M^2 + \cdots \tag{3.14}$$

となる．式 (3.13) と式 (3.14) は $M < 1$ で同じ値を示す．

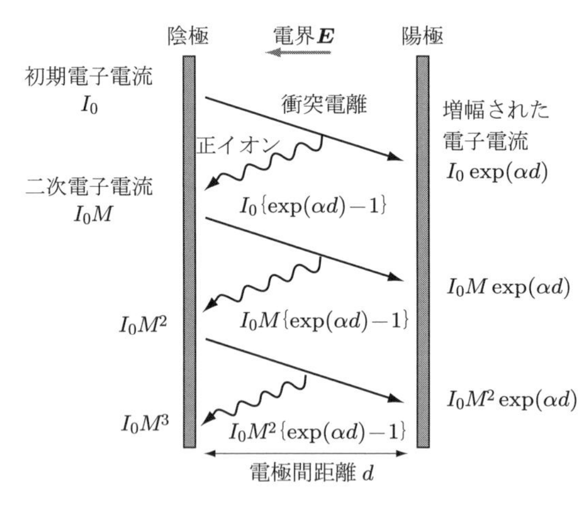

図 3.2　電子増幅の過程．$M = \gamma\{\exp(\alpha d) - 1\}$

全電流 I は，式 (3.9) と式 (3.13) より

$$I = I_{\text{cathode}} \exp(\alpha d) = \frac{I_0 \exp(\alpha d)}{1 - \gamma\{\exp(\alpha d) - 1\}} \tag{3.15}$$

で表され，この式より，初期電子電流 I_0 がゼロであっても I が有限値を示すための必要十分条件は

$$1 - \gamma\{\exp(\alpha d) - 1\} = 0 \tag{3.16}$$

となる．これが自続放電の存在する条件であり，**タウンゼントの火花条件**（Townsend's sparking criterion）とよばれる．この条件は，自続放電が生じる条件であるので**放電自続条件**，放電が始まる条件であるので**放電開始条件**，気体の絶縁が破れる条件であるので**絶縁破壊条件**ともよばれている†．また，式 (3.16) の第 2 項を右辺に移項した

† 本書では，放電の開始を表す語を，放電現象の見方やその位置づけの違いにより「絶縁破壊」や「放電開始」などと使い分ける．

ものを**シューマンの条件式**（Schumann's sparking criterion）という．この条件が満たされると，電流の急激な増加とともに電極間全体にわたって光を放出する全路破壊に進展し，定常状態として自続放電にいたる．この全路破壊に移行する途中の過渡現象のことを**火花放電**（spark discharge）といい，きわめて短時間に強烈な閃光と音を伴う．電気工学の分野では，気体中，液体中，固体絶縁物表面における全路破壊を**フラッシオーバ**（flashover），**スパークオーバ**（sparkover）と称することが多い．

自続放電にはいくつかの放電形態が存在し，電流の大きさや発光，電位，電子・イオンの空間分布などに基づいて分類される．たとえば，電流がとくに小さく，陽極近傍が発光し，電極間全体に空間電荷が存在し，主に α 作用で維持されているものを**タウンゼント放電**（Townsend discharge）という．この放電よりも発光部分が陰極側に近く，発光領域の陰極側に電子とイオンの混在する準中性の電離気体の**プラズマ**（plasma）が存在し，空間電荷領域が陰極近傍に局在し，主に γ 作用で維持されているものを**グロー放電**（glow discharge）という．さらに詳しい構造と，このほかの自続放電の種類については第 5 章を参照のこと．

3.2.3 ■ パッシェンの法則

印加電圧が大きくなると α 作用が強くなることから，タウンゼントの第一電離係数 α は電界の関数である．α は，電子が微小距離 dx 進んだときの電子の増分で定義されているので，一つの電子が単位長さ進むときの衝突の数 $1/\lambda$（平均自由行程の逆数）のうちに電離の数が占める割合で定まる．ここでは単純化したモデルでこの割合を求めてみよう．

電子は衝突直後に静止し，その後電界 E で加速され，次の衝突までの間に l だけ進むとエネルギー eEl を得る．このエネルギーが電離エネルギー $e\phi_{\mathrm{i}}$ を超えたら必ず電離するものとしよう．第 2 章の式 (2.20) より，電子の進む距離が長くなるにつれて衝突せずに進む電子の数は減少し，自由行程が距離 x を超える電子の割合は $\mathrm{e}^{-x/\lambda}$ であることがわかる．これより，電子が単位長さ進むときの全衝突数 $1/\lambda$ に対する電離に寄与する衝突数の割合は，

$$\exp\left(-\frac{l}{\lambda}\right) = \exp\left(-\frac{\phi_{\mathrm{i}}}{E\lambda}\right) \tag{3.17}$$

である．したがって，上記の仮定のもとで，タウンゼントの第一電離係数は

$$\alpha = \frac{1}{\lambda}\exp\left(-\frac{\phi_{\mathrm{i}}}{E\lambda}\right) \tag{3.18}$$

と表される．気体分子密度を n，衝突断面積を σ とすると，$\lambda = 1/n\sigma$ と気体の状態

方程式 $p = nk_{\mathrm{B}}T$ より

$$\frac{\alpha}{p} = A\exp\left(-\frac{B}{E/p}\right) \tag{3.19}$$

となる．ここで，$A = \sigma/k_{\mathrm{B}}T$，$B = \sigma\phi_{\mathrm{i}}/k_{\mathrm{B}}T$，$p, T$ は気体の圧力と温度，k_{B} はボルツマン定数である．E/p や E/n は**換算電界**（reduced electric field）とよばれている．ここではかなり単純化したモデルを仮定したが，α/p が換算電界の関数であることは多くの実験により確かめられている．A, B の実験値の例を**表 3.2** に示す．これらの値は E/p のある範囲でほぼ一定の値を取ることが知られている．

表 3.2　タウンゼントの第一電離係数 α の定数

気体の種類	A [cm^{-1}·Torr^{-1}]	B [V·cm^{-1}·Torr^{-1}]	E/p の範囲 [V·cm^{-1}·Torr^{-1}]
He	2.8	77	30～250
Ne	4.4	111	100～400
Ar	11.5	176	100～600
Kr	15.6	220	100～1000
Xe	24	330	200～800
H_2	4.8	136	15～600
N_2	11.8	325	100～600
O_2	6.5	190	50～130
CH_4	17	300	150～1000
CF_4	11	213	25～200
H_2O	13	290	150～1000
空気	15	365	100～800

式 (3.19) とタウンゼントの火花条件の式から自続放電の開始電圧を求めてみよう．式 (3.16) を変形すると，

$$\alpha d = \ln\left(1 + \frac{1}{\gamma}\right) \tag{3.20}$$

となり，αd（または $\bar{\alpha}d = (\alpha - \eta)\,d$）は**電離指数**（ionization index）とよばれる．式 (3.19) を代入し，電圧と電界の関係 $V = Ed$ を用いて整理すると，

$$V = \frac{pdB}{\ln pd + C} \tag{3.21}$$

となる．ここで，$C = \ln A - \ln\left\{\ln\left(1 + \frac{1}{\gamma}\right)\right\}$ である．これより，自続放電の開始電圧は気体の圧力 p と電極間隔 d との積 pd で定まる．これを**パッシェンの法則**（Paschen's law）といい，放電開始電圧を横軸が pd のグラフで表したものを**パッシェ**

ン曲線（Paschen curve）という（**図 3.3**）．圧力を 2 倍にしたときに電極間隔を半分にすると，pd 積は同じ値なので，放電開始電圧は同じになる．このような物理量のスケール変換に対する不変性は**相似則**（similarity law）とよばれており，パッシェンの法則は気体放電における相似則を表している．

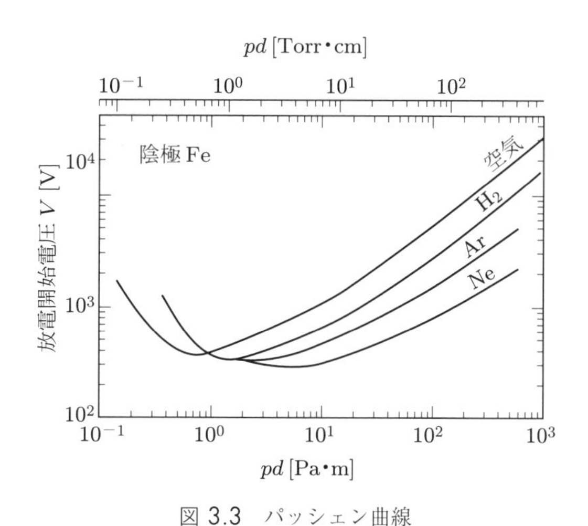

図 3.3　パッシェン曲線

放電開始電圧の値は正であるので，式 (3.21) の分母は正でなければならない．この条件のもとで分母・分子はともに pd の単調増加関数であり，分子はべき，分母は対数なので，ある pd の値で極小値を示す．放電を起こすことが目的のときはこの極小に近づけ，放電が起こってほしくないときはこの極小から離しておくとよい．

■ 例題 3.1

タウンゼントの第一電離係数 α/p が換算電界 E/p の関数であり，放電開始条件が $\alpha d = C$（定数）と表されるとき，放電開始電圧は pd 積の関数となることを説明せよ．

■ 解答

換算電界を電圧で表すと $E/p = V/pd$．また，タウンゼントの第一電離係数を $\alpha/p = f(E/p)$ と表すと，放電開始条件は

$$\alpha d = pd\, f(V/pd) = C$$

より，V と pd の陰関数となる．V について解けば，pd 積の関数となる．

3.2.4 ■ ストリーマ放電

pd 積が小さいときは，タウンゼントの理論より求まる放電開始電圧の式 (3.21) は実験事実とよく一致するが，pd 積が大きいとき（$> 700\,\mathrm{Pa{\cdot}m}$）には式 (3.21) の放電開始電圧よりも低い電圧で絶縁破壊が起こるようになる．タウンゼントの理論では，電子なだれにより生じるイオンが陰極に衝突することで破壊が起こるので，破壊が形成される時間はイオンの走行時間程度（$> 10^{-5}\,\mathrm{s}$）となるが，pd 積が大きいときはこれが短かく，また，放電開始電圧は陰極材料に依存しなくなる．さらに，放電開始時の放電写真では電極間に数本の筋状のプラズマチャネルが観測されるので，タウンゼントの理論で仮定された空間的一様性が満たされていないことがわかる．このような筋状の放電を**ストリーマ**（streamer）といい，この実験事実を説明するためにミーク（J. M. Meek），ロエブ（L. B. Loeb），レータ（H. Raether）により提唱された理論を**ストリーマ理論**（streamer theory）という．

pd 積が大きい条件のもとで偶発電子をタネとして 1 本の電子なだれが生じると，なだれは拡散しながら進展し，その跡の円錐状領域にはイオンが取り残される．発生した空間電荷による電界が電子なだれの頭部で強くなると，これによって紫外線が発生し，光電子が発生して二次的な電子なだれ（子なだれ）を形成する．これがもとの電子なだれ（親なだれ）に吸収されたときにプラズマになり，この領域が筋状に伸びていく．電子なだれからストリーマへの転移は，電極間隔 d が短いときはなだれが陽極に到達したときに生じ，d が長いときや過電圧状態のときには陽極から離れた位置で生じる．前者を**陰極向けストリーマ**（cathode-directed streamer）または**正ストリーマ**（positive streamer），後者を**陽極向けストリーマ**（anode-directed streamer）または**負ストリーマ**（negative streamer）という（**図 3.4**）．ストリーマで陰極と陽極がつながったときに絶縁破壊となる．

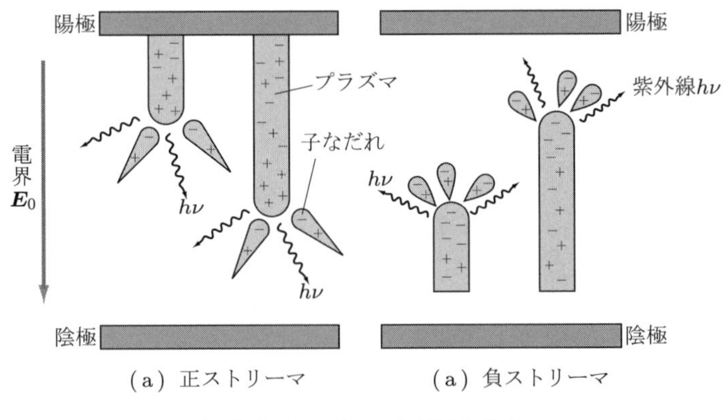

図 3.4 ストリーマの進展の様子

3.2.5 ■ ストリーマ絶縁破壊条件

電子なだれがストリーマに転換するための条件の記述には，なだれの頭部の正イオンによる電界に注目する方法と，電子による電界に注目する方法がある．**図 3.5** に示すように，外部電界 E_0 のもとで電子なだれ頭部が陰極から x だけ進んだとき，頭部の半径が r になったとする．半径 r は，電子なだれの進展中に電子が横方向に拡散することで定まる．電子なだれ頭部が x だけ進む時間を t とすると，拡散距離 $L_D = \sqrt{2D_\mathrm{e}t}$ と電子のドリフト速度 $v_\mathrm{e} = \mu_\mathrm{e}E_0$ を用いると，$t = x/v_\mathrm{e}$ より $r = \sqrt{2xD_\mathrm{e}/\mu_\mathrm{e}E_0}$ となる．D_e は電子の拡散定数，μ_e は電子の移動度である．電子なだれが 1 個の電子から始まると，頭部の電子数は $N_- = \exp(\alpha x)$ となる．タウンゼントの第一電離係数 α は外部電界 E_0 のときの値である．また，頭部が dx だけ進むときの電子の増分は $\Delta N_- = \alpha N_- dx$ なので，dx の間に生じるイオンはこれと同数である．このイオンが断面積 πr^2 高さ dx の円柱内に分布すると，この位置でのイオン密度は

$$n_\mathrm{i} = \frac{\alpha N_- dx}{\pi r^2 dx} = \frac{\alpha \exp(\alpha x)}{\pi r^2} \tag{3.22}$$

となり，電子なだれの頭部の球内にイオンが分布すると，これによる電界は

$$E_+ = \frac{en_\mathrm{i} \times (4\pi r^3/3)}{4\pi\varepsilon_0 r^2} = \frac{en_\mathrm{i}r}{3\varepsilon_0} \tag{3.23}$$

また，電子の分布による電界は

$$E_- = \frac{eN_-}{4\pi\varepsilon_0 r^2} \tag{3.24}$$

となる．電子なだれがストリーマに転換するための条件は，電子電界やイオン電界が外部電界 E_0 程度となるときと考えられており，電子の電界に注目すると $E_- = E_0$（レータの理論），イオンの電界に注目すると $E_+ = E_0$（ミークの理論）がストリーマ開始条件である．タウンゼントの第一電離係数 α/p と換算電界 E_0/p の関係を用い，上記の式を満たす E_0 を求めると，それが破壊電界となる．

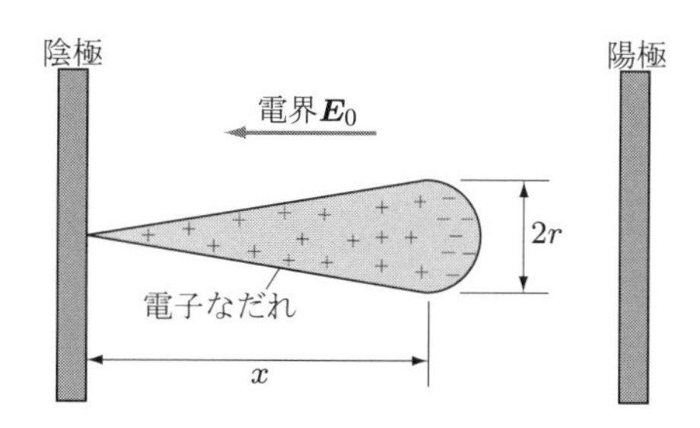

図 3.5 電子なだれ（親なだれ）の構造

■ **例題 3.2**

レータのストリーマ開始条件より，パッシェンの法則が成り立つことを説明せよ．

■ **解答**

電子なだれの頭部の電界が最大のときにはじめてストリーマに転換するならば，そのときの印加電圧がストリーマの開始する最低の電圧である．式 (3.24) において $N_- = \exp(\alpha d)$ とおくと，

$$\frac{e\exp(\alpha d)}{4\pi\varepsilon_0\sqrt{2xD_\mathrm{e}/\mu_\mathrm{e}E_0}^2} = E_0$$

となる．両辺の E_0 はキャンセルするので，$\alpha d =$ 定数 となる．例題 3.1 より，放電開始電圧は pd 積の関数となり，パッシェンの法則が成り立つ．

ミークのストリーマ開始条件式に各種データを用いて，1 気圧の乾燥空気中で電極間隔 $d = 1\,\mathrm{cm}$ の場合に破壊電圧を求めると 32.2 kV となり，実測値 31.6 kV とよく一致する．また，式 (3.22) の指数因子 $\exp(\alpha d)$ は非常に大きくなる．実験値を用いると，電離指数 $\alpha d \approx 15 \sim 20$ で火花条件を満たす．これらは 1 個の初期電子が 10^8 個のオーダに増えるときに火花が起こることを意味する．これは，タウンゼントの火花条件での電離指数 $\alpha d = \ln(1 + 1/\gamma) \approx 2.3 \sim 3.0$ と比べて非常に大きい．

空気や SF_6 などの電子を付着する性質をもった電気的負性ガスの場合の火花条件は，$\alpha d = K \approx 20$ の α を実効電離係数 $\bar{\alpha} = \alpha - \eta$ で置き換えることで得られる．

$$\bar{\alpha}d = (\alpha - \eta)d = K \tag{3.25}$$

3.2.6 ■ 不平等電界における絶縁破壊条件

タウンゼントの理論もミークのストリーマ理論も，平等電界中の放電を前提にしている．**図 3.6** のような針状の電極と平板電極との間に電圧をかけると，平行平板電極のときと比べて，針の先端と平板の間隔が同じであってもかなり低い電圧で絶縁破壊が起こる．これは，針電極の先端に電界が集中し，局所的に電界が強まり，電離が起こるためである．電界が局所的に強まったところで局所的に電離が起こることを**部分放電**（partial discharge）といい，このときに発生する放電を**コロナ放電**（corona discharge）という．

タウンゼントの第一電離係数 α は電界の関数であるので，電界が座標の関数 のときは，α も座標の関数となる．不平等電界中の部分放電の発生条件は，$\alpha d = K$ を距離 x の積分に書き直し，

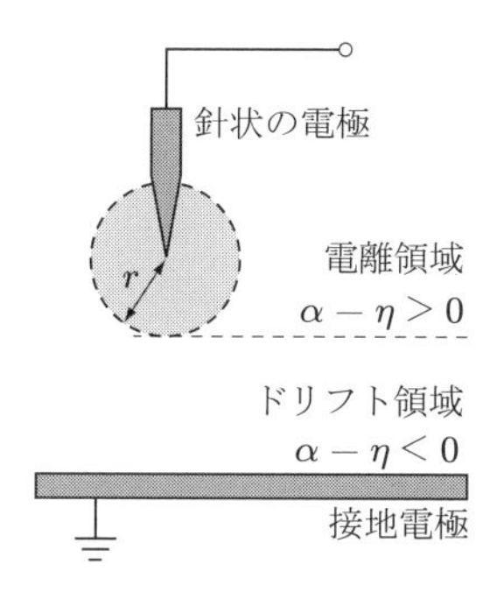

図 3.6　針対平板電極構造の電離領域

$$\int_0^r \alpha\,dx = K \tag{3.26}$$

と表される．r は電離が起こる領域の長さである．電気的負性ガスの場合は α を $\bar{\alpha} = \alpha - \eta$ に置き換えればよい．$\alpha - \eta$ が正の領域を電離領域，負の領域をドリフト領域という．

ストリーマは 1×10^6 m/s 程度の高速度で進展するため，電極間隔が短いときはプラズマ化した領域が加熱される前に対向電極に到達する．このため，ストリーマは電子のエネルギーが高く，イオンや中性粒子のエネルギーは低い．このように，粒子ごとに温度が違い，熱平衡に達していないプラズマを**非熱平衡プラズマ**（non-thermal equilibrium plasma）という．

3.2.7 ■ 長ギャップ放電

電極の間隔が数十 cm を超えるような長ギャップでストリーマ放電が起こるときは，ストリーマが対向電極に達するまでに時間がかかるため，ストリーマが伸びている途中で電極に近いほうにあるイオンや中性粒子が過熱され，**熱電離**（thermal ionization）が起こり，温度が6千℃を超える熱プラズマへと移行する．この状態を**リーダ放電**（leader discharge）とよぶ．リーダが発生すると，リーダの先端から多数のストリーマが発生し，ストリーマの先に生じた無数の電子なだれが飛び込んでくる．そこで生じた電子はストリーマを通してリーダに流入し，リーダは成長する．リーダが対向電極に達すると，電子とイオンのエネルギーがほぼ等しい**熱平衡プラズマ**（thermal equilibrium plasma）へと移行し，破壊が完了する（**図 3.7**）．熱平衡に達し強烈な光と熱を発する放電を**アーク放電**（arc discharge）といい，これによるプラズマを熱プラズマという．

リーダとストリーマは，どちらも細い筋状の放電であるが，リーダは熱電離により荷電粒子が生じる熱プラズマ，ストリーマは衝突電離による低温プラズマであり，物理

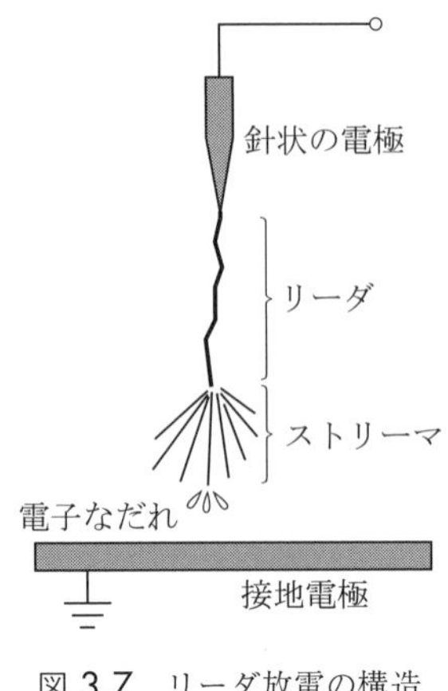

図 3.7 リーダ放電の構造

的な特徴が異なる．ストリーマに比べてリーダは温度が高く，電子密度が高く，直径が大きい．またリーダは電界，電子温度，進展速度がストリーマのそれに比べて低い．

演習問題

3.1 仕事関数 2.3 eV の金属の限界波長と，波長 500 nm の光を当てたときの光電子の最大速度を求めよ．

3.2 陰極の温度を 2300 K から 2500 K に上げると，熱電子飽和電流が 7.43 倍になった．この陰極の仕事関数は何 eV か．

3.3 電界による電位障壁の減少 $\Delta\phi$ が式 (3.4) で表されることを説明せよ．

3.4 陰極半径 $R_{\mathrm{c}} = 0.01\,\mathrm{cm}$，陽極半径 $R_{\mathrm{a}} = 1.0\,\mathrm{cm}$ の同軸円筒形二極管がある．陰極の温度が 2000 K，陽極電圧 $V_{\mathrm{a}} = 500\,\mathrm{V}$ のとき，陽極電流はショットキー効果によって熱電子飽和電流よりも何%大きくなるか．ただし，陰極上の電界 E は次式で表される．

$$E = \frac{V_{\mathrm{a}}}{R_{\mathrm{c}} \ln(R_{\mathrm{a}}/R_{\mathrm{c}})}$$

3.5 電極間隔 0.5 cm の平行平板型ガス入り光電管において，陽極の電圧が 80 V のとき，0.1 lm の入射光に対して 4.5 μA の電流が流れた．光電陰極から出る光電子電流を 0.1 lm の入射光に対して 0.3 μA とし，80 V におけるタウンゼントの第一電離係数 α を求めよ．

3.6 放電開始電圧の式 (3.21) と表 3.2 の数値を用いて，大気圧ヘリウムの電極間隔 $d = 0.14\,\mathrm{mm}$ における火花電圧を求めよ．二次電子放出係数は $\gamma = 0.01$ とする．

3.7 放電開始電圧の式 (3.21) と表 3.2 の数値を用いて，ヘリウムのパッシェン曲線の極小値における pd を求めよ．また，このときの大気圧での電極間隔 d を求めよ．二次電子放出係数は $\gamma = 0.01$ とする．

Chapter 4 特殊環境下での気体放電

第３章で気体中の絶縁破壊現象の基礎を学んだ．この章の目標は，高圧気体，真空，負性気体，混合気体中といった特殊環境下での気体放電の特徴を理解することである．具体的な数値例もあげて，高電圧機器の電気絶縁物として気体を用いる場合の考え方についても触れる．

4.1 高圧気体中の放電

パッシェンの法則によると，圧力 p とギャップ長 d の積 pd で放電開始電圧（**絶縁破壊電圧**，breakdown voltage[†]）が決まる．これは，圧力を n 倍した場合にギャップ長を $1/n$ 倍すると，絶縁破壊電圧が変化しないことを意味する．よって，高圧気体を絶縁媒体として用いることで，高電圧機器の小型化が可能となる．ただし，圧力がきわめて高くなると，パッシェンの法則からのずれが生じ，絶縁破壊電圧に飽和傾向が見られる．**図 4.1** に，平等電界下での絶縁破壊電圧の例を示す．絶縁破壊電圧が pd 積に対して一本の曲線にのっていないことが確認できる．空気中では $d = 5 \sim 15\,\mathrm{mm}$ に対して 5〜6 気圧程度で，SF_6 中では $d = 1 \sim 50\,\mathrm{mm}$ に対して 2〜3 気圧程度でパッシェン曲線からずれ始め，絶縁破壊電圧が低下する．

不平等電界ギャップの場合にはコロナ放電を経由して絶縁破壊にいたるが，**図 4.2** に示すように，絶縁破壊電圧は気体圧力に対して極大値を示す複雑な特性となり，また，印加電圧の極性によっても変化する．たとえばギャップ長 10 mm の針対平板ギャップでは，空気中では正極性の場合 6 気圧程度に極大値が現れる．

このような性質があるため，高圧気体を絶縁に利用する場合には注意が必要である．気体圧力を大きくすると機器の機械的強度の要求が厳しくなる一方で，絶縁破壊電圧の飽和傾向により，耐電圧はあまり高くならない．したがって，経済的な観点から，10 気圧以下の気体圧力が有利である．また，不平等電界下では耐電圧が著しく低下するため，できるだけ平等電界になるような設計が望ましい．

---

† 絶縁破壊は自続放電に伴って生じる．このため放電開始電圧は，絶縁破壊電圧や自続放電電圧などとも記される．ここでは後半の絶縁を目的とした機器に利用されている現象と関係するため，絶縁破壊電圧という用語を用いている．

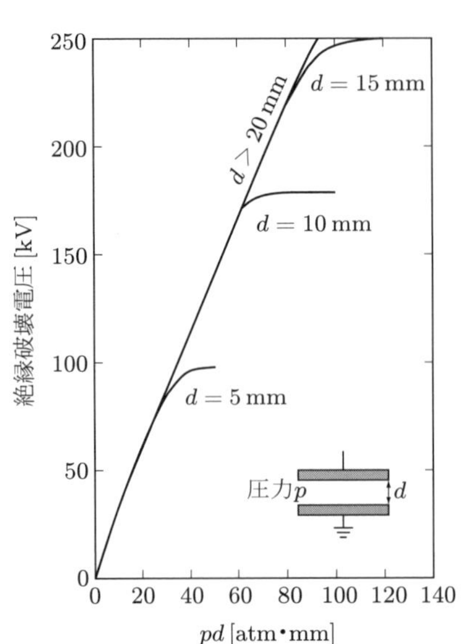

(a) 空気

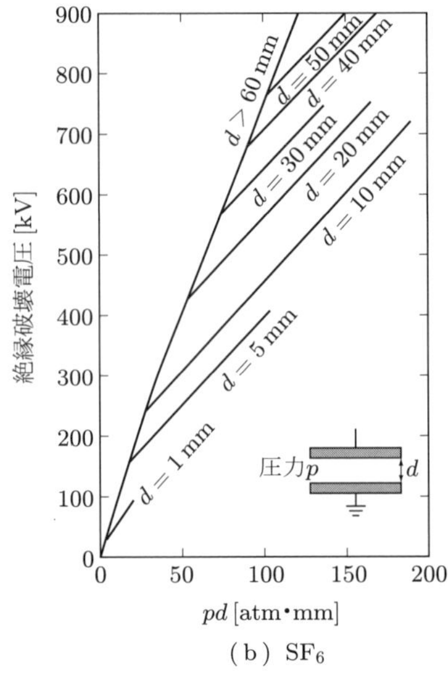

(b) SF_6

図 4.1 平等電界における絶縁破壊電圧と pd 積の関係[31]

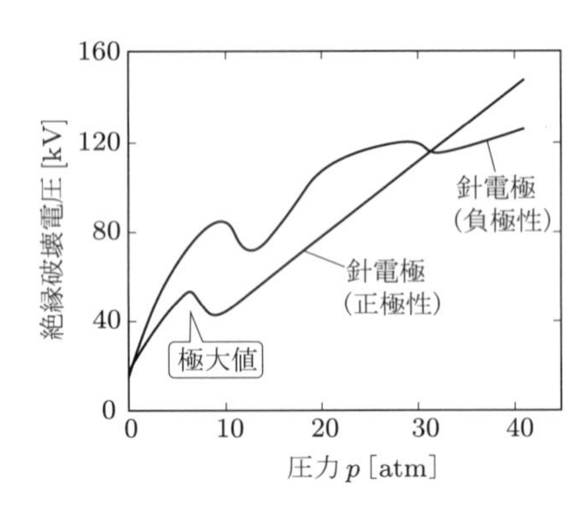

図 4.2 針対平板電極における空気中の絶縁破壊電圧と圧力の関係

4.2 真空中の放電

図 3.3 に示したように，パッシェン曲線には極小値（パッシェンミニマム）がある．実は，圧力の上昇に伴う絶縁破壊電圧の上昇に関する前節の説明は，パッシェンミニマムの右側の領域に対応している．一方，左側の領域，すなわち pd 積が小さい領域では，圧力の低下とともに絶縁破壊電圧は上昇する．この理由は，電極間に存在する気体分子数の減少が，衝突電離の頻度を低下させるからである．電子の平均自由行程

は圧力に反比例して長くなり，大気圧（10^5 Pa）では 0.1 μm 程度であるが，10^{-1} Pa では 10 cm 程度となる．電子の平均自由行程が長くなると，分子との衝突頻度の減少により衝突電離による電子の増加が困難となることから，絶縁破壊電圧の上昇が起こる．しかし，10^{-5}〜10^{-3} Pa のような**高真空**（high vacuum）では，電子の平均自由行程が数十 m から数 km にも及ぶため，パッシェンの法則が適用できなくなる．真空スイッチ管のパッシェン曲線の例を**図 4.3** に示すが，圧力が小さい領域において，絶縁破壊電圧がある値で一定となっている．

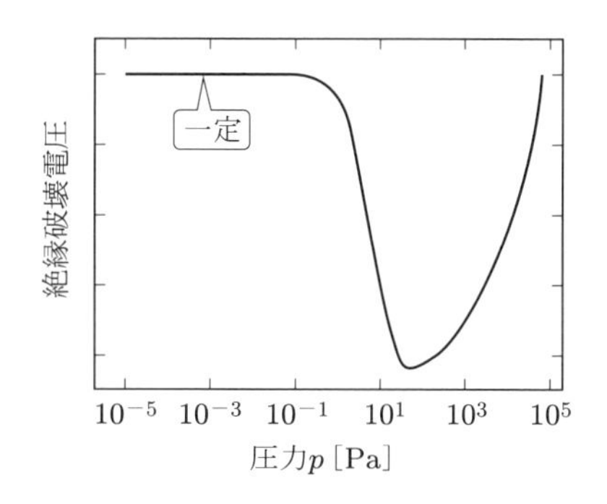

図 4.3 真空スイッチ管のパッシェン曲線の例

このような高真空中の絶縁破壊は，一般に電極の材質や形状，表面状態などに大きく影響される．高真空中での絶縁破壊機構については，以下のような要因が考えられている．

(1) 電界放出などにより陰極から放出された電子が陽極に衝突すると，陽極から正イオンまたは光子が放出され，これらが陰極に衝突して二次電子を放出する．このサイクルの繰り返しによって絶縁破壊にいたる．
(2) 陰極から放出された電子が陽極に衝突すると，その衝撃によって陽極が部分的に加熱されて，吸着気体や金属蒸気が発生する．この気体中で電子が衝突電離を起こして絶縁破壊にいたる．
(3) 電極表面を鏡面状に仕上げても，**ウィスカー**（whisker）とよばれる微細な突起が認められる．陰極面上のウィスカー先端では電界が集中するため，電子放出が生じるとウィスカーの電流密度が大きくなって加熱され，ウィスカーが溶融蒸発する．この気体中で衝突電離が起こり，絶縁破壊にいたる．

一対の電極で絶縁破壊を繰り返し発生させると，絶縁破壊電圧が上昇し，やがて一定値に落ち着く場合がある．これを**コンディショニング効果**（conditioning effect），または**化成**（formation）という．この現象が起こる理由は，電界が集中するウィスカーが減少し，陰極面上で電子を放出しやすい部分がなくなるためと考えられている．

4.3 負性気体中の放電

高電圧工学の観点から気体を電気絶縁物として用いる場合，その気体に望まれる条件は**絶縁耐圧**が大きいことである．タウンゼントの理論からもわかるように，気体中で絶縁破壊が起こるには，初期電子が電界によりエネルギーを得て，気体分子を衝突電離する必要がある．したがって，絶縁破壊を起こさないためには，電界による電子の加速を抑制すればよい．そのための手段の一つとして，4.1 節で述べたような高圧気体の利用があげられる．気体を加圧して気体分子密度を増加させ，電子の平均自由行程を短くすることにより，電子が電界から得るエネルギーを低減させることができる．

もう一つの手段として，**電気的負性気体**（electronegative gas）の利用があげられる．第 3 章で説明したように，負性気体は電子付着により，自由に運動する電子を自分の電子軌道内に取り込んでしまう．このとき電子は負イオンへと変換され，自由電子のように高速に動くことができず，電離を起こすことができない．電子付着によって電子の数が減少するため，絶縁気体として負性気体やその混合気体を用いることで，絶縁破壊電圧を増加させることができる．混合気体中の放電に関する詳しい説明は次節で行う．

電気設備や高電圧機器で用いられる負性気体の代表は，空気と SF_6 である．空気は酸素や水蒸気などの負性気体を含み，架空送電線の絶縁物として用いられる．SF_6 は空気の 3 倍近い優れた絶縁耐圧を有する．大電流アーク放電を速やかに消滅させる能力にもきわめて優れており，さらに，常温下で十数気圧まで圧縮が可能であることなどから，ガス絶縁開閉装置や遮断器など，各種のガス絶縁機器に広く用いられている．しかし，SF_6 は**地球温暖化係数**（global warming potential: GWP）が CO_2 の 23900 倍ときわめて大きいため，大気への放出が厳しく制限されており，設備や機器で用いられている SF_6 は厳重に管理されている．SF_6 に替わる環境負荷の小さい絶縁気体として，自然界にある気体（空気，窒素，酸素，CO_2）および真空の見直しや，新しい合成気体の研究が進められている．新しい絶縁気体として，CF_3I，F-ケトン（$C_5F_{10}O$），F-ニトリル（C_4F_7N）などが研究対象となっており，基礎的なデータの集積が行われている．

■ **例題 4.1**

図 4.1 を用いて，$d = 10\,\mathrm{mm}$，10 気圧での空気中および SF_6 中での絶縁破壊時の電界強度をそれぞれ求めよ．

■ **解答**

空気中では $pd = 100\,\mathrm{atm{\cdot}mm}$ において，絶縁破壊電圧はおよそ 170 kV なので，電界強度 $E = 170 \times 10^3\,\mathrm{V}/(10 \times 10^{-3})\,\mathrm{m} = 17\,\mathrm{MV/m}$ となる．SF_6 中での絶縁破壊電圧はおよそ 440 kV なので，電界強度 $E = 44\,\mathrm{MV/m}$ となる．

4.4 混合気体中の放電

2 種類以上の複数の気体を混ぜて混合気体をつくり，その絶縁破壊電圧を測定すると，予想とは異なる特性を示すことが多い．**図 4.4** は気体 A と B の 2 種を混合した場合の絶縁破壊電圧の模式図である．横軸は気体 A と B の混合率（気体 B の割合）を示す．横軸の左端では気体 A が 100%，気体 B が 0%であり，右にいくほど気体 B の割合が増加して，右端では気体 B が 100%である．

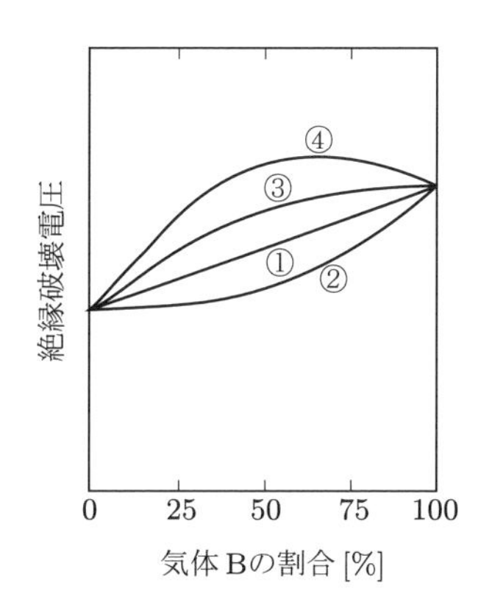

図 4.4　混合気体 A，B 中の絶縁破壊電圧

単純に推測される絶縁破壊電圧特性は図中の ① に示すような，気体 A と気体 B の絶縁破壊電圧を直線で結ぶ，混合率に対して線形の特性である．しかし，実際にはこのような例は少なく，特性 ②～④ で示されるような非線形の特性が現れ，絶縁破壊電圧が上昇する場合や低下する場合がある．とくに特性 ④ では，もともとの気体 A，B よりも絶縁耐圧が高い状態が得られている．

具体的な混合気体の例として，SF_6 に窒素を混合した場合の特性を紹介しよう．平等電界ギャップでの絶縁破壊電圧を**図 4.5** に示す．これは図 4.4 の特性 ③ に相当す

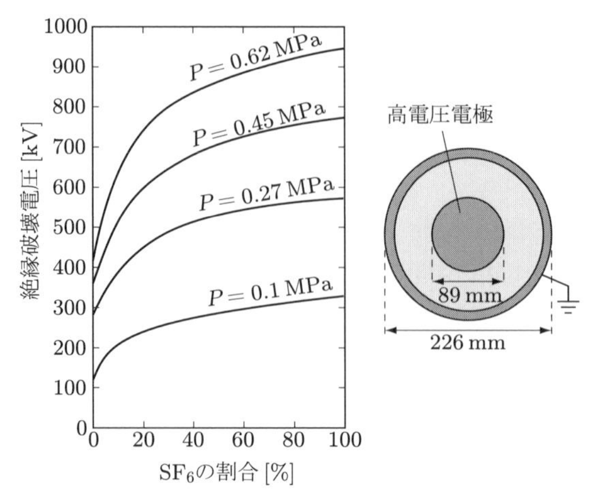

図 4.5 SF_6－窒素混合ガスの絶縁破壊電圧[31]

る．SF_6 は比較的高価な気体であるが，そこに安価な窒素を 10〜20%混ぜても絶縁破壊電圧はあまり低下しない．また，絶縁破壊電圧がかなり低い窒素に数%の SF_6 を混ぜるだけで，絶縁破壊電圧が 10〜20%上昇する．よって，SF_6 と窒素の混合は経済的な観点から有用である．一方，SF_6 と窒素の混合気体では，絶縁破壊電圧以外の物性は混合率に対して線形に変化することが知られている．たとえば液化温度（沸点）に関しては，液化温度が −35 ℃と高い SF_6 に，液化温度が −180 ℃と低い窒素を混ぜると，窒素の割合に比例して液化温度を下げることができる．極寒値や極低温に近い状態で SF_6 を絶縁物として利用したい場合などには，窒素の混合が有効な場合がある．

次に，不平等電界ギャップである針対平板ギャップを，窒素と酸素の混合気体で満たした場合の絶縁破壊電圧を**図 4.6** に示す．電圧を徐々に増加させていくと，はじめに針電極先端でコロナ放電が発生する（5.2 節参照）．さらに電圧を増加させると，針電極と平板電極の全路破壊が起こる．このときの電圧が図中の絶縁破壊電圧に対応する．酸素の割合 10%程度で得られる絶縁破壊電圧の最大値は，酸素や窒素の絶縁破壊電圧よりも高く，図 4.4 の特性 ④ に対応する．空気の組成と一致する酸素割合 20%程度でも，絶縁破壊電圧はほぼ最大値と等しいことがわかる．酸素は負性気体であり，電子付着によって電子を負イオンへと変換し，電離への関与を抑制する．一方，窒素は電子付着を起こさないが，電子が衝突した際の運動エネルギーを吸収して電子を減速させ，酸素による電子付着を起こしやすくする．このようなはたらきをする気体は**バッファーガス**（buffer gas）とよばれる．空気は負性気体である酸素とバッファーガスである窒素との混合気体であり，比較的高い絶縁耐圧を有している．

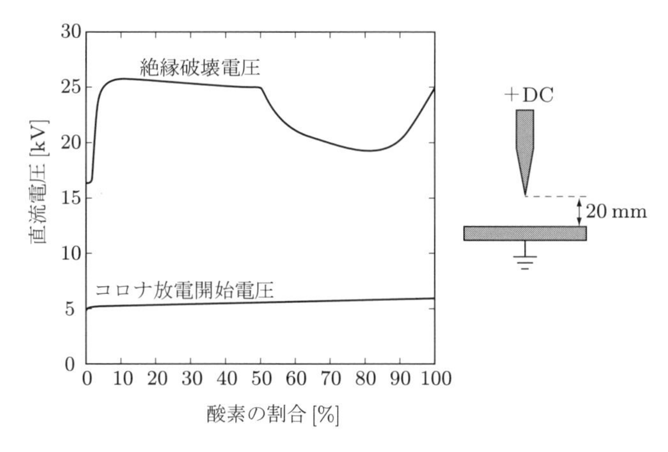

図 4.6 窒素－酸素混合ガスの絶縁破壊電圧[31]

■ 例題 4.2

図 4.5 を用いて，1 気圧の窒素中，および SF_6 を 5%添加した窒素中での絶縁破壊電圧を求め，SF_6 の添加により絶縁破壊電圧が何%向上したか答えよ．

■ 解答

窒素中では 1 気圧 = 0.1 MPa において，絶縁破壊電圧はおよそ 130 kV，SF_6 を 5%添加した窒素中ではおよそ 180 kV である．よって，$(180\,\mathrm{kV} - 130\,\mathrm{kV})/130\,\mathrm{kV} \times 100 = 38\%$.

演習問題

4.1 高圧気体を高電圧機器の絶縁に用いる場合，実用的には圧力を数気圧程度とする．この理由を説明せよ．

4.2 パッシェンの法則によると，pd 積の減少に伴い絶縁破壊電圧がきわめて高くなっていくように思えるが，実際には図 4.3 に示すように，pd 積の減少に対して絶縁破壊電圧は単調増加しない．この理由を説明せよ．

4.3 SF_6 を絶縁気体として用いる場合に，窒素を混合して使用する場合がある．この理由を説明せよ．

Chapter 5 気体放電とプラズマ

この章では，放電管における電圧電流特性を例として，暗流領域から絶縁破壊を経て，自続放電であるグロー放電，アーク放電へと放電形態が遷移していく過程と，それぞれの放電の特性について説明する．また，コロナ放電や高周波放電の特徴を紹介する．最後に，放電によって形成されるプラズマ状態と，それに関する種々の事項を詳細に説明する．

5.1 放電の電圧電流特性

図 5.1 に示すような放電管の内部を低気圧に保って，抵抗を介して直流電圧を印加したときに得られる，**図 5.2** のような電極間電圧と電流の関係を**電圧電流特性**（voltage-current characteristic）とよぶ．微小電流が流れる**暗流**（dark current）領域と**絶縁破壊**（(dielectric) breakdown）を経て，**グロー放電**（glow discharge），**アーク放電**（ark discharge）へと放電形態が移行していく．ここで絶縁破壊とは，絶縁体が絶縁性

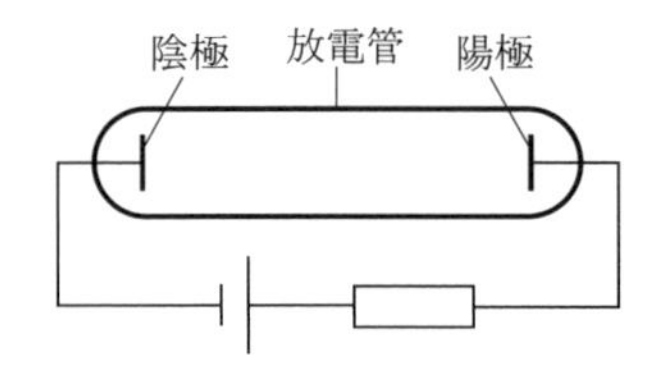

図 5.1　放電管を用いた低圧気体中での放電生成

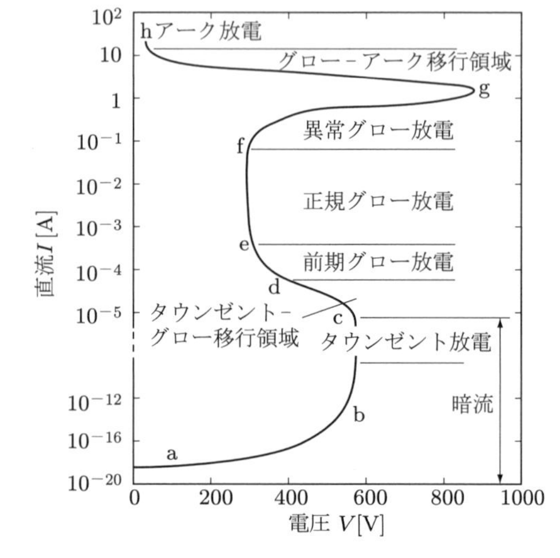

図 5.2　低圧気体中放電の電圧電流特性

を失って，電気抵抗が急激に低下することである．気体の絶縁破壊は，**火花放電**（spark discharge）や**フラッシオーバ**（flashover）ともよばれ，そのときの電圧を絶縁破壊電圧，火花電圧，フラッシオーバ電圧などとよぶ．気体放電を理論的に説明する場合には絶縁破壊が，第 8 章のように放電を現象論的に扱う場合にはフラッシオーバがよく使われる．

通常，電極間の気体中にはごくわずかではあるが，電子や正，負のイオンが存在する．これらの荷電粒子は電圧印加によってそれぞれの電極に向かって移動し吸収され，微小な電流が流れる．これが図 5.2 の a の領域である．電圧の上昇とともに電界による荷電粒子の移動速度（**ドリフト速度**）が増加することから，電極間において**拡散**（diffusion）や**再結合**（recombination）で失われる荷電粒子量に対して，電極に吸収される荷電粒子量が増加するため，電流値が増加する．このような範囲では電離は起こらず，荷電粒子の密度はきわめて低いため，電流密度は 10^{-17} A/cm^2 程度である．

印加電圧をさらに上昇させていくと，電子は電界によって加速され，中性分子と衝突して衝突電離を起こすようになる．新たに生成された電子も同様に衝突電離を起こし，電子なだれが生じて，電子およびイオンの密度が急激に増える．これが図 5.2 の区間 b-c に対応し，タウンゼント放電とよばれる．電圧をさらに上昇させて点 c においてタウンゼントの火花条件を満足すると，絶縁破壊が起こって自続放電が形成される．自続放電にいたる前の領域では，空気の絶縁性は保たれていると考えることができ，自身で放電を維持することはできない．この領域を非自続放電とよび，このときの電流を暗流という．

絶縁破壊が起こると電流が急激に増大し，電極間は導電性の放電路によって短絡された状態になる．電流の増加に伴って，図 5.2 の区間 d-f のグロー放電を経て，h の領域のアーク放電へといたる．これらの範囲は，自身で放電を自続させることができる自続放電である．

5.2 コロナ放電

第 3 章で学んだ平等電界（平行平板ギャップ）中のストリーマ放電では，ストリーマの進展とほぼ同時に全路破壊が起こり，自続放電へと移行する．しかし，ギャップ中の電界が不平等で，局所的に強電界となる電極構造（針対平板ギャップなど）ではただちに全路破壊にはいたらず，強電界の部分のみで局所的な自続放電が安定に存在し，微弱な光を発する．このような放電を**コロナ放電**（corona discharge），または，**部分放電**（partial discharge）とよぶ．コロナ放電が発生する条件は，電離を起こす α 作用と電子付着を起こす η 作用を考慮して，一般に次のように与えられる．

$$\int_a^b (\alpha - \eta) dx = K$$

ここで，α はタウンゼントの第一電離係数，η は電子付着係数である．とくに α は電界に対する変化が大きく，不平等電界下では位置 x によって異なる．積分の下限 a は電界強度が最大である電極表面の x，上限 b は $\alpha - \eta = 0$ となる x を表し，K は気体の種類，条件に依存する定数である．通常は，大気圧の空気で $K = 16$〜20 の範囲とされる．

コロナ放電が発生する代表的な電極構成として，針対平板ギャップがある．針先端近傍の強電界領域でコロナ放電が発生するが，その特性は針電極にかかる電圧の極性によって異なる．これを**極性効果**（polarity effect）とよぶ．

針電極に正極性高電圧を印加し，平板電極を接地すると，針電極で正極性コロナ放電が発生する．**図 5.3** に，ギャップ長を 10 mm としたときの大気中での放電の様子を示す．印加電圧が 5 kV 以下と低いときは，電流が小さい暗流領域であり（10^{-10} A 程度），発光は肉眼では確認できない．電圧を 7 kV 程度まで上昇させると，電流が 10^{-8}〜10^{-6} A 程度まで増加し，針電極先端に密着して発光する自続放電領域が形成される．これを**膜状コロナ**（filmy corona）という．電圧が 8 kV 程度になると，針電極先端からストリーマ状の細い光の筋が脈動的に複数形成される．これを**ブラシコロナ**（brush corona）という．電流は 10^{-5} A 程度で脈動を伴い，コロナ音とよばれるコロナ放電特有の音を発する．電圧を 10 kV 程度まで上昇させると，ブラシコロナが平板電極に向かって進展し，ギャップを短絡する．これを**払子コロナ**（bridged streamer corona）または**ストリーマコロナ**（pre-breakdown streamer corona）という．電流やコロナ

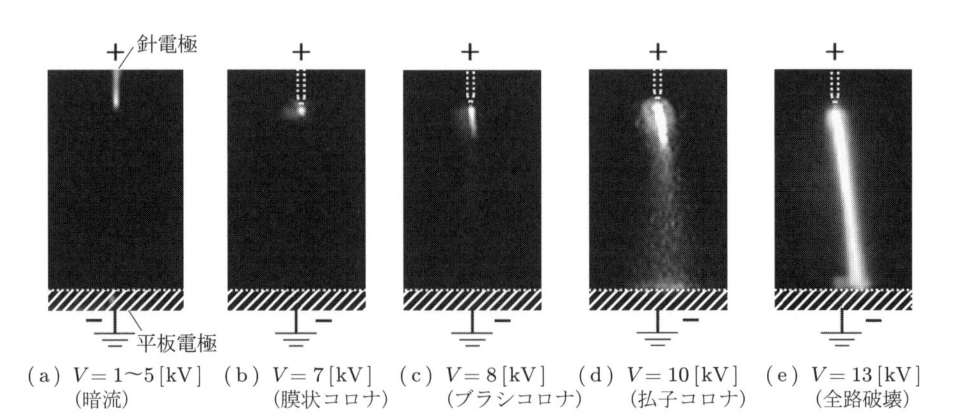

図 5.3 正極性コロナ放電の様相（大気圧空気中）
（花岡良一「高電圧工学」森北出版 (2007)，p.68，図 3.11）

音は大きくなるが，全路破壊にはいたっていない．さらに電圧を上昇させ13 kV程度になると，太いストリーマがギャップ間を短絡して，全路破壊にいたる．

針電極に負極性高電圧を印加し，平板電極を接地すると，針電極で負極性コロナ放電が発生する．**図5.4**に，ギャップ長を10 mmとしたときの大気中での放電の様子を示す．印加電圧が−6 kV以下と低いときは，正極性の場合と同様に暗流が流れ，肉眼では発光が見えない．電圧が−9 kV程度になると，負グローコロナ（negative glow corona）とよばれる自続放電が針電極先端に形成される．このときの電流は10^{-7}〜10^{-5} A程度まで増加し，高い周波数の規則的なパルス状となる．これは**トリチェルパルス**（Trichel pulse）とよばれ，針電極付近で形成された負イオンによる電界緩和効果と，負イオンの拡散による電界復帰効果の繰り返しが原因で，コロナ放電の発生・消滅が起こることに起因する．電圧が−16 kV程度に達すると，突然全路破壊にいたる．

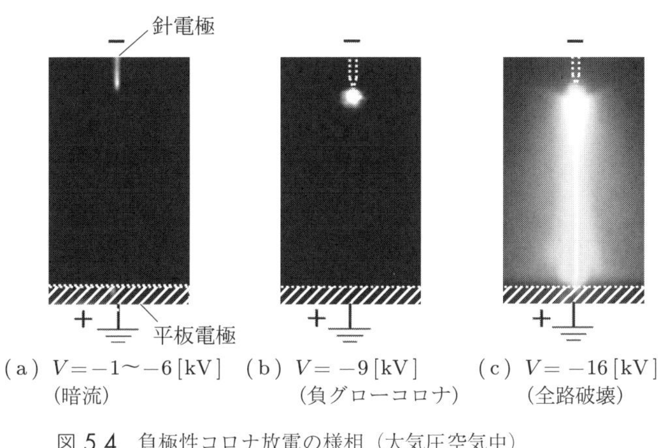

図5.4　負極性コロナ放電の様相（大気圧空気中）
（花岡良一「高電圧工学」森北出版 (2007)，p.70，図3.14）

このような極性効果は，交流電圧によってコロナ放電を発生させた場合にも観測される．針電極に交流高電圧を印加すると，電圧の半周期ごとに極性が異なるコロナ放電が発生し，極性効果による電流値の違いから，平均電流がゼロにならないことが知られている．

5.3　グロー放電

図5.1に示した放電管に直流電圧を印加して絶縁破壊が起こると，グロー放電とよばれる自続放電が生成される．これは，ネオンサインなどの放電管で見られるような，柔らかい光を伴う放電であり，数百Pa程度の低圧気体中で発生しやすい．グロー放

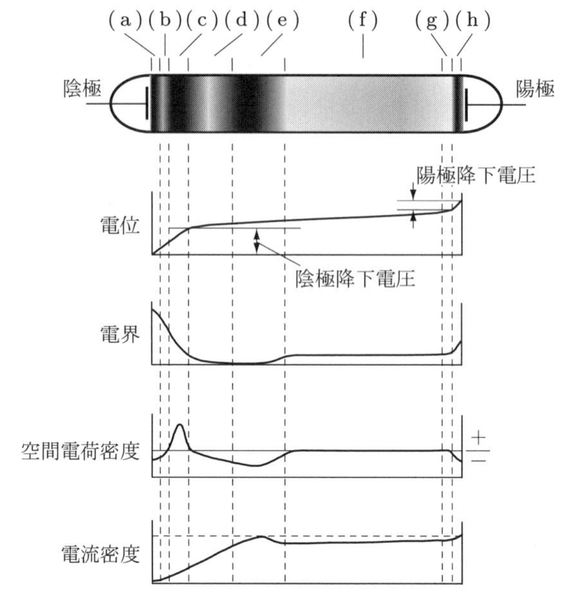

図 5.5　グロー放電の様相と諸特性
（花岡良一「高電圧工学」森北出版 (2007)，p.72，図 3.16 を改変）

電が生成されると，放電管の内部には**図 5.5** に示すような明暗の縞模様が形成される．この縞模様の発生機構について以下に説明する．

(a) **アストン暗部**（Aston dark space）：陰極のごく近傍であり，陰極から放出された電子は電界により加速され始めたばかりである．電子は励起や電離に必要なエネルギーを有しないため，発光を伴わない暗部となる．

(b) **陰極グロー**（cathode glow）：電子エネルギーが大きくなり，多数の電子が励起を起こすようになる．よって，励起された分子による発光が観測される．

(c) **陰極暗部**（cathode dark space）：電子の速度がさらに増加して，励起エネルギーよりも十分大きな電子エネルギーが得られるため，衝突電離が盛んに起こる一方で，励起の確率がかえって減少して発光の弱い暗部が形成される．電離により生成された正イオンは陰極へと流入し，γ 作用によって二次電子が放出され，この過程の繰り返しで放電が維持される．

(d) **負グロー**（negative glow）：陰極近傍の正イオンによる空間電荷効果によって電界強度が低下し，電子エネルギーが励起エネルギー程度まで低下して発光が生じる．また，低速の電子と正イオンの再結合が起こる．放電管では負グロー領域の発光がもっとも強い．

(e) **ファラデー暗部**（Faraday dark space）：負グロー領域での正イオンとの再結合を免れた電子は再び加速され始めるが，励起エネルギーや電離エネルギーにはいたらず，暗部が生じる．

(f) **陽光柱**（positive column）：電子はファラデー暗部の電界によって加速されて再び励起や電離を起こすようになり，発光を伴う陽光柱が形成される．陽光柱内部では衝突電離，励起，再結合，管壁への拡散などが盛んに起こる．正と負の荷電粒子はほぼ等量に高密度で存在し，導電率の高いプラズマ領域が形成される．したがって，図 5.5 の特性からもわかるように，陽光柱内部の電流密度は高く，一方，電界強度は比較的低い一定値となり，電位は直線的に上昇する．

(g) **陽極グロー**（anode glow）：陽光柱内部の正イオンは陰極に向かって移動する一方で，陽極には電子が引き寄せられて，陽極付近に電子密度の高い領域が発生し，空間電荷効果によって電界が強くなる．ここで加速された電子による励起が起こり，発光が観測される．

(h) **陽極暗部**（anode dark space）：電子が陽極グローの領域でさらに加速されて大きなエネルギーを得るため，励起確率が減少し，電離が活発になる．その結果，暗部が生じる．

グロー放電の主要部は陽光柱であり，電極間のギャップ長を大小に変化させると，それに伴って陽光柱の長さが変化する．図 5.5 を見ると，陰極近傍に電界強度のきわめて大きい領域が存在し，電極間の電圧の大部分がかかっていることがわかる．この領域を**陰極降下部**（cathode fall region）とよび，この領域にかかる電圧を**陰極降下電圧**（cathode drop, cathode fall）という．陰極降下部での電離が放電維持において重要な役割を担っている．

印加電圧が絶縁破壊に達すると，タウンゼント放電から前期グロー放電へと移行する．グロー放電によって流れる電流は図 5.2 に示したように，印加電圧とともに特異な変化を示し，**前期グロー放電**（subnormal glow discharge），**正規グロー放電**（normal glow discharge），**異常グロー放電**（abnormal glow discharge）の三つの範囲に分類される．前期グロー放電は小電流区間であり，電流の増加とともに電子，イオンの拡散による消失割合が減少して電圧が低下する．正規グロー放電区間では，電流の増加に比例して負グローが陰極面上に広がり，電流密度および電圧が電流によらず一定となる．異常グロー放電区間では，負グローが陰極全面に広がり，電流増加のためには電流密度が増加しなければならない．電流密度の増加には，より多くの二次電子放出が必要であり，このために印加電圧が上昇する．

5.4 アーク放電

放電管に異常グロー放電よりも大きな電流を流すと，陰極面に**陰極点**（cathode spot）が生じ，放電電流がそこに集中して流れるようになる．陰極点における電流密度は，高融点材料である炭素やタングステンの場合は 10^3〜10^4 A/m^2 に達し，陰極が局所的に加熱されて，**熱電子放出**（thermionic electron emission）が起こる．その結果，電圧の急激な低下と電流の急激な増加が起こるグロー－アーク移行領域を経て，アーク放電の形成にいたる（図 5.2）．低融点材料である銅やアルミニウムの場合は，陰極点における電流密度は 10^6 A/m^2 以上になり，電子放出機構は電界放出であるとされる．アーク放電は，低い印加電圧で，陰極からの電子放出によって維持される自続放電であり，電極間の導電性がきわめて高い．定常的なアーク放電の構造を**図 5.6** に示す．

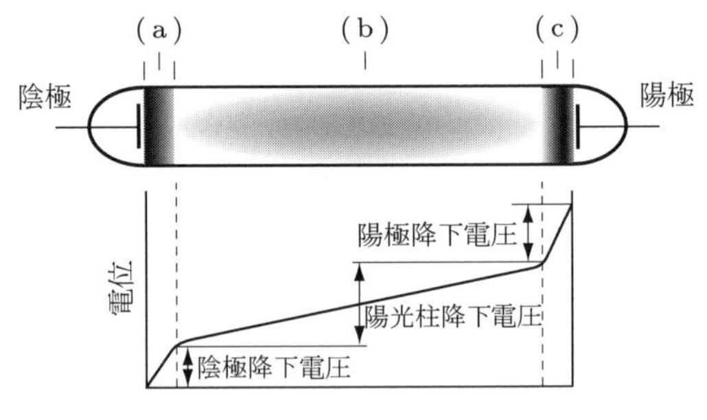

図 5.6 アーク放電の様相と諸特性

(a) **陰極降下部**（cathode fall region）：アーク放電における陰極降下電圧は，グロー放電に比べてはるかに低く，気体または電極蒸気の電離電圧である 10 V 程度である．陰極降下領域の厚さは，大気圧では 10^{-4}〜10^{-3} m 程度である．

(b) **陽光柱**（positive column）：低圧気体中では，グロー放電で生じる陽光柱と同様に，電流密度の高いプラズマ状態が形成され，ここでの発光が蛍光灯などに利用される．また，高圧気体中ではきわめて高温（たとえば大気中の炭素アーク放電で約 6000 K）となり，中性分子の衝突による熱電離が荷電粒子の主な供給源である．

(c) **陽極降下部**（anode fall region）：電子が陽光柱から流れてきて空間電荷効果を生じ，10 V 程度の陽極降下電圧が発生する．電界強度が高いため，電子による衝突電離が盛んに起こる．高圧気体中において電子が高い密度で陽極に流入すると，陽極表面に輝点が生じる．この輝点は陽極点とよばれ，陽極が局所的に加熱されて熱電子が放出されるが，電子は電界によって陽極に引き戻され，放電維持には寄与しない．

アーク放電は，蛍光灯や水銀灯などの照明器具に利用されているほか，アーク溶接や放電加工などに応用されている．また，電気接点や**遮断器**（circuit breaker）では，接点の開極時にアーク放電が形成されることが知られている．とくに遮断器では，このアーク放電をいかに速く消滅させるかが重要な課題である．

5.5 高周波放電

電極間に高周波電圧を印加して放電を形成すると，直流電圧や低周波電圧では観測されない特異な現象が発生する．印加電圧の周波数が高くなると，電界でドリフトする荷電粒子が電極に到達する前に電圧の極性が反転して，電界の向きが逆方向となって引き戻される．この結果，荷電粒子がギャップ内の一部を往復運動することがある．これは荷電粒子の**捕捉**（trapping）とよばれ，高周波放電の主な特徴である．荷電粒子が高周波電界の半周期に移動する距離 L は次式で表される．

$$L = \frac{2\mu E_{\mathrm{m}}}{\omega} = \frac{\mu E_{\mathrm{m}}}{\pi f} \tag{5.1}$$

ここで，μ は荷電粒子の移動度，E_{m} は電界の最大値であり，ω と f はそれぞれ印加電圧の角周波数と周波数である．したがって，荷電粒子の捕捉は，ギャップ長 d に比べて L が十分に小さければ発生する．また，イオンの移動度は電子の移動度に比べてはるかに小さいため，イオンの捕捉は電子の捕捉よりも起こりやすい．

大気圧中の平等電界ギャップにおける絶縁破壊電圧 V_{b} は，周波数 f によって以下のように変化する．

(1) f が約 100 kHz 以下では捕捉現象がほとんど起こらないため，直流や商用周波数の電圧における V_{b} と同程度である．

(2) f が 200 kHz～1 MHz の範囲では正イオンの捕捉が起こり始め，その空間電荷が陰極近傍の電界強度を強めるため，γ 作用（二次電子放出）による陰極からの二次電子放出が増加し，V_{b} は約 20%程度低下する．

(3) f が約 1～80 MHz の範囲では，正イオンの大部分が捕捉されて陰極に到達する正イオンが激減し，γ 作用が起こりづらくなるため，V_{b} は再び増加する．

(4) f が 80～100 MHz になると，正イオンに加えて電子の捕捉も起こり始め，α 作用（電子の衝突電離）が盛んとなって V_{b} が低下する．これ以上の周波数では，電子の移動距離が平均自由行程程度となって α 作用が減少し，V_{b} は増加する傾向となるが，あまり明確にはされていない．

イオンは質量が大きく高周波電界に追従できないため，高周波放電中のイオンエネルギーは小さく，物質に衝突してもその表面を損傷しない．また，低圧気体中では換算電界が大きいために電子がエネルギーを得て，α 作用による電離が起こりやすいことから，V_{b} を小さくできる．そのため，高周波低圧気体中での放電が，半導体デバイス分野で広く利用されている．高周波放電の周波数は，通常 13.56 MHz が用いられる．この周波数帯の放電は，**RF 放電**（radio-frequency discharge）とよばれる．

5.6 プラズマの定義と性質

気体が絶縁破壊して放電している状態を**プラズマ**（plasma）という．プラズマ中では気体を構成する中性粒子（原子・分子）の一部もしくはすべてが電離して電子とイオンとなっており，正と負の荷電粒子が共存し，全体としてほぼ電気的に中性が保たれている．また，これらの荷電粒子が電荷を運ぶことができるため，プラズマ中の導電率は高い．電気設備や高電圧機器では絶縁破壊の防止が重要な課題であるが，逆に積極的に絶縁破壊を起こしてプラズマ状態を形成し，プラズマ中の特異な現象を産業などに応用するのがプラズマ工学である．

5.6.1 ■ プラズマ温度と密度

プラズマの状態を表すために，温度と密度がよく用いられる．われわれの周囲に存在する気体（空気）を考えると，一般に温度といえば気体温度であり，第 2 章で述べたように，媒質中の中性粒子の運動エネルギーで温度が定義される．また，密度といえば単位体積中に含まれる中性粒子の個数 n [個/m^3] を指す．一方，プラズマ中には，中性粒子に加えて，電界により加速されて高速で運動する電子と，イオンが存在する．これらの粒子の運動エネルギーは一般に異なるので，それぞれに対して温度を定義する必要がある．すなわち，中性粒子温度 T_{n} [K]，電子温度 T_{e} [K]，およびイオン温度 T_{i} [K] である．密度についても同様で，電子密度 n_{e} [個/m^3]，イオン密度 n_{i} [個/m^3]，中性粒子密度 n_{n} [個/m^3] が定義される．電子，イオン，および中性粒子がそれぞれ熱平衡状態にあるとき，温度は熱速度（二乗平均速度）$v_{\mathrm{t}} = \sqrt{\langle \boldsymbol{v}^2 \rangle}$ と粒子の質量 m を用いて以下のように表される．

$$\frac{3}{2}k_{\mathrm{B}}T_{\mathrm{e}} = \frac{1}{2}m_{\mathrm{e}}v_{\mathrm{te}}^2 \tag{5.2}$$

$$\frac{3}{2}k_{\mathrm{B}}T_{\mathrm{i}} = \frac{1}{2}m_{\mathrm{i}}v_{\mathrm{ti}}^2 \tag{5.3}$$

$$\frac{3}{2}k_{\mathrm{B}}T_{\mathrm{n}} = \frac{1}{2}m_{\mathrm{n}}v_{\mathrm{tn}}^2 \tag{5.4}$$

また，それぞれの圧力 p は以下のようになる．

$$p_{\mathrm{e}} = n_{\mathrm{e}} k_{\mathrm{B}} T_{\mathrm{e}} = \frac{1}{3} n_{\mathrm{e}} m_{\mathrm{e}} v_{\mathrm{te}}^2 \tag{5.5}$$

$$p_{\mathrm{i}} = n_{\mathrm{i}} k_{\mathrm{B}} T_{\mathrm{i}} = \frac{1}{3} n_{\mathrm{i}} m_{\mathrm{i}} v_{\mathrm{ti}}^2 \tag{5.6}$$

$$p_{\mathrm{n}} = n_{\mathrm{n}} k_{\mathrm{B}} T_{\mathrm{n}} = \frac{1}{3} n_{\mathrm{n}} m_{\mathrm{n}} v_{\mathrm{tn}}^2 \tag{5.7}$$

プラズマの状態の評価にはとくに電子温度と電子密度が用いられ，**図 5.7** に示すように，電子温度と電子密度のマップによって種々のプラズマの整理ができる．電子温度の単位として，ケルビン（K）のほかに，電子ボルト（eV）がよく用いられる．化学的には，温度が T [K] のときのエネルギーが $k_{\mathrm{B}}T$ [eV] で表されるため，1 eV は 11600 K に相当する．

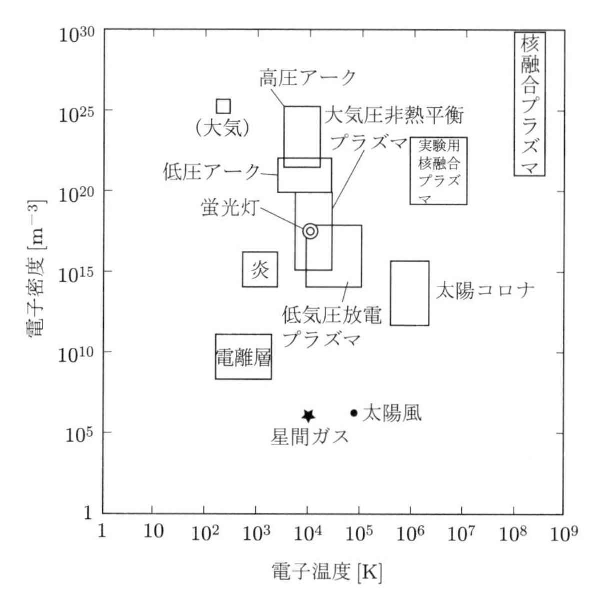

図 5.7　各種プラズマの電子密度と電子温度
（秋山秀典 編著「高電圧パルスパワー工学」オーム社 (2003)，p.44，図 5.1）

プラズマ中には荷電粒子として電子，正イオン，負イオンが含まれるが，負イオン密度が電子密度に比べて十分低いと仮定すると，電子は正イオンとペアで存在し，電子とイオンの密度はほぼ等しく $n_{\mathrm{e}} = n_{\mathrm{i}}$ とみなせる．プラズマ形成前の中性粒子密度に対する，電離した中性粒子密度の割合を**電離度**（ionization degree）という．電離度を χ とすると，プラズマ中の電子密度と中性粒子密度を用いて，

$$\chi = \frac{n_\mathrm{e}}{n_\mathrm{n} + n_\mathrm{e}} \tag{5.8}$$

となる．常温，大気圧の気体中の中性粒子密度は 10^{25} 個/m^3 のオーダである．低気圧グロー放電の形成に用いられる圧力は 1〜10^3 Pa 程度であり，このときの中性粒子密度は 10^{20}〜10^{23} 個/m^3 オーダである．このときの電子密度は 10^{14}〜10^{17} 個/m^3 オーダであり，電離度は 10^{-6} 程度となる．このような $\chi \ll 1$ となるプラズマを**弱電離プラズマ**（weakly ionized plasma），一方，$\chi = 1$ となるプラズマを**完全電離プラズマ**（fully ionized plasma）という．

5.6.2 ■ デバイ長

プラズマ中に正の点電荷 q を挿入すると，**図 5.8** に示すように，周囲に電子が集まって点電荷による電界を打ち消すように作用する．点電荷から距離 r の位置での電位 $\phi(r)$ は

$$\phi(r) = \frac{q}{4\pi\varepsilon_0 r}\exp\left(-\frac{r}{\lambda_\mathrm{D}}\right) \tag{5.9}$$

となり，距離に対して指数関数的に減衰する．λ_D は，挿入した点電荷がプラズマに影響する距離の目安であり，**デバイ長**（Debye length）とよばれる．デバイ長は，電子温度 T_e および電子密度 n_e の関数で，

$$\lambda_\mathrm{D} = \left(\frac{\varepsilon_0 k_\mathrm{B} T_\mathrm{e}}{n_\mathrm{e} e^2}\right)^{1/2} \tag{5.10}$$

で求められる．ここで，e は素電荷である．デバイ長よりも離れた位置では挿入した電荷の影響はなく，これを**デバイ遮へい**（Debye shielding）という．プラズマが電気的にほぼ中性であるためには，プラズマの寸法 L がデバイ長よりも十分大きい必要があり，また，デバイ長内に十分な数の電子が存在しなければならない．よって，プラズマが形成される条件として，以下のものがある．

$$L \gg \lambda_\mathrm{D} \gg n_\mathrm{e}^{-1/3} \tag{5.11}$$

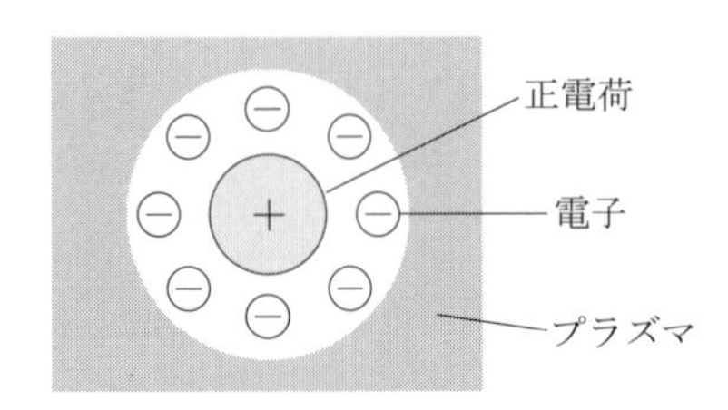

図 5.8 デバイ遮へい

プラズマ中に電極を挿入して電圧を印加すると，電極を覆うように電荷が集まり，**シース**（sheath）とよばれる空間電荷層が形成される．このようなシースは，プラズマと接する真空容器などの絶縁体表面に対しても形成される．

5.6.3 ■ プラズマ振動

プラズマへのパルス的な電界印加や電子ビームの入射により，**図 5.9** に示すような電子群とイオン群の局所的な変位が生じたとする．このとき，電子群とイオン群の間で電界が発生し，質量の軽い電子はクーロン力によってイオン群に向かって引き寄せられ，中性を保とうとする．しかし，慣性のために電子群はイオン群を通り過ぎてしまい，先ほどとは逆方向の電界が生じて電子群が駆動される．この繰り返しで発生する電子群の集団的な振動を，**プラズマ振動**（plasma oscillation）とよぶ．プラズマ振動の角周波数は**電子プラズマ振動数**（electron plasma frequency）とよばれ，以下の式で表される．

$$\omega_{\mathrm{e}} = \left(\frac{n_{\mathrm{e}} e^2}{\varepsilon_0 m_{\mathrm{e}}}\right)^{1/2} \tag{5.12}$$

ここで，m_{e} は電子の質量である．プラズマ振動による電子群の変位は，デバイ長程度である．

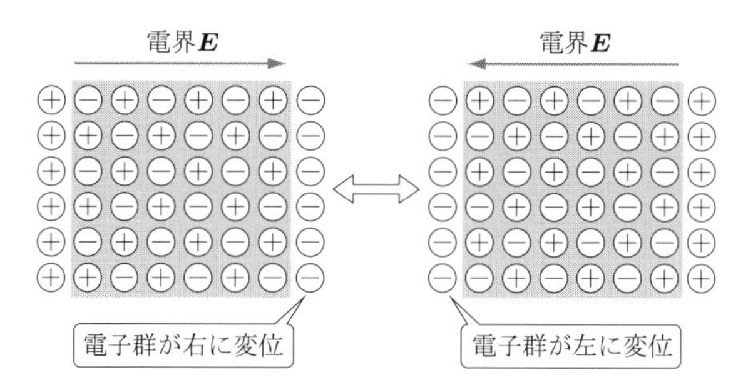

図 5.9 プラズマ振動

■ 例題 5.1

電子密度 $n_{\mathrm{e}} = 10^{12}\,\mathrm{m}^{-3}$，電子温度 $T_{\mathrm{e}} = 500\,\mathrm{K}$ の電離層プラズマ中の電子プラズマ振動数 ω_{e} およびデバイ長 λ_{D} を求めよ．

■ 解答

式 (5.12) および式 (5.10) に代入する．

$$\omega_{\mathrm{e}} = \left(\frac{n_{\mathrm{e}}e^2}{\varepsilon_0 m_{\mathrm{e}}}\right)^{1/2} = \left\{\frac{10^{12}\,\mathrm{m}^{-3}\times(1.60\times10^{-19}\,\mathrm{C})^2}{8.85\times10^{-12}\,\mathrm{F/m}\times9.11\times10^{-23}\,\mathrm{kg}}\right\}^{1/2}$$
$$= 5.64\times10^{7}\,\mathrm{rad/s}$$
$$\lambda_{\mathrm{D}} = \left(\frac{\varepsilon_0 k_{\mathrm{B}}T_{\mathrm{e}}}{n_{\mathrm{e}}e^2}\right)^{1/2} = \left\{\frac{8.85\times10^{-12}\,\mathrm{F/m}\times1.38\times10^{-23}\,\mathrm{J/K}\times500\,\mathrm{K}}{10^{12}\,\mathrm{m}^{-3}\times(1.60\times10^{-19}\,\mathrm{C})^2}\right\}^{1/2}$$
$$= 1.54\times10^{-3}\,\mathrm{m}$$

5.6.4 ■ プラズマのミクロな取扱い

プラズマをさまざまなプロセスに応用するためには，プラズマの挙動を理解することが重要であり，その基礎として，プラズマを粒子的に扱うミクロな（微視的な）視点と，プラズマを流体的に扱うマクロな（巨視的な）視点で考える必要がある．

まずは，プラズマ中に存在する一つひとつの荷電粒子に着目して，ミクロな視点からプラズマの挙動を理解する．電界 $\boldsymbol{E}$ と磁界 $\boldsymbol{B}$ が存在する場では，重力を無視すると，電荷 q の荷電粒子の運動方程式は以下のようになる．

$$m\frac{d\boldsymbol{v}}{dt} = q(\boldsymbol{E} + \boldsymbol{v}\times\boldsymbol{B}) \tag{5.13}$$

$m, \boldsymbol{v}$ は荷電粒子の質量および速度である．ここでは，プラズマを制御する観点で基礎的となる，以下の二つの例で荷電粒子の運動を考える．

(1) 一様な直流磁界のみが存在する場合

図 5.10 に示すように，z 方向の直流磁界 $\boldsymbol{B}$ だけが存在する場において，荷電粒子の速度 $\boldsymbol{v}$ が磁界に対して垂直とする．このとき，式 (5.13) は x 成分と y 成分に分けられる．

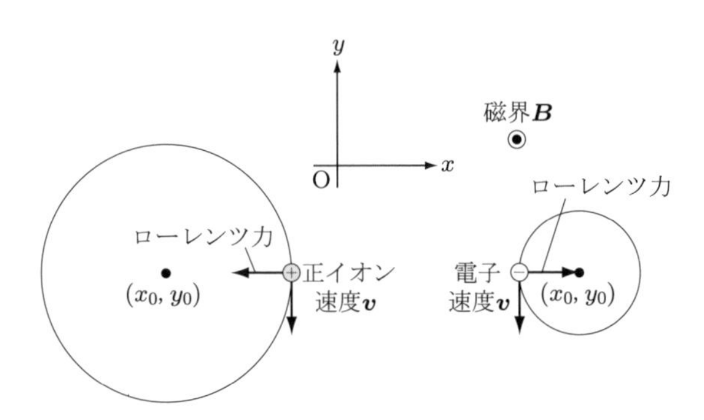

図 5.10 直流磁界中の正イオンおよび電子の運動

$$m\frac{dv_x}{dt} = qv_yB \tag{5.14}$$

$$m\frac{dv_y}{dt} = -qv_xB \tag{5.15}$$

両辺を時間微分して，x 成分と y 成分で整理すると，

$$\omega_{\mathrm{c}} = \frac{|q|B}{m} \tag{5.16}$$

とおいて，

$$\frac{d^2v_x}{dt^2} = -\omega_{\mathrm{c}}^2 v_x \tag{5.17}$$

$$\frac{d^2v_y}{dt^2} = -\omega_{\mathrm{c}}^2 v_y \tag{5.18}$$

が得られる．ここで，ω_{c} は**サイクロトロン周波数**（cyclotron frequency）とよばれ，v_x と v_y が各周波数 ω_{c} で振動することがわかる．電荷 q が正の粒子である正イオンの運動を考えると，

$$v_x = v\cos(\omega_{\mathrm{c}}t + \phi) \tag{5.19}$$

$$v_y = -v\sin(\omega_{\mathrm{c}}t + \phi) \tag{5.20}$$

となって，$v_x^2 + v_y^2 =$（一定値）である．よって，粒子の速度は一定に保たれ，運動エネルギーは変化しない．これは，粒子にはたらくローレンツ力が粒子の運動方向と垂直で，粒子に仕事をしないためである．式 (5.19) および式 (5.20) を積分して粒子の位置 x，y を求めると，

$$x = r_{\mathrm{L}}\sin(\omega_{\mathrm{c}}t + \phi) + x_0 \tag{5.21}$$

$$y = r_{\mathrm{L}}\cos(\omega_{\mathrm{c}}t + \phi) + y_0 \tag{5.22}$$

となり，粒子は位置 (x_0, y_0) を旋回中心とする円運動を行う．ここで，ϕ は任意の位相である．この円運動の半径 r_{L} は**ラーモア半径**（Larmor radius）とよばれ，

$$r_{\mathrm{L}} = \frac{v}{\omega_{\mathrm{c}}} \tag{5.23}$$

である．荷電粒子が電子の場合は電荷が負となり，正イオンの場合と回転方向が反対となる．いずれの場合も粒子は円内の外部磁界を打ち消す方向に回転する．電子の質量はイオンに比べてはるかに小さいため，電子のラーモア半径はイオンよりも小さく，小さい円を速く回転する．磁界と同方向に速度成分をもつ場合は，電子と正イオンはそれぞれ回転方向が反対の，磁力線に巻き付くらせん運動を示す．

(2) 一様な直流電界と直流磁界が存在する場合

図 5.11 に示すように，一様な直流磁界 $\boldsymbol{B}$ に加えて，磁界に直交する一様な電界 $\boldsymbol{E}$ がある場合の荷電粒子の運動を考えよう．式 (5.13) を x 成分と y 成分に分けると，

$$m\frac{dv_x}{dt} = qv_yB \tag{5.24}$$

$$m\frac{dv_y}{dt} = qE - qv_xB \tag{5.25}$$

となり，さらに時間微分して x 成分と y 成分で整理すると，

$$\frac{d^2v_x}{dt^2} = -\omega_{\mathrm{c}}^2\left(v_x - \frac{E}{B}\right) \tag{5.26}$$

$$\frac{d^2v_y}{dt^2} = -\omega_{\mathrm{c}}^2 v_y \tag{5.27}$$

となる．式 (5.26) は

$$\frac{d^2}{dt^2}\left(v_x - \frac{E}{B}\right) = -\omega_{\mathrm{c}}^2\left(v_x - \frac{E}{B}\right) \tag{5.28}$$

と書き直せるため，式 (5.19) の v_x を $v_x - E/B$ で置き換えて，

$$v_x = v\cos(\omega_{\mathrm{c}}t + \phi) + \frac{E}{B} \tag{5.29}$$

$$v_y = -v\sin(\omega_{\mathrm{c}}t + \phi) \tag{5.30}$$

が得られる．粒子は円運動に加えて，x 軸正の方向に一定速度でドリフトすることを示しており，ドリフト速度 $\boldsymbol{v}_d$ は

$$\boldsymbol{v}_d = \frac{\boldsymbol{E}\times\boldsymbol{B}}{B^2} \tag{5.31}$$

で表される．これを $\boldsymbol{E}\times\boldsymbol{B}$ ドリフトという．電子とイオンで回転方向は異なるが，$\boldsymbol{E}\times\boldsymbol{B}$ の方向に同じ速度で移動する．

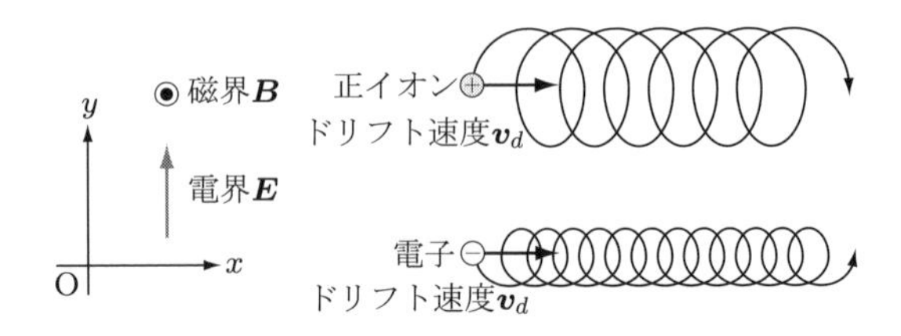

図 5.11 直流磁界および直流電界中の正イオンおよび電子の運動

5.6.5 ■ プラズマのマクロな取扱い

前項では荷電粒子一つひとつの運動に着目したが，マクロ（巨視的）に見ればプラズマは正負の荷電粒子の集合体であり，図 5.7 に示したように，典型的なプラズマ中での電子密度は $10^{16}\,\mathrm{m}^{-3}$ のオーダである．このような密度では粒子間の衝突は無視できず，単体の電子の軌跡を追従するのではなく，電子を連続体として捉えた議論が必要になる．そこで，ある位置における電子群の平均速度を $\boldsymbol{u}$，平均の密度を n として電子群の運動を考える．これはプラズマが流体であると近似して扱うことに相当し，以下の**流体方程式**（fluid equations）によってプラズマの運動を記述する．

$$\frac{\partial n}{dt} + \nabla \cdot (n\boldsymbol{u}) = G - L \tag{5.32}$$

$$mn\left\{\frac{\partial \boldsymbol{u}}{dt} + (\boldsymbol{u} \cdot \nabla)\boldsymbol{u}\right\} = -en(\boldsymbol{E} + \boldsymbol{u} \times \boldsymbol{B}) - \nabla p - mn\nu\boldsymbol{u} \tag{5.33}$$

$$p(mn)^{-\gamma} = C \tag{5.34}$$

式 (5.32) は**連続の式**（continuity equation）で，粒子保存則を表す．G および L はそれぞれ単位体積あたりの電子の増減を表し，主に電離と再結合による．式 (5.33) は**運動方程式**（equation of motion）で，運動量保存則を表す．ここで，m は電子質量，p は圧力，ν は衝突周波数である．式 (5.34) はエネルギー保存則を表し，断熱変化の場合のエネルギーの式の積分により得られる．ここで，γ は定熱比熱と定積比熱の比，C は定数である．式 (5.32)〜(5.34) により，位置 r と時間 t に対して電子の速度 $\boldsymbol{u}(r,t)$，密度 $n(r,t)$，圧力 $p(r,t)$ が決まる．また，式 (5.5) から電子温度が求まる．

5.6.6 ■ 熱平衡プラズマと非熱平衡プラズマ

圧力が $1\sim10^3$ Pa 程度の低圧気体中で生成したグロー放電では，プラズマ中の電子は電界によりエネルギーを得る．中性粒子との衝突においてもエネルギー損失が小さいので，電子温度 T_e は 1〜10 eV 程度と高い．一方，イオンは電界から得るエネルギーが電子に比べて小さく，また，中性粒子との衝突により保有するエネルギーの大部分を失うため，イオン温度 T_i は電子温度よりも低い．また，中性粒子は電界によってエネルギーを供給されないため，その温度 T_n は室温からその数倍程度である．よって，$T_\mathrm{e} \gg T_\mathrm{i} \geq T_\mathrm{n}$ の関係が成立し，このようなプラズマを**非熱平衡プラズマ**（non-thermal equilibrium plasma）もしくは**低温プラズマ**（non-thermal plasma）とよぶ．非熱平衡プラズマは低圧気体中だけでなく，条件によっては大気圧においても生成が可能で，誘電体バリア放電やパルス電圧印加による放電，コロナ放電などで生成した非熱平衡プラズマが活用されている．誘電体バリア放電については第 6 章で詳しく説明する．

一方，核融合プラズマやアーク放電中のプラズマでは，粒子間の衝突頻度が高く，それぞれの粒子温度が等しくなり，$T_{\mathrm{e}} = T_{\mathrm{i}} = T_{\mathrm{n}}$ の関係が成立する．このようなプラズマを**熱平衡プラズマ**（thermal equilibrium plasma）もしくは**熱プラズマ**（thermal plasma）とよぶ．

■ **例題 5.2**

低気圧非熱平衡プラズマと大気圧熱平衡プラズマの主な特性の違いを述べよ．

■ **解答**

低気圧非熱平衡プラズマの電子温度は一般に 1～10 eV 程度である一方で，イオンや中性粒子の温度は電子温度よりもはるかに低い．一方，大気圧熱平衡プラズマの電子温度は 1 eV 程度と低気圧非熱平衡プラズマに比べて低いが，イオンおよび中性粒子の温度が電子温度とほぼ等しい．

コロナ放電を探してみよう

身近にあるコロナ放電を観察してみよう．雨の日などに高電圧送電鉄塔の近くに行くと，ジージーと音がすることがあります．これは，がいしの表面などでコロナ放電が発生している音で，よく見るとコロナ放電の発光を見つけられるかもしれません．また，最近のドライヤや空気清浄機は，コロナ放電を利用した付加機能を有しているものも多くあります．ドライヤは風の吹き出し口の近くにコロナ放電発生のための針電極を見つけられることもあるので（危険なので触らないように），暗いところでドライヤを動かして，針電極の先端を見てみよう．

演習問題

5.1 低気圧放電管内において，暗流からグロー放電を経てアーク放電にいたるまでの電圧電流特性を説明せよ．

5.2 不平等電界下では，全路破壊にいたる前にコロナ放電が局所的に発生する理由を説明せよ．

5.3 電子温度 $T_{\mathrm{e}} = 10000\,\mathrm{K}$ のプラズマ中での電子の熱速度を求めよ．

5.4 低気圧中のプラズマでは一般に，イオン温度や中性粒子温度に比べて電子温度がきわめて高い．この理由を説明せよ．

5.5 電子密度 $n_{\mathrm{e}} = 10^{16}\,\mathrm{m}^{-3}$，電子温度 $T_{\mathrm{e}} = 20000\,\mathrm{K}$ の低気圧グロー放電プラズマ中の電子プラズマ振動数 ω_{e} およびデバイ長 λ_{D} を求めよ．

放電プラズマの産業利用

これまで学んできた放電プラズマは，その特徴を活かしてさまざまな分野において利用されており，産業を下支えしている．ここでは，非熱平衡プラズマであるコロナ放電の大気圧での種々の応用，低気圧下で形成されるグロー放電の主に材料への応用，アーク放電によって発せられる高熱を利用した応用，気体，液体誘電体の粘性と流動性による電気流体力学現象の利用についてそれぞれ学ぶ．

6.1 コロナ放電の産業応用

コロナ放電は5.2節で学んだように，局所的な強電界において5〜10 eVの高いエネルギーをもつ電子をもつ一方で，イオンや中性ガスの温度は室温程度と低い特徴を有する．また，微小電流で放電の維持が可能であり，効率よくイオンやラジカルなどの化学的に活性な粒子を形成することができる．

6.1.1 ■ 電気集じん機

コロナ放電が広く大気環境分野に貢献している技術として，**電気集じん機**（electrostatic precipitator）がある．電気集じん機では，放電電極において発生したコロナ放電により生成されたイオンが，熱拡散もしくは電界に沿って移動し粒子と衝突することで，粒子が帯電する．帯電粒子は，集じん電極とよばれる電極間において発生している電界によりクーロン力を受け，電界に沿って電極方向に移動し，金属電極の表面に捕集される．粒径0.5〜20 μmの微粒子を，広い温度圧力条件において高効率で集じんできることや，低圧損でランニングコストも低く，保守点検が容易であることなどが利点としてあげられる．そのため，火力発電所などのボイラーから排出される石油や重油の燃焼によって発生した煤じんの除去や，製鉄所，化学工場，ごみ処理場などの排ガスに含まれる微粒子，蒸気，異臭物質などの捕集に広く利用されている．

電気集じん機は，コロナ放電によってイオンを生成し粒子を帯電する荷電部と，平板電極などからなる集じん部に分けられる．**図6.1**(a)の装置では，集じん電極間の空間で荷電と集じんが同時に行われる．これを一段式という．これに対して，図(b)では，荷電のみを行う荷電部を上流に設け，その下流に荷電された粒子を捕集のみを行

集じん電極(接地)
電気力線
放電電極
ガス流
電離領域(コロナ放電)
荷電粒子
中性粒子

(a) 一段式

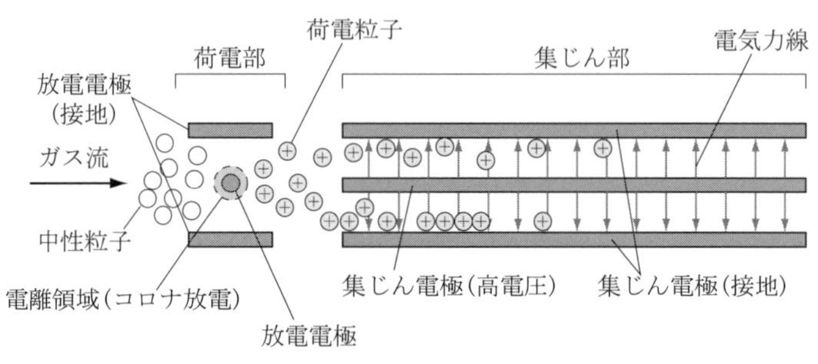

(b) 二段式

図 6.1 電気集じん機の構成例

う集じん部を設けている．これを二段式という．集じんされた粒子の再飛散を防ぐという観点では一段式が有利であり，装置の小型化という観点においては，集じん電極の間隔を短くでき，面積も大きくすることができる二段式が有利となる．また，電気集じん装置では一般に，火花放電が生じる電圧が高く，安定して放電が可能な負極性の電圧が用いられる．一方で，空気清浄用など，オゾンの発生を抑制したい場合は正極性の電圧がよく用いられる．また，捕集された粒子が一定以上の量になると，集じん電極を叩いて粒子を落とす．落ちた粒子は，装置下部でホッパとよばれる捕集部に集められる．

粒子のイオンの帯電機構は，電気力線に沿ってイオンが輸送され粒子に付着して荷電が行われる**電界荷電**（filed charging）と，熱拡散運動によってランダムに輸送され付着する**拡散荷電**（diffusion charging）との二つがある．電界荷電では，帯電量の増加によって電気力線が少なくなり，ある時点で飽和が生じる．また，拡散荷電では熱運動で帯電粒子のクーロン反発力に逆らい付着することで荷電を行う．球形粒子の場合は，半径 1 μm 以上の粒子では電界荷電が，0.1 μm 以下の粒子では拡散荷電が支配的となる[17]．

電気集じん装置による集じん率の推定は，一般に次のドイッチュ（Deutsch）の式が用いられる．

$$\eta\,[\%] = 1 - \exp\left(-\frac{\omega_d A}{Q}\right) \tag{6.1}$$

ここで，ω_d は実効移動速度 [m/s]，A は集じん電極面積の総和（有効全集じん面積）[m^2]，Q は単位時間あたりのガス流量 [m^3/s] となり，A/Q を比集じん面積とよぶ．ω_d は次式より見積もることができる．

$$\omega_d = \frac{qE}{6\pi\mu a} C_m \tag{6.2}$$

$$C_m = 1 + \frac{\alpha\lambda}{a} \tag{6.3}$$

q は粒子電荷量，E は電界，μ はガスの粘度，a は粒子半径，C_m はカンニンガムの補正係数，λ はガスの平均自由行程，α は無次元パラメータとなる．λ と α は常温においてそれぞれ 0.069 mm と 0.86 であることが知られている．また，より実際に近い集じん効率として，マッツ（Matts）らがドイッチュの式を補正した下記の式を提案している[52]．

$$\eta\,[\%] = 1 - \exp\left(-\frac{\omega_d A}{Q}\right)^k \tag{6.4}$$

k は 0.4〜0.6 の値となり，たとえばフライアッシュでは 0.5 となる[17]．

6.1.2 ■ 除電装置

静電気帯電は，物体表面が他の物体と接触すると必ず生じる現象である．帯電によって電位が高くなった物体が接地された物体などに接近すると，空気の絶縁破壊が生じて放電が発生し，瞬間的に大電流が流れる．静電気帯電は，たとえば電子デバイスにおいては，過電圧印加による半導体の酸化膜の絶縁破壊，過電流による IC 内配線の熱的破壊などによるデバイスの故障・劣化や，静電気放電から輻射する電磁波が電子回路へノイズとして加わることによる誤動作，静電気力によるホコリの付着など，さまざまな障害が生じることが知られている．そのため，種々の産業における生産工程においては，静電気を効率よく除去し，静電気によって発生する電圧を低く管理することが重要となる．

コロナ放電によって生成した正負の空気イオンを利用する方式として，**除電装置**（**イオナイザ**，ionizer）がある．これは一般に，針などを用いたコロナ放電電極から生成されたイオンを，電界もしくは送風によって帯電物まで輸送，供給することによって，帯電物上の帯電電荷を中和する装置である．安全性が比較的高く扱いやすいことなどから，静電気対策として広く用いられている[32, 50]．コロナ放電の発生方式は，自己放電方式と電圧印加方式がある．

自己放電方式除電装置は，**図 6.2** に示すように，接地された鋭利な針状や線状の導体（放電電極）によって構成されている．この接地導体先端近傍に数 kV 以上の電位をもつ帯電物体が接近すると，帯電物体と接地導体間で高電界が形成され，接地導体先端でコロナ放電が発生し，正負の空気イオンが生成される．発生したイオンは，帯電物による電界に沿って移動し，帯電物体上の電荷を中和する．接地導体には，ステンレスやカーボンなどの金属・炭素繊維や有機導電性繊維などが主に用いられる．電源が不要で非常に簡素な構造で，取扱いが容易であり，印刷工程・機器などに広く用いられている[33]．

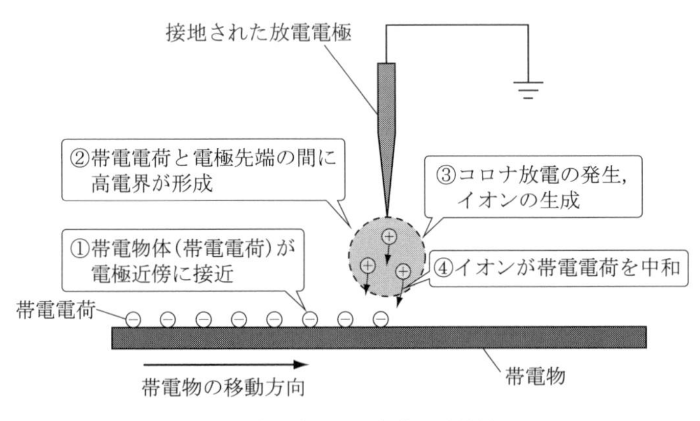

図 6.2　自己放電方式除電装置

電圧印加方式除電装置は，**図 6.3** に示すように，高電圧電源を備え，数 kV の高電圧を針状の放電電極に印加することによってコロナ放電を発生させ，正負の空気イオンを生成する．電源方式は，直流から数十 kHz を印加する高周波交流方式など，主に周波数によって分類される．直流もしくは周波数が商用周波数以下の比較的低い場合は，コロナ放電電極から発生する電界によってイオンが除電対象物へ効率よく運搬される．しかし，図 (b) に示すように，除電対象物へ流入するイオンの極性が時間的に大きく変動するため，除電後の除電対象物の電位が時間的に変動し，静電気除去のムラや逆帯電が生じる場合がある．高い周波数をもつ交流方式では，送風によるイオンの運搬が必要であるものの，正負のイオンが空間的に混合した状態で除電対象物に到達するため，正負イオンのバランスがよく，高精度に除電が可能となる．一方で，生成されたイオンのうち除電に寄与するイオンの割合が少なく，電極の摩耗度合いが高く，除電性能の経時変化が大きいことが欠点としてあげられる．

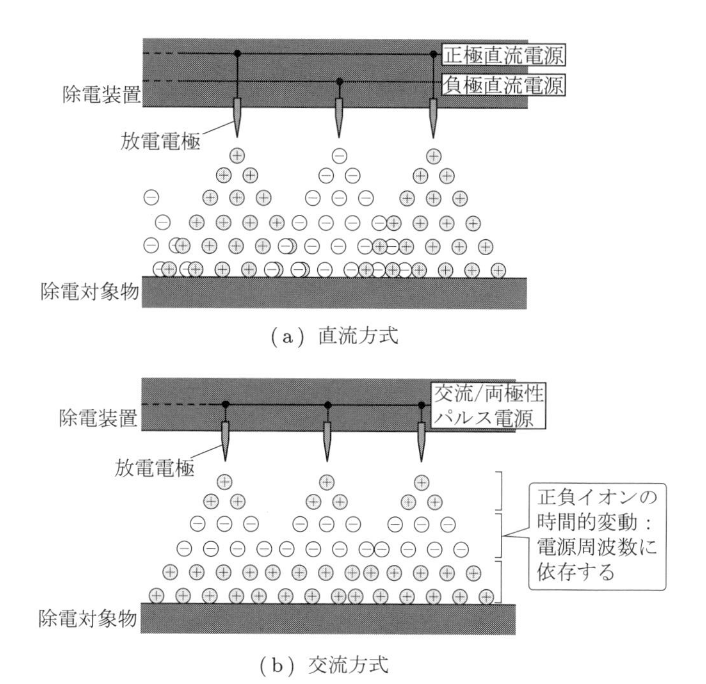

図 6.3 電圧印加方式除電装置

除電装置には多くの種類があり，それぞれ一長一短を有する．そのため，除電時間や正負イオンのバランス，電位変動やメンテナンス性などの性能を考慮し，用途として総合的に適した方式を選定する必要がある．また，静電気除去装置を単純に設置するだけで静電気障害の問題を解決できるわけではない．帯電する状況や状態を考慮し，効果的な場所とタイミングで設置することが重要であるといえる[32, 50]．

6.2 誘電体バリア放電の産業応用

大気圧中に設置した金属の平行平板電極間に加える電圧を上昇させていくと，ある電圧で火花放電が生じる．このとき，電極間は短絡状態となり大電流が流れ，アークへの転移や，電極の過熱や劣化が生じる．これを防ぐ目的で，誘電体を電極間に挿入し，放電を安定させる方式がある．誘電体がバリアの役目をするので，この方式の放電を**誘電体バリア放電**（dielectric barrier discharge），あるいは**無声放電**（silent discharge）といい，安定した放電の発生のため広く用いられている．

6.2.1 ■ 誘電体バリア放電の原理

図 6.4 に，誘電体バリア放電を発生させるための，平板電極間への誘電体の挿入方法を示す．誘電体は，両電極を覆う場合（図 (a)），一方の電極のみを覆う場合（図 (b)），電極間に挿入する場合（図 (c)）に分けられる．バリアのもっとも大きな役割は，放電を短時間で終了させ，火花放電の発生を防ぐとともに，イオンや中性ガスの温度を上げないことである．

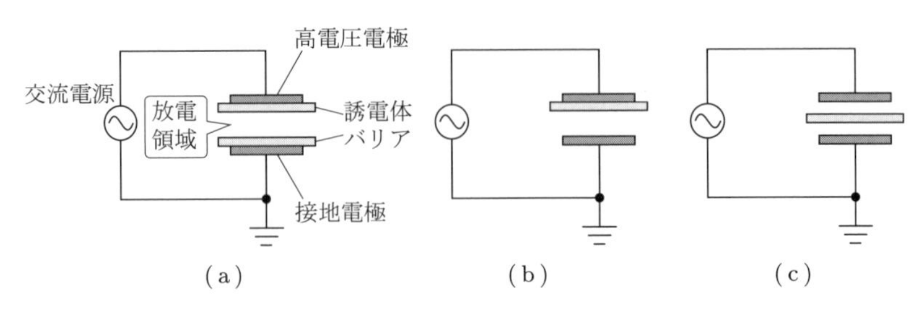

図 6.4　誘電体バリアの挿入方法

図 6.5 に，バリア放電の発生の様子を示す．電極間にある極性の電圧を加えると，空間の電界 E によりストリーマ放電が発生する．ストリーマ放電は対向電極へと進展するが，誘電体のバリアが存在するとバリアの表面には放電によって運ばれた電荷が溜まり，電荷のつくり出す逆電界 E' によって印加電圧による空間の電界 E が弱まり，放電の進展が妨げられる．この放電は，バリアに到達し，バリアの沿面に伸びた後，数十 ns の短時間のうちに終了する．ここで，逆極性の電圧を印加することによって，再び電極間に電界 E が生じ，放電が発生する．この繰り返しにより，バリア放電は安定して継続していく．誘電体に電荷が残留している間に次の逆極性の放電が開始すれば，メモリ効果により放電は常に同じ場所で発生するためパターン化した発光が現れる．そのため，継続して繰り返し放電を発生させるためには，直流電圧は使用でき

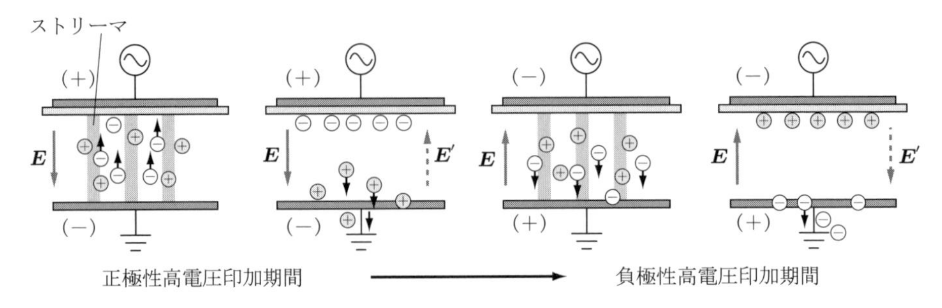

図 6.5　バリア放電の原理[18]

ず，一般には商用周波数から高周波の交流電源が使用される．そのほか，パルス電源も用いられている．電極間隔は数 mm 程度が一般的であるが，微細加工技術を利用して 100 μm 程度の短ギャップ化も図られている．なお，放電は，ギャップを進展している間はストリーマ放電と同じメカニズムであり，5〜10 eV 程度の電子温度，$10^{20}\,\mathrm{m}^{-3}$ 程度の電子密度が得られる．

6.2.2 ■ オゾン発生器

オゾン（ozone）は強力な酸化力をもち，殺菌作用や漂白作用，脱臭作用などを有している．また，長い時間放置しておくと酸素分子（O_2）に戻り，自然環境への影響はほとんどない．これらの性質を利用して，上下水の処理，パルプの漂白，ガスの処理をはじめ，医療機器，食品業界，家電製品など多くの分野で用いられている．

オゾンは，放電によっては主に電子衝突によって生成された酸素ラジカルが酸素分子と結びつくことにより生成される．放電により生じる高エネルギーの電子は酸素分子と衝突し，以下のような解離反応を引き起こし，酸素原子ラジカルをつくり出す．

$$\mathrm{e} + \mathrm{O_2} \rightarrow \mathrm{O}(^3P) + \mathrm{O}(^3P) + \mathrm{e} \quad (6.1\,\mathrm{eV}) \tag{6.5}$$

$$\mathrm{e} + \mathrm{O_2} \rightarrow \mathrm{O}(^3P) + \mathrm{O}(^3D) + \mathrm{e} \quad (8.4\,\mathrm{eV}) \tag{6.6}$$

e は電子，$\mathrm{O}(^3P)$，$\mathrm{O}(^3D)$ はエネルギー準位の異なる酸素原子を示す．反応式の右に示す ( ) 内の数値は解離に必要なエネルギーである．反応式 (6.5) と式 (6.6) の反応前後のポテンシャルエネルギーの差はそれぞれ 5.12 eV，7.08 eV であるが，いったんエネルギーの高い励起準位を経て解離するため，( ) 内のエネルギーが必要になる．これらの反応で生じた O は反応性に富み，活性種（ラジカル）とよばれ，多の原子や分子と化学反応を引き起こす．粒子がマクスウェル–ボルツマン分布に従うと仮定すると，反応式 (6.5) に示す酸素ラジカルの生成に必要なエネルギーをもつ電子の割合は，電子温度が 3 eV および 10 eV の場合で，それぞれ 25%および 75%となる．酸素ラジカルは以下のような反応で容易に酸素分子と結びつき，オゾンをつくり出す．

$$\mathrm{O} + \mathrm{O_2} + \mathrm{M} \rightarrow \mathrm{O_3} + \mathrm{M}, \quad k = 6.2 \times 10^{-46}\,\mathrm{m^6/s} \tag{6.7}$$

ここで M は第三体，k は反応速度定数を示す．

工業用オゾンの生成には誘電体バリア放電（無声放電）を用いた**オゾン発生器**（**オゾナイザ**，ozonizer）が利用されている．大容量のオゾン生成には，**図 6.6** のように同軸円筒状の構造からなるオゾナイザ（長さ約 1 m，中心電極の直径 50 mm 程度，ギャップ長 1〜3 mm）が使用され，これをタンク内に多数装荷したものが用いられている．

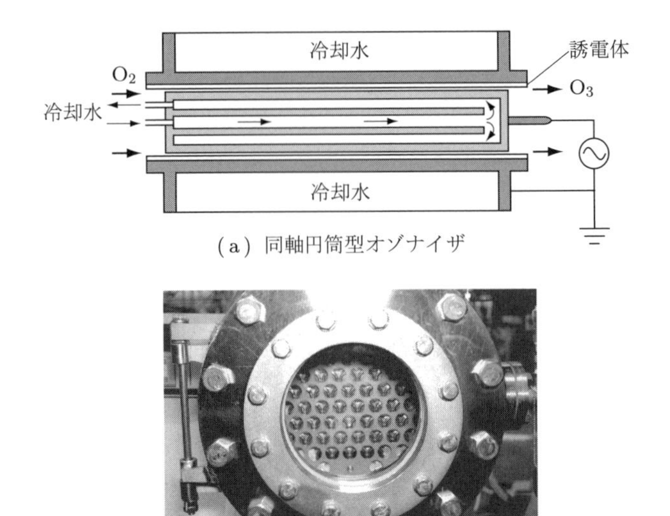

(a) 同軸円筒型オゾナイザ

(b) 工業オゾナイザ
(三菱電機(株), オゾン発生装置「三菱オゾナイザ」より)

図 6.6 オゾナイザの構造と実機

電極の周辺は水冷し，放電領域の温度上昇を防いでいる．

オゾナイザの性能を示す指針として，1 時間あたりの発生量 [g] や生成効率 [g/kWh] がある．生成効率はプラズマ中での単位消費電力 (1 kWh) あたりに発生するオゾンの量 (g) である．工業用に利用されている一般的な装置では，オゾン生成のための原料として酸素を用いた場合，約 120 g/kWh になる．

■ **例題 6.1**

オゾナイザを用いて，酸素を原料としてオゾンを発生させることを考える．オゾナイザには 20 L/min の流量で空気を注入している．放電で消費されている電力が 24 W の場合，オゾナイザからの排出ガスのオゾン濃度は 1200 ppm であった．このときのオゾン生成効率 [g/kWh] を求めよ．なお，気体は標準状態であるとし，気体の体積は 1 mol あたり 22.4 L とする．

■ **解答**

1 ppm は 1×10^{-6} L/L（百万分率）である．そのため，オゾンの濃度 [mol/L] は，$(1200 \times 10^{-6}\,\mathrm{L/L})/(22.4\,\mathrm{L/mol}) = 53.6 \times 10^{-6}\,\mathrm{mol/L}$ となる．

オゾンの分子量は 48.0 g/mol であるため，[mol] を [g] に直すと，$(53.6 \times 10^{-6}\,\mathrm{mol/L}) \times 48.0\,\mathrm{g/mol} = 2.57 \times 10^{-3}\,\mathrm{g/L}$ となる．

1 時間あたりに処理されるガス量とエネルギーはそれぞれ，$20\,\mathrm{L/min} \times 60\,\mathrm{min} = 1.2 \times 10^3\,\mathrm{L}$，$24\,\mathrm{W} \times 1\,\mathrm{h} = 24 \times 10^{-3}\,\mathrm{kWh}$ である．

よって，オゾン生成効率は，

$$\frac{(2.57 \times 10^{-3}\,\mathrm{g/L}) \times (1.2 \times 10^3\,\mathrm{L})}{24 \times 10^{-3}\,\mathrm{kWh}} = 129\,\mathrm{g/kWh}$$

となる．

6.3 グロー放電の産業応用

比較的低圧力で生成されたグロー放電は材料プロセスで広く用いられる．材料表面で形成されたシースとよばれる空間電荷層（イオン密度 > 電子密度）によって電子やイオンといった荷電粒子は加速される．入射エネルギーはシースにかかっている電圧によって決まるため，そのエネルギーを幅広く制御することができる．またこの場合，荷電粒子である電子に比べて中性であるガス原子やガス分子の温度は低く，熱的に非平衡な状態である．このような特性から，半導体プロセスや薄膜プロセスなどにおいて広く利用されている．

6.3.1 ■ プラズマエッチング

エッチング (etching) とは，半導体製造プロセスにおいて，リソグラフィ工程でフォトレジストのない部分にイオンや反応性の高い粒子を導き，穴や溝などのパターンを作製する工程を指す．高周波放電を用いたエッチング装置の一例を**図 6.7** に示す．高周波放電のプラズマの電位 V_p は電気的中性を維持するために，常に電極よりもその

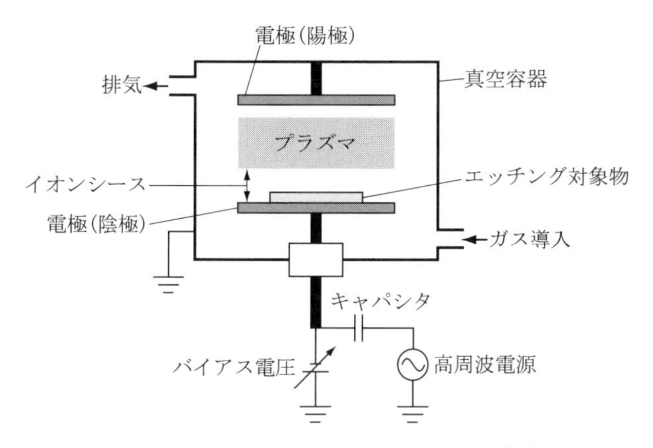

図 6.7　平行平板高周波式エッチング装置[43]

ガスの電離電圧以上高くなる．ここで，エッチング対象物を置いた電極に負極性の電圧 $-V_{dc}$ を加えると，**図 6.8** に示すように，この電極とプラズマとの間にはシースが形成される．シースには電極とプラズマとの電位差 $V_p + V_{dc}$ が加わる．プラズマから飛び出したイオンはこの電位差で加速され，基板面に垂直に入る．

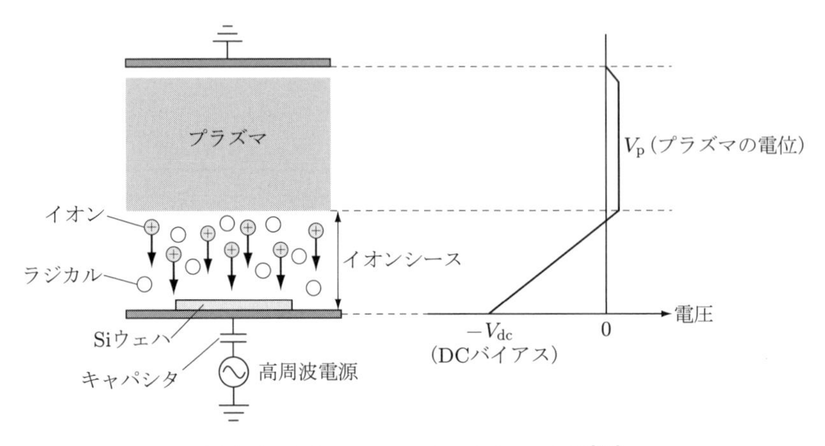

図 6.8 イオンシースによるイオンの加速[26]

集積回路の作製において，配線の絶縁や層間の絶縁にもっともよく用いられているものがシリコン酸化膜（SiO_2）である．これのエッチングには CF_4 や C_2F_6，C_4F_8 のような炭素とフッ素を含む**フルオロカーボン**（fluorocarbon）の放電が用いられる．放電によってフルオロカーボンが解離して生成されたフッ素や炭素は，それぞれ SiO_2 の Si と反応して SiF_4 分子を，SiO_2 の O と反応して CO 分子をつくる．これらは気体であるため，固体の SiO_2 はそれらの気体に変化することで削り出すことができる．同時に，高エネルギーイオンによってこれらの化合物の脱離が促進され，シリコン酸化膜のエッチングが進行する．

6.3.2 ■ プラズマ成膜

工業的に頻繁に用いられる金属のコーティングとして，

① 酸化物（TiO_2，Al_2O_3）
② 炭化物（TiC，W_2C）
③ 窒化物（TiN，AlN，CrN，TiAlN，TiCrN，TiCN）

を利用するものがある．これらは絶縁膜の形成や耐腐食，光学的特性を得るためにも使用されるが，もっとも利用されるのが，硬化による磨耗の低減を目的としたものである.

コーティングには，イオンを材料物質（ターゲット）に叩きつけることによって，その運動エネルギーで材料の原子・分子を叩き出し，それを基板表面に堆積させる**スパッタ堆積法**（sputter deposition）などの**PVD 法**（physical vapor deposition，物理蒸着法）や，原料ガスを成膜対象となる基板上に供給し，気相中または基板表面での化学反応により膜を堆積させる**CVD 法**（chemical vapor deposition，化学蒸着法）がある.

PVD 法には，**真空蒸着法**（vacuum deposition），**スパッタリング法**（sputtering），**イオンプレーティング法**（ion plating）がある．ここでは，減圧した環境下で，材料となる金属ターゲット近傍にプラズマを形成する．金属ターゲットに負のバイアス電圧を印加すると，図 6.8 に示した例のように，形成されたシースでイオンが加速される．そして，加速されたイオンを金属ターゲットに衝突させることにより，ターゲットの金属原子を叩き出す．これをスパッタリングという．この金属原子をプラズマ中で気体と反応させたうえで，基板上に堆積させる．スパッタリングには，磁場を用いてイオン化を促進し効率よく成膜を可能とする**マグネトロンスパッタリング**（magnetron sputtering）が広く用いられる．また，スパッタリング法では，ターゲットとして成形可能な金属であれば，種類によらず使用することができる．イオンプレーティング法は，真空中で蒸発した金属や化合物のガスをイオン化して，負の電圧を印加した母材に叩きつけて皮膜を形成する手法である．密着性がよいことから，切削工具や金型などに用いられる.

CVD 法には，化学反応を起こすため原料となる気体を 1000 ℃程度まで加熱する熱 CVD 法と，気体放電を用いるプラズマ CVD 法がある．後者では，電子衝突により反応性に富んだ活性種（ラジカルやイオン）をつくり出し，対象となる基板上で反応を発生させることで薄膜を形成する．熱 CVD 法とは異なり，プラズマを利用することで，低温での薄膜作製が可能となる．CVD 法は，前述のコーティングのほか，太陽電池や液晶ディスプレイ用**薄型トランジスタ**（thin film transistor, TFT）で必要になる大面積シリコン薄膜の作製などに用いられる.

6.4 アーク放電の産業応用

アーク放電を用いて熱プラズマを形成し，そこで発生する高温を利用することにより物質を溶融することが可能である．これを利用した技術として，溶射による成膜や，金属材料の接合や切断といった加工があり，広く応用されている.

6.4.1 ■ 溶射法

溶射（thermal spray）とは，金属粒子やセラミックス粒子を 10 気圧程度の高圧力の燃焼炎やプラズマ柱に投入し溶融させ，基板に吹き付けることにより被膜する方法である．熱プラズマでは，高い融点をもつセラミックスでさえ溶融させることができるので，いろいろな材料の成膜が可能である．溶射は多くの分野で用いられており，製紙や鉄鋼，機械産業で用いられるロール状の金属板，発電用タービン，自動車エンジン周辺の耐熱材料などへ応用されている．

プラズマを用い溶射を行う方法を**電気溶射**（electric thermal spray）といい，溶射材料の溶融方法により，**ワイヤアーク溶射**（arc spraying），**プラズマ溶射**（plasma spraying），**線爆溶射**（wire explosion spraying）がある．

図 6.9 に，ワイヤアーク溶射装置を示す．溶射材料でできた 2 本の金属ワイヤを放電電極として用い，電極間にアークを発生させることにより金属ワイヤを溶融させ，溶融した金属微粒子を基板上に堆積させることにより基板を被膜する．装置は，ワイヤ供給ポートと搬送ローラ，ノズルによって構成されるプラズマトーチを備えている．

図 6.10 に，プラズマ溶射に用いる装置を示す．プラズマ溶射では，プラズマトー

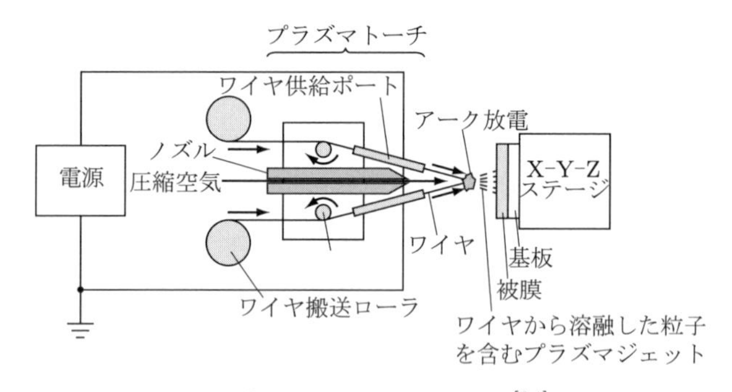

図 6.9 ワイヤアーク溶射装置[34]

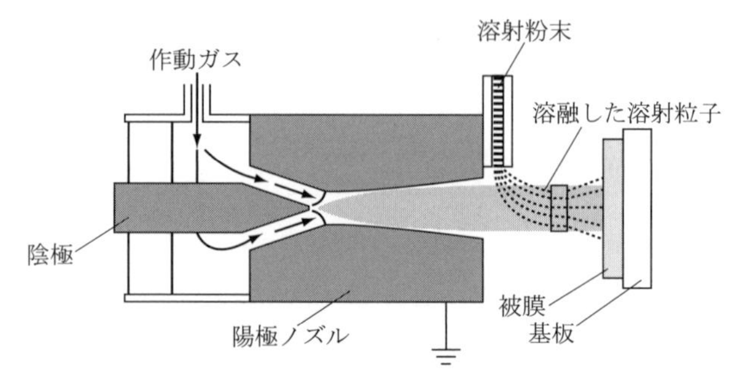

図 6.10 溶射用プラズマトーチ[34]

チ内に陰極と陽極ノズルを備え，ガスプラズマ（プラズマジェット）を発生する，非移行性アーク方式が用いられる．金属やセラミックスの粒子をガスプラズマ中に投入して溶融し，基板に噴射する．溶射材料を供給口からプラズマ柱へ投入することや，ワイヤアーク溶射とは違い，溶射材料を電極としないことから，絶縁性の素材も被膜することができる．プラズマの温度も 10000 K を超えるため，緻密で密着性に優れた被膜ができる．プラズマ溶射は金属の供給を粉末で行うために，アーク溶射と比較して高価となる．そのため，付加価値の高い製品をつくるために主に用いられる．

線爆溶射法は，金属ワイヤに瞬間的に大電流を流し，瞬時的に溶融・爆発させ，数 kA～数十 kA のアークをつくる．そして，生じる衝撃圧力により金属材料の溶融微粒子を飛散させ母材に皮膜させる方法である．高密度な電気エネルギーを利用するので，高融点金属合金なども溶射でき，高い耐熱，耐摩耗性を得ることができる．ほかの溶射では難しいレシプロエンジンのシリンダ内壁などのコーティングに用いられる[47]．

6.4.2 ■ 溶接

大気溶接（welding）とは，二つの金属の接合面をつなぎ合わせる技術である．アーク溶接では，アーク放電によって発生する熱を利用し，被溶接材（母材）の接合部を加熱して溶融することで，母材の金属，もしくは母材と溶加材を融合させた溶融金属を生成し，それを凝固させて接合する．アーク溶接を細分化すると**表 6.1** のようになる．それぞれ特徴を持ち合わせており，用途に応じて使い分けられている[49]．

表 6.1 アーク溶接の分類

<table>
<tr><td>非溶融式溶接</td><td>ティグ溶接
プラズマアーク溶接</td><td>シールドガスを利用</td></tr>
<tr><td rowspan="3">溶融式溶接</td><td>被膜アーク溶接
サブマージアーク溶接
セルフシールドアーク溶接</td><td>フラックスを利用</td></tr>
<tr><td>ミグ溶接
マグ溶接
エレクトロガスアーク溶接</td><td>シールドガスを利用</td></tr>
<tr><td>アークスタッド溶接</td><td></td></tr>
</table>

図 6.11 に示すように，溶接においては二つの電極を接触短絡させ通電した後に，そのまま引き離すことでアークが電極間に発生する．ここでは母材と溶接棒やタングステン電極棒などを電極とし，電源を接続することで，母材と電極間にアークを発生させる．一般に，電極から母材に向かって広がるベル状となり，**図 6.12** に示すように，溶接したい母材間（ここでは母材 1，2）でアークを発生させ接合する．

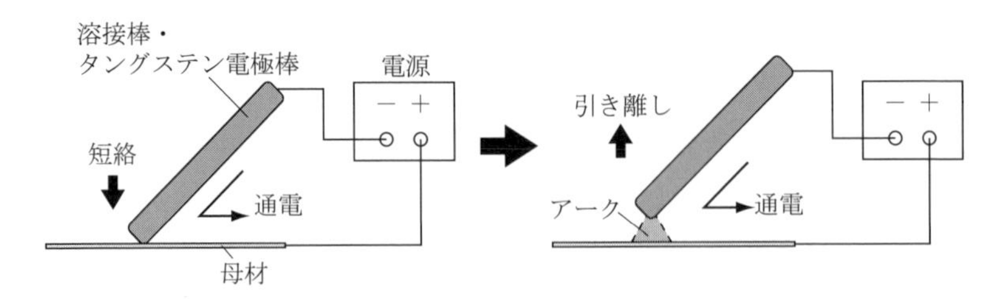

図 6.11 溶接におけるアーク放電の発生

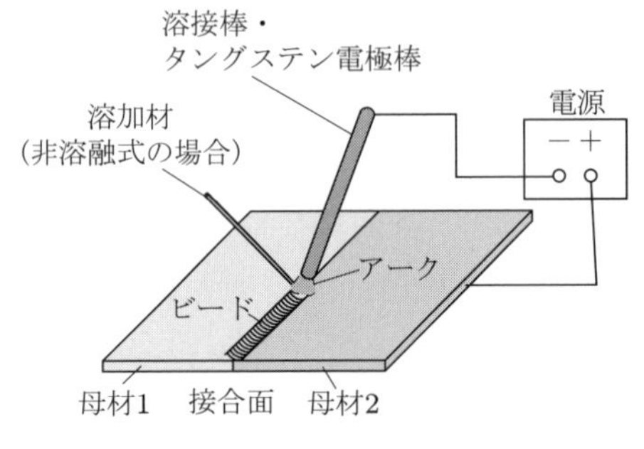

図 6.12 アーク溶接の例

溶接時には，溶接箇所が高温となり，大気による酸化や窒化が溶融金属に混入すると**ポロシティ**（porosity）とよばれる気孔・欠陥が多い部分が形成され，強度が低下する．そのため，陰極の周囲に酸化物の除去のための被覆材 (フラックス) を利用する被覆アーク溶接や，アルゴンやヘリウムなどの不活化ガスをシールドガスとして利用するガスシールドアーク溶接が用いられる．

図 6.13(a) に，被覆アーク溶接の概要を示す．電極にはフラックスを塗布した溶接棒を用いる．電極の溶融とともに，フラックスも同時に溶融することによって発生す

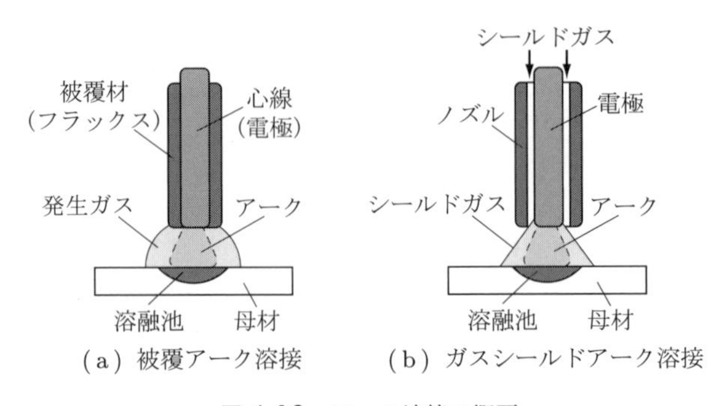

図 6.13 アーク溶接の概要

るガスを用いて，溶融金属を大気から保護する．この場合，溶接痕は発生ガスが原料となる凝固スラグで覆われるため，溶接後にその除去が必要となる．また，アルミニウムやマグネシウムなど酸化しやすい金属は，フラックスを用いても酸化物を除去できない．ガスシールドアーク溶接では，図 (b) に示すように，シールドガスを溶接部に吹きつけ溶融金属を大気から保護する．凝固スラグの除去が不要という利点をもち，広く利用されている．このうち，電極にタングステンを用いる非溶融方式を**ティグ**（TIG, tungsten inert gas）**溶接**，溶接棒を電極とする溶融式を**ミグ**（MIG, metal inert gas）**溶接**，溶融方式で安価な二酸化炭素を用いる場合を**マグ**（MAG, metal active gas）**溶接**という．

6.4.3 ■ 放電加工

放電加工（electric discharge machining, EDM）は，加工液中に設置した加工工具電極と被加工物との間にパルス電圧印加することで，アーク放電を繰り返し発生させて加工する方法である．アーク放電で発生した熱によって被加工物を溶融させるとともに，液体の気化による圧力で溶融部分を飛散させて除去を行うことで加工を行う．放電加工は**型彫り放電加工**（die sinking EDM）と**ワイヤカット放電加工**（wire cunt EDM）に大別される．被加工物と電極は非接触であり，熱ひずみや塑性変形を伴わずに加工ができ，高精度な位置決めも容易となる．また，加工を電気条件で制御することができ，材料の硬さにかかわらず加工が可能である．加工精度は数 μm となり，金型製作や高精度部品の加工など，精密加工に用いられる．

図 6.14 に，型彫り放電加工の原理図を示す．加工工具電極を被加工物に押しつけるように接近させ，被加工物との間でアーク放電を発生させることで，被加工物が加工工具電極の形に削られる．そのため，加工工具電極の凹凸が被加工物にそのまま転写される．3 次元での曲面加工も可能であり，複雑な形状の孔や溝を加工できる．

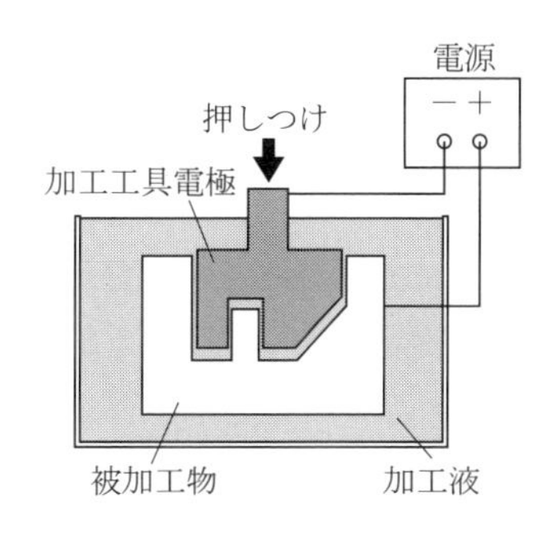

図 6.14 型彫り放電加工の原理図

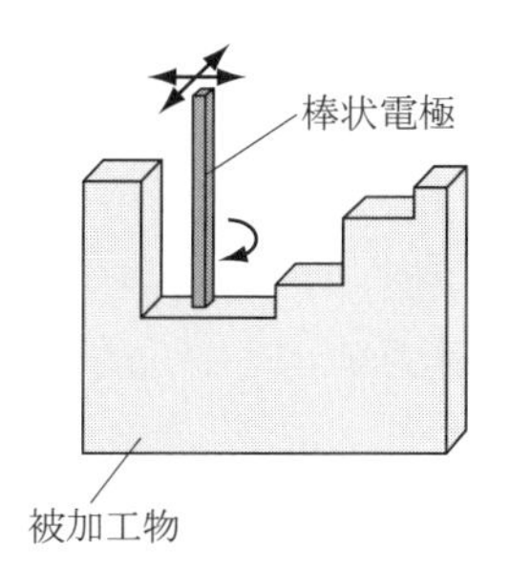

図 6.15 創生放電加工の原理図

型彫り放電加工を発展させたものに，創生放電加工がある．**図6.15**にその原理を示す．これは，ある形状をもつ棒状電極を3次元的に精度よく移動させることにより，被加工物に複雑形状の彫刻を施す加工法である．

図6.16に，ワイヤ放電加工の原理図を示す．工具電極として直径0.03〜0.3 mm程度のワイヤを用い，被加工物との間でアーク放電を起こし，ワイヤを移動することによって被加工物を任意の形状に切り取る加工法である．ワイヤの材質には黄銅やタングステン，加工液には脱イオン水が用いられる．穴あけや切断が主な用途であるが，上下ガイドを別々に動かすことにより基板を斜めに切断することもでき，汎用性は高い．ワイヤは放電によって消耗するため，ある張力をもたせて張った状態で一定速度で自動的に供給，巻き取ることにより，切断を防ぎ連続長時間加工を可能としている．ワイヤの直径は，加工形状の最小コーナーRやスリット幅で制限される．

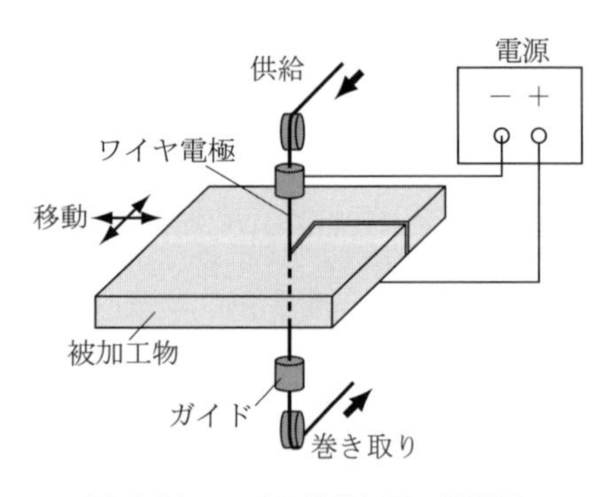

図6.16 ワイヤ放電加工の原理図

6.5 電気流体力学現象の応用

これまでは気体放電の応用について述べてきたが，電界が誘電体に直接作用することで引き起こされる現象も広く利用されている．その一つに電気流体力学現象がある．誘電体である気体や液体は，固体誘電体とは異なり，粘性と流動性をもつ．これらに高電圧を印加すると，気体もしくは液体中の電荷が電界からクーロン力を受けて移動するときに，周囲の中性粒子を引きずりながら移動するため，流体運動が発生する．これを**電気流体力学**（EHD，electrohydrodynamic）流動という．いずれも数kVの高電圧が必要ではあるが，電流はμA〜mAオーダであり，消費電力も小さく制御性も高いことから，さまざまな応用研究がなされている．

6.5.1 ■ イオン風

気体中に鋭利な電極を設置し，コロナ放電を発生させると，そこで生成された気中イオンが電界によって加速され，運動量を中性粒子に与えることによって，数 m/s 程度の流速をもつ気体流がつくり出される（**図 6.17**）．これを**イオン風**（ionic wind）という．イオン風の駆動力は，主にクーロン力となる．小型軽量で単純な電極構造で発生が可能であり，制御性が高いのが利点である．

6.1 節でも述べた電気集じん機や除電装置においても同様の現象が生じており，その効果に影響を及ぼしている．送風装置としての利用や，青果物などの蒸散促進による乾燥への利用などに関する研究例がある．また，バリア放電の一種である沿面放電を高周波電源によって発生させ，一方向に気体流を誘起するプラズマアクチュエータがある（**図 6.18**）．これを航空機の翼や車両，風力発電のブレードなどに用いた場合，剥離制御や揚力改善，摩擦抵抗低減，騒音低減などの効果が期待できるため，気流制御装置としての応用研究が行われている．

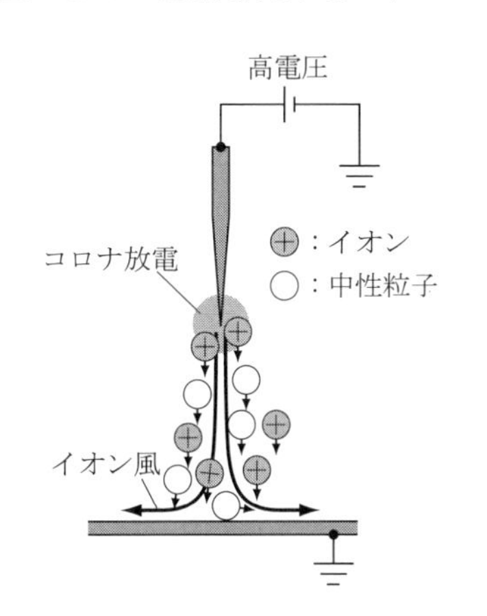

図 6.17 針電極から発生するイオン風

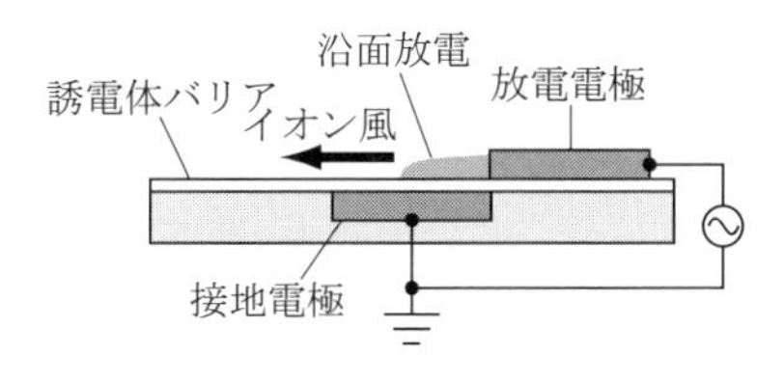

図 6.18 プラズマアクチュエータ

6.5.2 ■ EHD ポンプ

液体誘電体中に鋭利な電極を設置して電圧を加えると，流動が発生する．多量のイオンを連続的に移動すると次第に速度を増す．この現象を，**電気流体力学ポンピング**（EHD pumping）という．電界 E 中に設置された液体誘電体には，次式で表される体積力 F がはたらく．

$$F = qE - \frac{E^2}{2}\nabla\varepsilon + \nabla\left[\frac{E^2}{2}\rho\left(\frac{\partial\varepsilon}{\partial\rho}\right)_T\right]$$

ここで，q は電荷密度，ε は液体の誘電率，ρ は質量密度，T は温度である．

右辺第1項はクーロン力であり，7.2節で述べるように，液体中に設置された電極から電界放出やコロナ放電などによって電荷が注入される場合に主にはたらく．この現象を，イオンドラッグポンピングという．このとき，流動は**液体噴流**（liquid jet）となり，その速度は1 m/sまで達する．また，電荷注入による液体の劣化が生じる．第2項は誘電率の空間的な勾配によるもので，温度分布やほかの液体が混在する場合にはたらく．第3項は，電界構造に依存する電歪力を示し，温度一定の場合に電界強度の空間的変化と，ρとともにεが変化するときに生じる力である．第2，3項は物理的に誘電体の分極電荷にはたらく力であり，不平等電界中では，電界が強いほど強くはたらき，液体粒子はその方向に引かれるため流動が生じる．

液体導電率の不均一性によって発生する誘導電荷と電界との相互作用によって発生する流動現象を，誘導ポンピングという．導電率の不均一性は，温度分布や異種の液体が混合した場合などで生じるため，一定温度，均一な液体中では流動は小さい．また，高電界下においては液体分子または不純物分子の解離と再結合が電界によって不平衡化する．生成されたイオンは，クーロン力によって異極の電極へ移動してヘテロ電荷層とよばれるイオンの偏りが生じ，電極との間にはたらく引力に起因する圧力によって流動が生じる（**図6.19**）．これを超伝導ポンピングといい，液体の劣化がなく，一定温度の均質液体でも激しい液体ジェットを生じさせることができる．

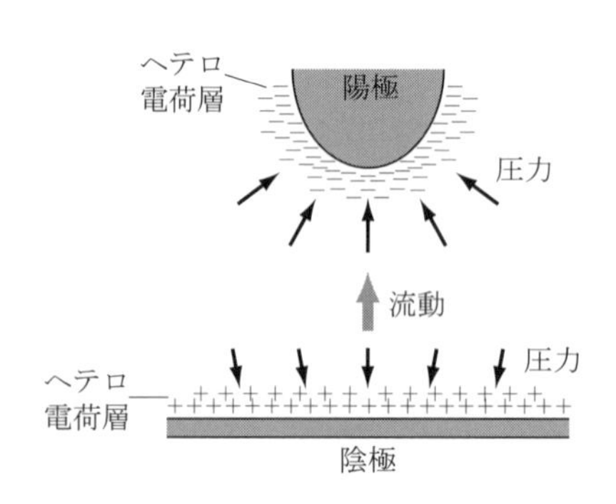

図6.19 超伝導ポンピングの原理図

電気流体力学ポンピングは，非機械的な単純構造で小型軽量であり，騒音や振動などがないことから，ヒートパイプやマイクロポンプ，種々のアクチュエータなどへの応用が期待されている．

6.5.3 ■ 電気レオロジー流体

電極の間にある流体に電圧を印加すると見かけの粘度が増加し，電圧を取り除くともとに戻る性質をもつ流体を**電気レオロジー流体**（ER，electrorheological fluid）といい，この効果を **ER 効果**（ER effect）とよぶ．ER 流体には大別して，粒子分散系と均一系がある．粒子分散系 ER 流体は，絶縁性液体に粒径が μm オーダの誘電体微粒子を分散させたコロイド溶液である．**図 6.20** に示すように，電界がない場合は微粒子はランダムに分散しているが，電界を印加すると，粒子が静電的に電気分極することで粒子鎖やクラスタを形成し，電極間を架橋する．この粒子鎖は，流体のせん断に対する抵抗力となってせん断応力 (または見かけの粘度) を発現し，電極が移動した場合に応力がはたらく．

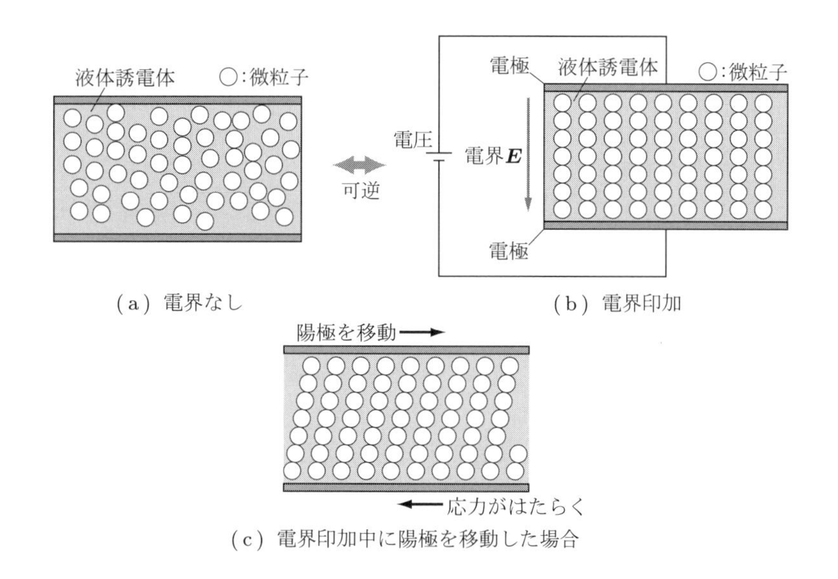

図 6.20　分散系 ER 流体の原理図

ER 効果の大きさや安定性は，微粒子の種類によって大きく異なる．均一系 ER 流体は，固体粒子を含まず単一液体自身が ER 効果を発現する．代表的なものに液晶があげられる．液晶性物質は配向方向により特異な異方性を示し，電界により比較的容易に配向する．とくに，高分子液晶や強誘電体ポリマなどでは強い ER 効果が見られる．

均一系 ER 流体は，粒子分散系のように粒子の沈降や摩耗などの問題がなく，電極間隔を狭くし低電圧での動作や，粘性の線形制御が可能である．ER 流体は電界によって粘度を可逆的に制御可能であることから，近年多くの研究例があり，自動車用のショックアブソーバや流体バルブ，精密機器の制御やダンパなどの利用に期待されている．

電気集じん機をつくってみよう

金属線，金属板，直流高電圧電源を用いて，電気集じん機を自作してみよう．

0.1 mm 程度の金属線（銅線など）を，適度な大きさに切断した金属板（アルミ板）とともに箱の中に設置します．金属板と金属線の距離は 15 mm〜30 mm 程度離しましょう．金属板を接地に接続し，金属線に 5〜10 MΩ 程度の抵抗を介して，数 kV の直流高電圧を印加します．このとき電圧は徐々に増加させましょう．そして，箱の中に線香などで煙を発生させ，電圧の印加（コロナ放電の発生）によって煙が除去される様子を観測してみましょう．さらに，電圧と電流を測定し，その特性を評価してみましょう．

演習問題

6.1 一段式および二段式の電気集じん機の原理についてそれぞれ説明せよ．

6.2 電気集じん機において，その性能がドイッチュの式 (6.1) に従うものとする．この装置の集じん率が 92.0%の条件から，集じん電極面積の総和が 2 倍，ガス流量が 3 倍となった場合の集じん率を求めよ．

6.3 除電装置の特性について，印加電圧による方式による違いをそれぞれ説明せよ．

6.4 オゾン生成に関する反応は熱化学では

$$O_2 \rightarrow 2O - 494\,\mathrm{kJ} \quad (\text{吸熱反応})$$

$$O + O_2 \rightarrow O_3 + 105\,\mathrm{kJ} \quad (\text{発熱反応})$$

である．これらをもとに理論上での収率（g/kWh）を計算せよ．

6.5 アーク放電を用いた金属材料の切断と接合について，その原理と特徴を説明せよ．

液体・固体誘電体の性質と絶縁破壊

誘電体は，電界中で誘電分極を発生する物質の総称であり，電気的に高い抵抗率をもつ物質である絶縁体としての性質ももつ．分極などの誘電現象について述べる場合は誘電体とよばれ，放電の発生を防ぐための絶縁性能について述べる場合には絶縁体とよばれる．

誘電体である液体と固体の電気的特性には，誘電性と電気伝導性があり，これらは周波数依存性をもつ．電流は電圧とともに増加するが，電圧がある一定の値を超すと，電流が急激かつ不可逆的に増大し，絶縁破壊にいたる．これらの電気的特性や絶縁破壊特性は，材料の分子構造による性質だけではなく，寸法や形状，温湿度などの周辺環境により変化する．ここでは，絶縁材料として用いる液体・固体誘電体の高電界下での振る舞いを学ぶ．

7.1 液体と固体の電気的特性

7.1.1 ■ 誘電分極

誘電体に外部から電界を印加すると，誘電体を構成する原子または分子中の正・負の電荷は，分子中に拘束されながらも変位し，双極子モーメントを誘起する．この状態を分極といい，誘電体中の電荷分布が変化する現象を**誘電分極**（dielectric polarization）という．たとえば，**図 7.1** に示すように，平行平板電極に電圧を印加して電極に電荷

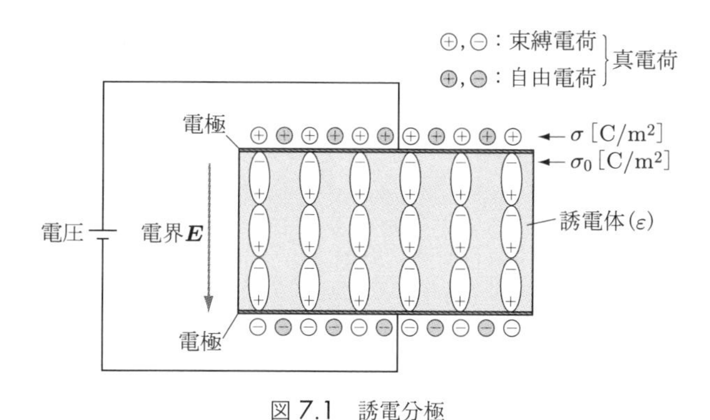

図 7.1　誘電分極

を与えたところに固体誘電体を挿入すると，電極の電荷が形成する電界によって誘電体が分極し，電極に接した誘電体表面に電極と逆極性の電荷が現れる．この電荷により電極に与えた電荷が打ち消される．その結果，誘電体中には，打ち消されず残った電荷による電界のみが生じることになる．ここで，もとから電極にあった電荷を**真電荷**（true charge），真電荷のうち分極によって打ち消される電荷を**束縛電荷**（bound charge），打ち消されず電界の形成に寄与する電荷を**自由電荷**（free charge）という†．

分極の種類には次のものがある．

① **変位分極**（displacement polarization）

電界の作用によって正負電荷が変位することによる．

・**電子分極**（electronic polarization）

原子を構成する電子雲の原子核に対する相対位置の変化に基づく．

・**原子分極**（atomic polarization）

イオン結晶内の正負イオンのように，正に帯電した原子と負に帯電した原子の相対位置の変化に基づく．

② **双極子分極**（displacement polarization），**配向分極**（orientation polarization）

有極性分子の双極子モーメントの配向に基づく．

③ **空間電荷分極**（space charge polarization），**イオン分極**（ionic polarization）

電極から誘電体中に注入された空間電荷や不純物分子などの解離により誘電体中に形成された正負イオンが，外部電界により移動し蓄積することによって引き起こされる．

図 7.1 に示したように，電圧の印加によって導体表面に与えられた電荷密度を $\sigma\,[\mathrm{C/m^2}]$，誘電分極によって誘電体表面に現れる電荷密度を $\sigma_0\,[\mathrm{C/m^2}]$ とすると，電極間の電界は，真空中の誘電率 $\varepsilon_0(= 8.854 \times 10^{-12}\,\mathrm{F/m})$ を用いて，ガウスの定理より，

$$E = \frac{\sigma - \sigma_0}{\varepsilon_0} = \frac{\sigma}{\varepsilon_0} - \frac{\sigma_0}{\varepsilon_0}\,[\mathrm{V/m}] \tag{7.1}$$

となる．よって，電極間の電界強度は，誘電体の挿入によって，真空中の電界 (σ/ε_0) より σ_0/ε_0 の分だけ弱められることがわかる．また，誘電体の誘電率を ε とすると，電極間の電界強度は，

† 本書では，真電荷を束縛電荷と自由電荷を含めたものとして定義している．高電圧工学の分野ではこの定義が主流である．一方，電磁気学の分野では真電荷を自由電荷と定義している場合も多いので注意が必要である．

$$E = \frac{\sigma}{\varepsilon} = \frac{\sigma}{\varepsilon_r \varepsilon_0}\,[\mathrm{V/m}] \tag{7.2}$$

と表すことができる．ここで，

$$\varepsilon_r = \frac{\sigma}{\sigma - \sigma_0} \tag{7.3}$$

は比誘電率であり，誘電体の分極のしやすさを表す量である．**表 7.1** に物質の比誘電率の例を示す．チタン酸バリウムなどは，比誘電率が高いことから，コンデンサの材料としてよく用いられる．

表 7.1　物質の比誘電率

物質	比誘電率	物質	比誘電率
変圧器油	2.2	アルミナ	8.5
シリコーン油	2.2	シリコーンゴム	8.6〜8.5
ポリプロピレン	2.2〜2.6	マイカ	6〜9
溶融石英	3.8	リン酸二水素カリウム	42
水晶	4.5	ロシェル塩	4000
エポキシ	5.5	チタン酸バリウム	〜5000
雲母	7	水	80
ソーダガラス	7.5		

7.1.2 ■ 分極の種類と周波数応答性

電子分極や原子分極の場合，分極の形成速度は電子振動および原子振動の速さに相当するため，瞬時に分極が形成される．そのため，これらを**瞬時分極**（instantaneous polarization）ともいう．一方，双極子分極では，有極性分子が周囲の分子と衝突してその配向を妨げようとする作用が生じ，粘性抵抗を受ける．そのため，比較的長時間かかって分極が平衡状態に達する．これより，電界が時間的に変化する場合，分極と電界との間に位相差が生じる．また，電極を取り去ると分極は徐々に消滅し，これを**誘電緩和**（dielectric relaxation）という．誘電緩和にかかる時間は，空間電荷分極では，キャリアであるイオンの移動度などに依存し，通常はほかの分極よりかなり長くなる．分子の密度により，気体，液体，固体の順で長く，また，低分子よりも高分子のほうがその影響が大きい．

分極の時間変化は，**図 7.2** のようになる．ここで，t_1〜t_2 の間に一定の電界がかかっているとすると，P_0 は全体の分極，P_∞ は電子分極と原子分極によるもの，$P_0 - P_\infty$ は双極子分極によるものである．誘電体に自由に移動しうる電荷が含まれている場合，これに空間電荷分極が加わる場合がある．このように，分極は電界を作用させた後に

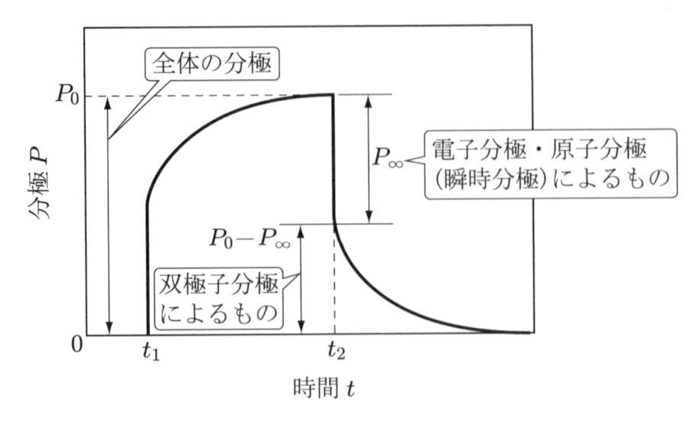

図 7.2 分極の時間変化

時間変化するため，誘電率も時間的に変化する．そのため，誘電体に交流電界をかけた場合，分極によって決定される誘電率は周波数特性をもつ．

図 7.3 に誘電率と誘電損率の周波数変化の例を示す．このように周波数によって誘電率が変化する現象を，誘電率の分散または**誘電分散**（dielectric dispersion）という．誘電損率は誘電体がエネルギーが吸収される量の大きさを表している．誘電体にエネルギー吸収を生じる現象を，一般に誘電体の吸収あるいは**誘電吸収**（dielectric absorption）とよぶ．

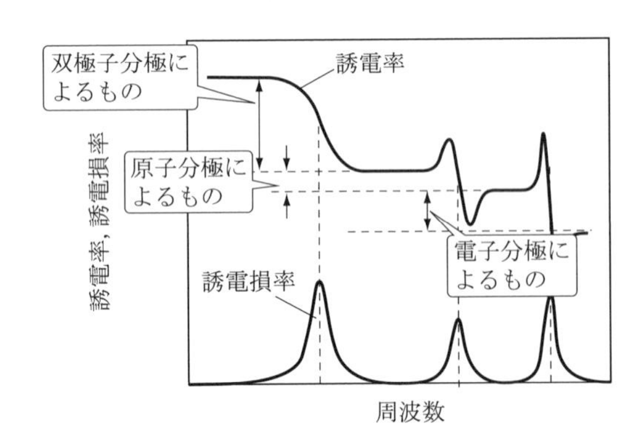

図 7.3 誘電率と誘電損率の周波数依存性

誘電体を利用した電気回路素子にコンデンサがある．実際のコンデンサは**図 7.4** のように表され，電気回路の基礎として学ぶ理想コンデンサとは異なり，電圧や電流に位相差が生じる．図 (a) に示す並列等価回路においては，漏れ電流に対応する並列抵抗 R_{P} によって，印加電圧と位相が 90 度ずれた電流 I_{CP} だけではなく，電圧と同位相の電流成分 I_{RP} が流れる．その結果，電流 I の位相は δ だけ遅れるため，電圧と電流の位相差が 90 度ではなくなり，誘電体のなかで電力が消費される．これを**誘電体**

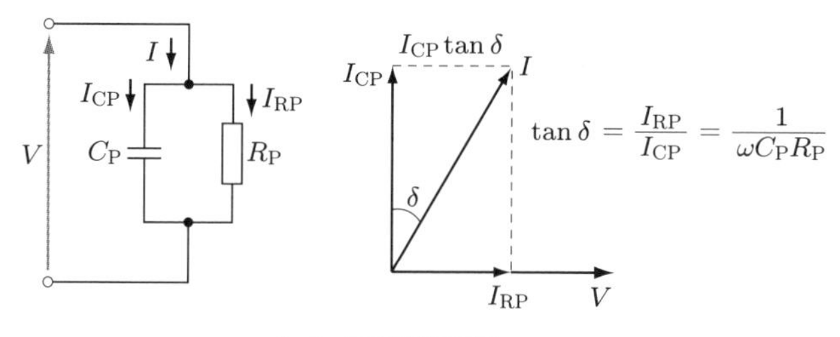

(a) 並列等価回路

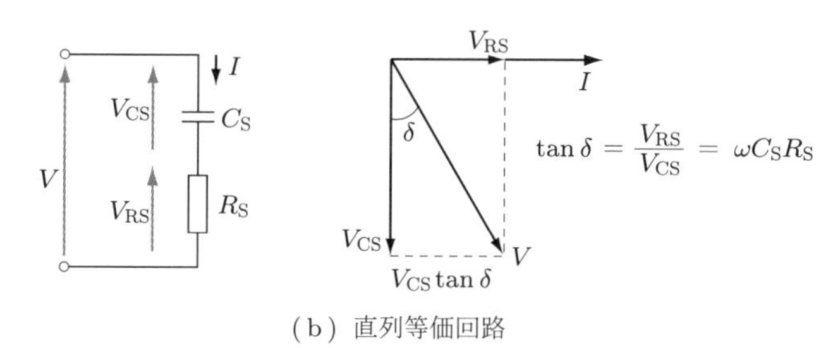

(b) 直列等価回路

図 7.4　誘電体の等価回路と電圧電流特性

損（dielectric loss）とよぶ．ここで，δ を**誘電損角**（loss angle），$\tan\delta$ を**誘電正接**（dissipation factor）という．これらは誘電体によって決まる定数である．誘電体損 W [W] は，角周波数 ω を用いると $I_{CP} = V\omega C_P$, $I_{RP} = I_{CP}\tan\delta$ となるので，次式で求められる．

$$W = VI_{RP} = VI_{CP}\tan\delta = V^2\omega C_{CP}\tan\delta \tag{7.4}$$

コンデンサに用いる誘電体材料の $\tan\delta$ が大きく誘電体損が大きい場合，温度上昇が生じ，絶縁性能が低下する．また，$\tan\delta$ の逆数を**品質係数**（quality factor）Q といい，これはコンデンサの性能として損失の少なさを示す重要な指標となる．

図 7.4(b) に示す直列等価回路においては，誘電体損に対応する抵抗 R_S により，静電容量 C_S と抵抗 R_S における電圧降下 V_{CS} と V_{RS} により電圧と電流に位相差が生じる．このときの $\tan\delta$ は，

$$\tan\delta = \frac{R_S}{1/\omega C_S} = \omega C_S R_S = \frac{1}{Q} \tag{7.5}$$

となる．

印加電圧が直流である場合や周波数が低く静電容量も小さい場合など，コンデンサのインピーダンスが高い場合は R_P の影響が大きい．この場合は，並列等価回路が用いられる．一方で，周波数が高く静電容量も比較的大きい場合など，コンデンサのイ

ンピーダンスが低い場合は，R_S の影響が大きくなるため直列等価回路が用いられる．高電圧用絶縁材料の場合は並列等価回路が，周波数が高い小信号電子回路などでは直列等価回路がよく用いられる．

■ **例題 7.1**

面積 S [m] で距離が d [m] 離れた平行平板電極で，比誘電率が ε_r の誘電体を挟みコンデンサを構成した．電極間に電圧 V を角周波数 ω で印加したとき，誘電体で単位体積あたりに消費される損失 p と電界誘電体内の電界 E の関係を示せ．なお，E は誘電体内で一様であるとする．

■ **解答**

コンデンサの静電容量は $C = \varepsilon_0 \varepsilon_r S/d\,[\mathrm{F}]$ である．このときの誘電体損 W は，式 (7.4) より，$W = V^2 \omega \varepsilon_0 \varepsilon_r (S/d) \tan\delta\,[\mathrm{W}]$ となる．よって

$$p = \frac{W}{Sd} = \left(\frac{V}{d}\right)^2 \omega \varepsilon_0 \varepsilon_r \tan\delta\,[\mathrm{W/m^3}]$$

より，$p/E^2 = \omega \varepsilon_0 \varepsilon_r \tan\delta$ となる．

7.2 誘電体の電気伝導と荷電粒子の発生

7.2.1 ■ 液体誘電体

図 7.5 は液体誘電体に直流電圧を印加した場合の電圧電流特性である．オームの法則に従う低電圧領域と，電圧の増加に伴い電流が急激に増加する領域をもつ．オームの法則に従う領域は，宇宙線などによって引き起こされる自然電離で生じたイオンや，微量不純物の解離などで生じるイオンによるイオン伝導によるもので，この領域では一定の抵抗率をもつ絶縁物として見なせる．抵抗率は市販の絶縁油で $10^{10} \sim 10^{12}\,\Omega\cdot\mathrm{cm}$ 程度である．一般に，温度上昇とともに粘性が低下し，イオン移動度が上昇する（ワ

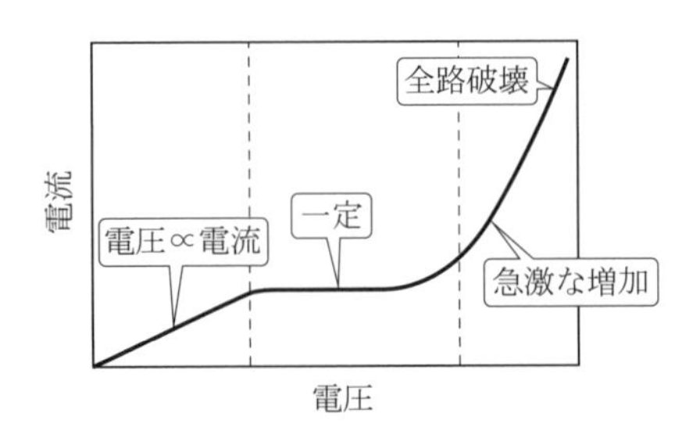

図 7.5 液体誘電体の電圧電流特性

ルデン則）ため，電気伝導性が増加する．この領域から電圧を増加させると，電流が一定となる領域になる．さらに電圧を増加させると，液体中に荷電粒子が形成されることにより，電流が急激に増加する．液体中の荷電粒子の発生は，電極からの注入によるものと，液体中の中性分子が解離してイオンが形成されるものとの二つに分けられる．

電極からの電荷注入には，主に，第 3 章で述べたように陰極表面からの電子の熱エネルギーによって放出された熱電子放出と，トンネル効果で金属中の電子がポテンシャル障壁を突き抜けて放出される電界放出による．熱電子放出は式 (3.5) にて示したように電界強度の平方根の指数関数で増加する（ショットキー効果）．また，電界放出は，陰極表面の局所電界，すなわち電極の凹凸に強く依存する．一般に，これらの電子は液体分子や不純物分子に付着し，負イオンを形成する．また，熱エネルギーによって分子が正負イオンに解離することを考えると，イオン解離の活性化エネルギーは電界とともに低下する．これにより，解離速度とイオン密度が増加する．これをイオン解離の**プール–フレンケル**（Poole–Frenkel）**効果**という．このほか，宇宙線や気体放電の α 作用と同様に，電子衝突電離により電荷密度が増加する．これらによって，液体の抵抗率を低下させ，さらに印加電圧の増加に伴い電流は増加するが，最終的には全路破壊にいたる．

■ **例題 7.2**

抵抗率が $\rho = 10^{11}\,\Omega\cdot\mathrm{cm}$ である液体誘電体に，$70\,\mathrm{V/cm}$ の電界 E を印加した．この電界強度では，オームの法則が成り立つ．この場合に，誘電体に流れる電流密度 $j\,[\mathrm{A/cm^2}]$ を求めよ．

■ **解答**

オームの法則は $E = \rho j$ である．よって，電流密度 $j = 70/10^{11} = 7.0 \times 10^{-10}\,\mathrm{A/cm^2}$ となる．

7.2.2 ■ 固体誘電体

固体誘電体を電極で挟みコンデンサを形成したところに，ステップ状の電圧を印加すると，誘電体に流れる電流は，**図 7.6** に示すような時間変化を示す．この電流は，瞬時充電電流，吸収電流，漏れ電流の三つの成分からなる．

瞬時充電電流は変位分極によるもので，電極の構成によって決まる静電容量を充電する電流であり，一般に瞬時に減衰する．吸収電流は誘電分極に伴う電流であり，比

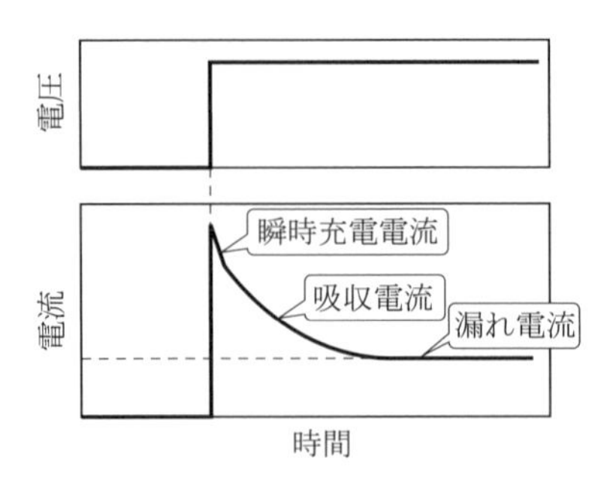

図 7.6 誘電体に流れる電流

較的ゆっくり減衰する．これらの電流は変位電流とよばれ，印加電圧を v，分極で現れた電荷を q とすると，電気回路では一般に

$$I = \frac{dq}{dt} = C\frac{dv}{dt} \tag{7.6}$$

として取り扱われる．

漏れ電流は，固体表面や固体内部を流れる伝導電流であり，体積抵抗率ならびに表面抵抗率によって支配される．固体誘電体中を流れる荷電粒子は，キャリアとよばれる．キャリアの種類には，電子，正孔，正イオン，負イオンがあり，それらは誘電体中にわずかに存在する．電界によってイオンの移動に起因する伝導電流をイオン性伝導，電子と正孔の移動に起因する伝導電流を電子性伝導という．一般に，電圧が比較的低い領域では，イオン性伝導と電子性伝導が支配的となる．この領域では，電圧電流特性は，オームの法則に従う．固体表面は，気体の吸着や酸化，液体濡れ，微粒子付着などにより電気伝導性が変化する．とくに，水蒸気吸着による影響は大きく，湿度の増加によって導電性が増加することが知られている．また，固体誘電体内における導電率は，アレニウスの式に従い温度上昇により増加する．すなわち，金属の電子伝導とは逆の特性となる．

図 7.7 は固体誘電体に直流電圧を印加した場合の電圧電流特性である．電圧が比較的低い領域では，上述のように電圧電流特性はオームの法則に従うが，電圧が増加すると，オームの法則から外れ，非直線的増大を示す．さらに電圧を増加すると，電流が急増し電子なだれが生じ，全路破壊にいたる．

固体誘電体への電極からの電荷注入は，液体と共通した機構として電界放出とショットキー効果がある．一方で，固体から荷電粒子が発生する機構には，熱解離，格子欠陥を通じての粒子移動，プール－フレンケル効果がある．熱解離では，イオンになりやすい不純物や高分子材料の分子が熱的に解離し，イオンを供給する．また，結晶子を構成する固体においても，理想的な格子構造から外れる不完全性があり，電気伝導

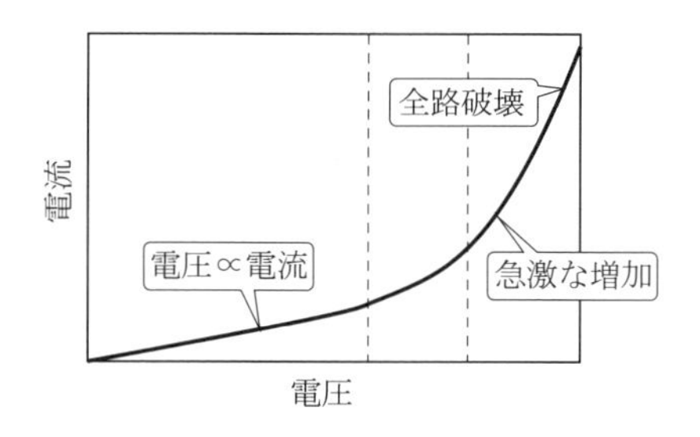

図 7.7　固体誘電体の電圧電流特性

がある．これを**格子欠陥**（lattice defect）という．格子欠陥には，正イオンが格子点から飛び出して空孔をつくる**フレンケル欠陥**（Frankel defect）や，1 対の正負イオンが格子から飛び出して 1 対の空孔をつくる**ショットキー欠陥**（Schottky defect）がある．これらの欠陥には，周囲のイオンが電界によって移動する．

固体誘電体におけるプール－フレンケル効果は，内部ショットキー効果ともよばれる．第 3 章で学んだように，ショットキー効果は電界により電位障壁が低下し電流が増加する効果であるが，誘電体内部でも見かけ上同様の現象が生じる．価電子帯の電子や不純物準位にトラップされている電子は，伝導帯にある電子とは異なり，通常自由には動くことはできない．価電子帯や不純物準位とそれらの上位にある伝導帯との間にはエネルギーギャップがあり，電子はこのギャップを乗り越えないと伝導帯に移れない．このエネルギーギャップは電界が大きくなるにつれて小さくなる．そのため，電界によって荷電粒子の発生が容易となる．

7.3　液体の絶縁破壊

絶縁油などの液体誘電体は，絶縁耐圧が高く，絶縁破壊後の自己回復力にも優れ，流動性に富み，高い冷却効果をもつなどの特性から，多くの高電圧電力機器の絶縁材料とし利用されてきた．液体誘電体の電気伝導や絶縁破壊の特性は，誘電体の電気伝導性や，電界集中，比誘電率が異なる物質が複合的に存在する場合は，第 8 章で述べるボイド放電，沿面放電など，固体誘電体と同様の考え方を適用できる．一方で，液体誘電体は流動性があることや，気化が比較的容易で状態が変化すること，容易に気体や水分，ホコリなどの不純物を取り込むことなどにより，絶縁破壊耐性が変化する．

液体誘電体の絶縁破壊現象としては，電子的破壊や，気泡的破壊，不純物による破壊などにその要因が分けられる．実際にどの破壊現象が主な要因になるかは，液体の性質や不純物，印加電圧などによって大きく異なる．

7.3.1 ■ 電子的破壊

液中においても，第 3 章で学んだタウンゼント放電と同様に，電子が電界によって加速されて，電子衝突が起こり，電子なだれが発生し，絶縁破壊が生じると考えられている．液体中では，電子のエネルギー損失は主に液体分子内振動に与えられる．1 回の衝突エネルギー損失は，分子の固有振動数を ν とすると，$h\nu$ となる．ここで，h はプランク定数である．電子が平均自由行程（λ）中に電界 E から得られるエネルギーが液体分子の電離エネルギーとなるときに，電子なだれが生じる．電子なだれが開始した場合に絶縁破壊が生じるとすると，絶縁破壊電界は次式となる．

$$E = \frac{ch\nu}{e\lambda} \tag{7.7}$$

e は電子の電荷量，c は定数（≤ 1）である．上記の考え方を真性破壊という．

一般には固体の電子なだれ破壊（7.4.1 項参照）と同様に，電子なだれがある大きさに成長したときに破壊が起こるという考え方がある．その考え方では，絶縁破壊電界は次のようになる．

$$E = \frac{\varepsilon_c}{e\lambda \ln(d/h_c\lambda)} \tag{7.8}$$

ε_c は電子が電界から得るエネルギーの臨界値，h_c は電子の液体分子に対する衝突電離係数とギャップ長の積で決まる定数である．上式より，$1/E$ と $\ln d$ は直線関係となる．**図 7.8** に示すように，絶縁破壊電界はギャップ長に依存する．

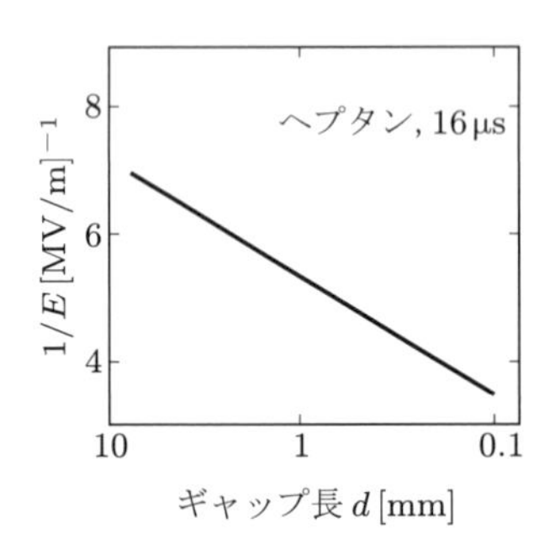

図 7.8　液体の絶縁破壊電界 E

7.3.2 ■ 空間電荷破壊

高電界によって陰極から液体に放出された電子は，液中で衝突電離を引き起こす．ここで生じた電子と正イオンは，移動度の差によって，正イオンが陰極前面に空間電荷として存在し，陰極上の電界が強められ，陰極からの電子放出が増加する．このため，ある値以上の電界強度になると，陰極上の電界上昇と電子放出の増加がたがいに強め合い増大し，絶縁破壊が生じる．このとき，絶縁破壊電界は次式のように与えられる．

$$E = \frac{bc(2\sqrt{c}+1)}{4c-1} \tag{7.9}$$

ここで，$c = 2a\exp(\alpha d)/\mu_+$ であり，a は定数，b は陰極材料の仕事関数から決まる定数，μ^+ は正イオンの移動度である．

7.3.3 ■ 気泡破壊

電圧の印加によって誘電体液体中に気泡が発生し，それが発端となって絶縁破壊が生じるという考え方を，気泡破壊という．液体に高い電圧が印加されると，さまざまな要因により気泡が発生する．気泡内の気体には，液体との比誘電率の違いから高い電界が印加されるため，気体放電が発生しやすい．これは，第 8 章で述べるボイド放電と同様である．この放電のエネルギーによりさらに気泡が大きくなり，最終的には全路破壊にいたる．気泡の発生機構は以下のように考えられている．

1. 電極表面の微小突起において，電界または伝導電流が局所的に集中して液体を加熱し，液体中に溶解している気体分子や，電極表面に吸着した気体分子が気泡に成長する．
2. 空間電荷の静電反発力が液体の表面張力を超す．
3. 高エネルギー電子により液体分子が解離する．
4. 陰極上の微小突起などで生じたコロナ放電により，液体が蒸発する．

そして，**図 7.9** に示すように，発生した気泡が体積一定の条件を保って細長く伸び，気泡に沿った電圧降下が気泡内の気体に対するパッシェン曲線の最小値になったときに絶縁破壊が生じる．

液体が蒸発して気泡が発生するのに必要なエネルギー ΔH が陰極から液体に与えられるエネルギー ΔW に等しいとして絶縁破壊電界 E を導くと，次のようになる．

$$\Delta H = m\{C_p(T_\mathrm{b} - T_\mathrm{a}) + L_\mathrm{b}\} \tag{7.10}$$

$$\Delta W = AE^n\tau \tag{7.11}$$

$$E = \left[\frac{m}{\tau A}\{C_p(T_\mathrm{b} - T_\mathrm{a}) + L_\mathrm{b}\}\right]^{1/n} \tag{7.12}$$

ここで，m は気化した液体質量，C_p は液体の定圧比熱，T_b は液体の沸点，T_a は気泡周囲の液体温度，L_b は液体の気化熱，A，n は定数，τ は流動する液体滞留時間であ

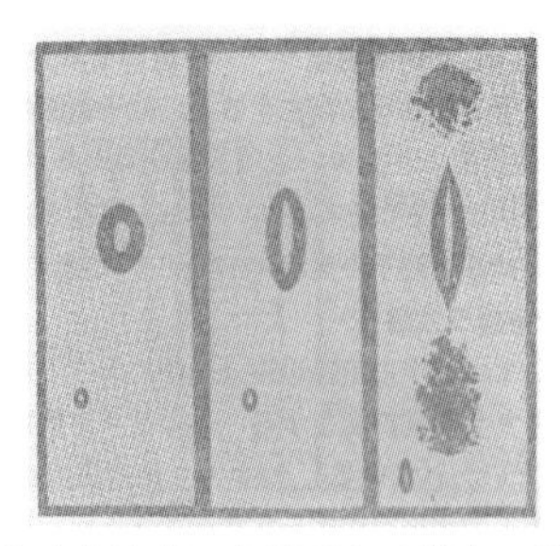

(a) 炭化水素油中に水滴がある場合の破壊過程

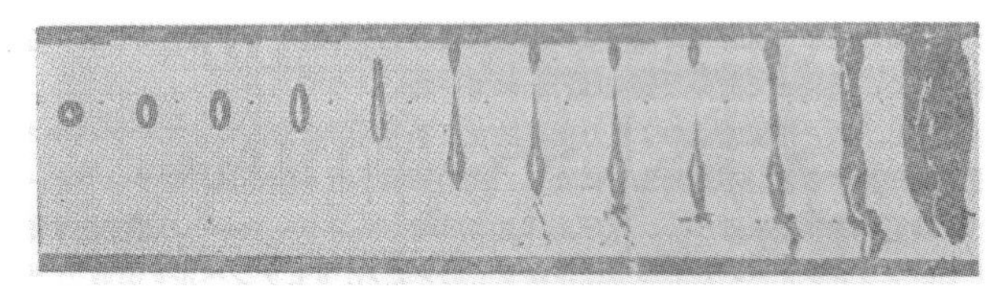

(b) シリコーン油中に水滴がある場合の破壊過程

図 7.9 混入水滴からの放電に伴う破壊
(大重 力, 原 雅則：高電圧現象 (1973), p.161, 第 3.43 図)

る．**図 7.10** に一例として，n-ヘキサンの圧力による絶縁破壊電界の変化を示す．絶縁破壊電界 E は図に示すように外圧とともに増加するが，これは外圧の増加による沸点 T_b の増加によって説明される．

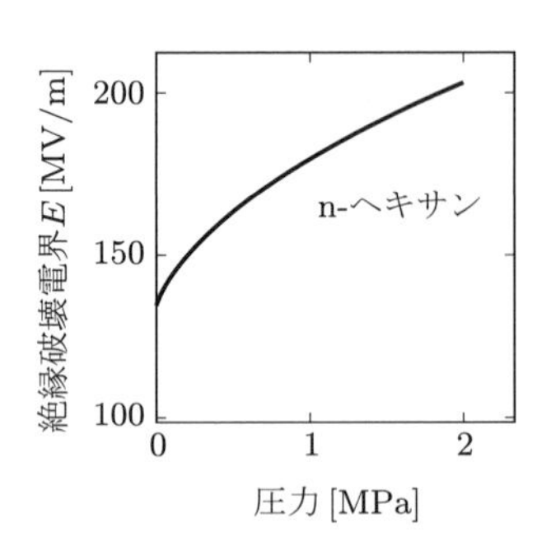

図 7.10 n-ヘキサンの絶縁破壊電界

電極の面積が大きくなると，その分だけ電極表面上の電界集中を引き起こす微小突起物や，気泡の発生源となる吸着ガスが増加する．これらにより絶縁破壊の確率が上昇し，絶縁破壊電圧が低下する．このことを面積効果という．また，絶縁破壊電圧は温度によっても変化する．これは，液体中への気体の溶解度などが影響するためである．

7.3.4 ■ 不純物による破壊

液体誘電体中に水分や吸湿しやすい繊維質などが混入すると，絶縁破壊電圧は著しく低下する．水の比誘電率は 80 であり，液体誘電体の比誘電率（たとえば，絶縁油は 2 程度）と比べて大きい．このような液体誘電体よりも比誘電率が高い物質は，電界によって分極し，電界に沿って移動する．とくに，水分が含まれた繊維は，このような作用によって電界に沿って整列する．**図 7.11** のように，これらの繊維が連なり，電極間が橋絡されることによって，絶縁破壊が生じる．印加電圧がインパルス電圧など短時間で印加される場合は，繊維が整列して電極間を橋絡する前に電圧が遮断されるため，絶縁破壊電圧は不純物の影響をあまり受けない．また，電界が加わる体積が増加すると，その分だけ電界にさらされる不純物も多くなり，絶縁破壊電圧が減少する．これを体積効果という．

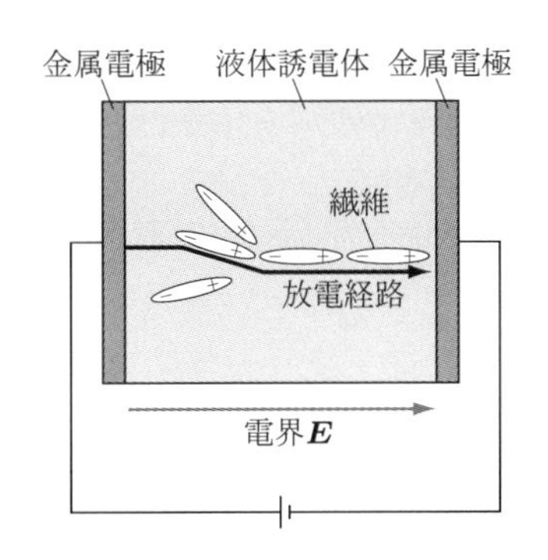

図 7.11　不純物混入による絶縁破壊

7.4 固体の絶縁破壊

固体の絶縁破壊の理論には，主に電子的破壊理論と熱的破壊理論の二つが提案されている．

7.4.1 ■ 電子的破壊理論

電子的破壊では，固体内の電子が破壊の要因となる．固体誘電体内部にわずかに存在する伝導電子が，電界によって加速される．加速された伝導電子は，結晶格子と衝突してエネルギーを失う．単位時間あたりに伝導電子が電界から得るエネルギーを A，結晶格子との衝突によって失うエネルギーを B とすると，これらは次のように表される．

$$A = \frac{\partial \varepsilon}{\partial t} = e\mu E^2 = \left(\frac{e}{m}\right)^2 \tau(\varepsilon) E^2 \tag{7.13}$$

$$B = \frac{\partial \varepsilon}{\partial t} = \frac{\Delta \varepsilon}{\tau_s(\varepsilon)} \tag{7.14}$$

$$A = B \tag{7.15}$$

ここで，ε は電子エネルギー，e は電子の電荷量，μ は電子の移動度，m は電子質量，$\tau(\varepsilon)$ は伝導の緩和時間，E は電界，$\Delta\varepsilon$ は 1 回の衝突あたりに失うエネルギー，$\tau_s(\varepsilon)$ は衝突間の平均時間である．両者は平衡状態では等しくなるが，E もしくは ε が臨界値を超えると平衡が失われ，電子エネルギーが増大し，絶縁破壊にいたる．このときの E が絶縁破壊電界となり，これを真性破壊という．たとえば，電界が非常に高く，電子エネルギーが格子との衝突によって失われるエネルギーより常に高くなる場合に絶縁破壊が発生する．この E は電極構造などにはよらず，誘電体固有のものとなる．

第 3 章で説明した気体の絶縁破壊のように，伝導電子が電界により加速され，格子原子を衝突電離させるエネルギーに達した場合，格子原子の電離によって生じた電子が衝突電離を繰り返し電子なだれが生じる．この電子なだれの大きさがある限界を超えると，格子構造が壊れて絶縁破壊にいたる．これを**電子なだれ破壊**（avalanche breakdown）という．

7.4.2 ■ 熱的破壊理論

熱的破壊理論では，固体誘電体に電界が印加されることによって発生する伝導電流によるジュール熱や，誘電損による発熱が破壊の起因となる．通常発生した熱は周囲への熱の移動によって失われる．印加電圧が低く，放熱量が上回る場合は，ある温度で平衡を維持する．しかし，印加電圧が上昇し，発熱量が放熱量を常に上回ると熱が蓄積され，材料固有の熱的破壊温度（融点など）に達すると破壊する．導電率 σ の固体誘電体に電界 E が印加された場合，電流密度 σE の電流が流れ，単位体積あたり σE^2 のジュール熱が発生する．このとき，熱平衡の関係は次のように表される．

$$\sigma E^2 = C_v \frac{dT}{dt} - \nabla \cdot (K \nabla T) \tag{7.16}$$

ここで，T は固体の温度，C_v は定積比熱，K は固体の熱伝導率である．電界が徐々に増加し，熱の時間変化が十分に遅い（$dT/dt = 0$）場合を**定常熱破壊**（steady-state thermal breakdown）とよび，式 (7.16) で発熱量と放熱量が平衡する温度を求めることができる．また，インパルス電圧など電界が急激に増加し，$\nabla \cdot (K \nabla T) = 0$ と近似できる場合を**インパルス熱破壊**（impulse thermal breakdown）とよび，固体固有の熱的破壊温度にいたるまでの時間を計算することができる．

第8章で述べるように，固体誘電体に長時間電界を印加すると，ボイド放電，沿面放電，トリーイング，トラッキングなどの放電現象により，絶縁耐性が劣化していく．これらの放電による絶縁破壊は徐々に進行していき，最終的には，電極間に火花放電が発生し，固体誘電体を破壊する．これらの現象は，経年とともに徐々に固体誘電体の絶縁性を劣化することから，設計・管理においては注意を要する．

Challenge　コンデンサをつくってみよう

2枚の金属板を平行平板電極として，身近な誘電体を挟み，コンデンサを自作してみよう．ファンクションジェネレータによって交流電圧を印加し，流れる電流を計測することによって，製作したコンデンサの静電容量を調べ，材料の比誘電率から求めた静電容量と比較してみよう．

演習問題

7.1　誘電体の分極の種類とあげ，それらについて説明せよ．

7.2　有極性物質の誘電率と誘電損失率の周波数変化の様子を模式的に図示し，説明せよ．

7.3　同軸ケーブル（長さ $= 20\,\mathrm{m}$，単位長の静電容量が $100\,\mathrm{nF/km}$）の内部導体と外部導体間に，矩形波（波高値 $= \pm 10\,\mathrm{kV}$，周波数 $= 100\,\mathrm{kHz}$，デューティ比 $= 50\%$，スルーレート $= 5\,\mathrm{kV/\mu s}$）を印加した．このときに流れる電流の最大値を求めよ．

7.4　固体誘電体と液体誘電体の電気的特性を調べる際に注意しなくてはならない点は何か述べよ．

7.5　固体誘電体と液体誘電体の絶縁破壊機構についてそれぞれ説明せよ．

Chapter 8 複合誘電体の放電

空気コンデンサに固体絶縁シートを挿入したときの極板間は，気体と固体からなる複合誘電体とみなされる．この章では，電磁気学および電気回路の知識を基礎として，複合誘電体中の電界分布について考える．さらに，誘電体内部の空隙（ボイド）や表面における放電現象について学ぶ．

8.1 高電圧の絶縁に複合誘電体を用いる理由

複合誘電体（composite dielectric）とは，気体と固体，液体と固体などのように複数種類の誘電体で構成された絶縁物のことを意味する．複合誘電体が用いられる理由の一つは，一方の短所をもう一方が補うことによって絶縁性能が向上するからである．たとえば固体は，気体や液体よりも絶縁破壊電界が高いという長所や，機械的保持力が高いという長所を有する一方で，一度絶縁劣化が進むと元に戻れない（不可逆性）という短所や，放熱性に劣るという短所をもつ．このような固体を油に浸して複合化すれば，液体により固体の短所をある程度補完することができる．ガラス繊維を樹脂で含浸することによって高い機械的強度を有するガラス繊維強化プラスチック（FRP）や，部分放電劣化の進行を抑えるために粒径の小さい無機粉体が樹脂中に分散されたナノコンポジット材料なども広義における複合誘電体である．

8.2 複合誘電体中の電界

図 8.1 に示す二層の複合誘電体の直流電界下での分担電圧を考える．各材料の誘電率を $\varepsilon_1, \varepsilon_2$ とおく．各層の電気絶縁性が十分高ければ，抵抗率 ρ_1, ρ_2 はどちらも無限大とみなせる．この場合，各層の電界は第 1 章の演習問題 1.4 より

$$E_1 = \frac{\varepsilon_2}{\varepsilon_2 d_1 + \varepsilon_1 d_2} V, \quad E_2 = \frac{\varepsilon_1}{\varepsilon_2 d_1 + \varepsilon_1 d_2} V \tag{8.1}$$

であるので，各層に分担される電圧 V_1, V_2 は次式で表される．

$$V_1 = E_1 d_1 = \frac{\varepsilon_2 d_1}{\varepsilon_2 d_1 + \varepsilon_1 d_2} V, \quad V_2 = E_2 d_2 = \frac{\varepsilon_1 d_2}{\varepsilon_2 d_1 + \varepsilon_1 d_2} V \tag{8.2}$$

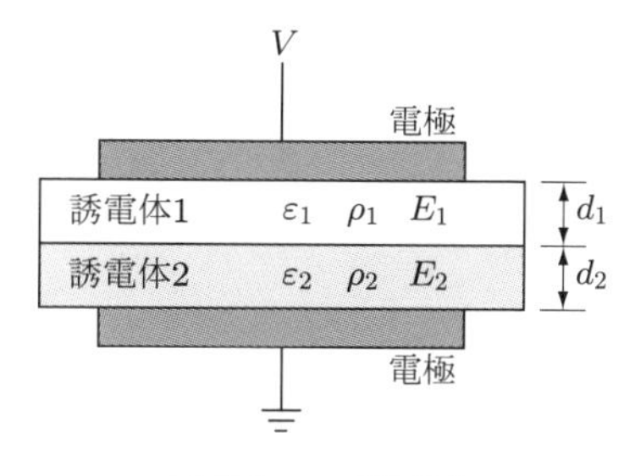

図 8.1 二層誘電体

抵抗率 ρ_1, ρ_2 が有限値をもつ場合，各分担電圧は次式で表される．

$$V_1 = \frac{\rho_1 d_1}{\rho_1 d_1 + \rho_2 d_2} V, \quad V_2 = \frac{\rho_2 d_2}{\rho_1 d_1 + \rho_2 d_2} V \tag{8.3}$$

■ 例題 8.1

電気回路論で学ぶ分圧の法則を用いて式 (8.2)，(8.3) を導け．

■ 解答

各層の抵抗率が十分高ければ，電極間は二つのコンデンサの直列接続とみなされる．各層の単位面積あたりの静電容量は $C_1 = \varepsilon_1/d_1$，$C_2 = \varepsilon_2/d_2$ である．一方，容量性負荷における分圧の法則より，$V_1 = \dfrac{C_2}{C_1 + C_2}V$, $V_2 = \dfrac{C_1}{C_1 + C_2}V$ である．これらから式 (8.2) が導かれる．

各層の抵抗率が低ければ，電極間は二つの抵抗の直列接続とみなされる．各層の単位面積あたりの抵抗値は $R_1 = \rho_1 d_1$，$R_2 = \rho_2 d_2$ である．一方，抵抗性負荷における分圧の法則より，$V_1 = \dfrac{R_1}{R_1 + R_2}V$, $V_2 = \dfrac{R_2}{R_1 + R_2}V$ である．これらから式 (8.3) が導かれる．

8.3 沿面放電

沿面放電（surface discharge）とは，二つの異なる媒質の境界面に沿って広がる衝突電離現象のことである．固体と気体の界面においてよく見られる．宇宙空間などの真空中に置かれた固体表面での放電も沿面放電に分類される．

沿面放電の種類を幾何学的立場から分類すると，電界の向きと同一方向に進む場合と，電界に直交して進む場合とに区別される．高電圧部を機械的に支持する役割を担うがいしに代表される固体誘電体の場合，固体と気体の界面が電気力線の向きに沿って形成される場合がある（**図 8.2**(a)）．誘電体と金属と空気のすべてが接する**三重点**（triple junction）には電界が集中しやすいので，ここを起点として沿面放電は進展す

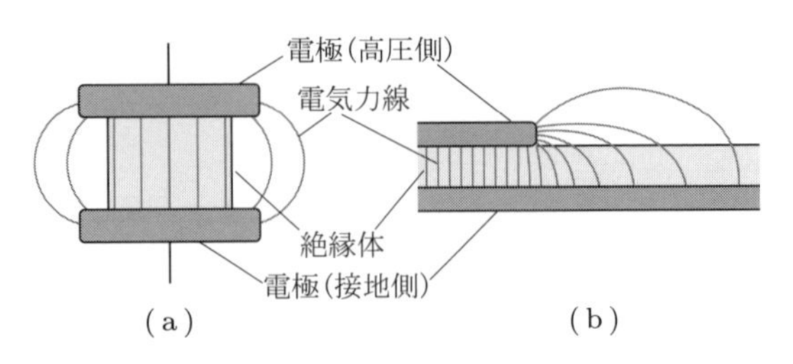

図 8.2 絶縁体表面の向き電界方向との関係

る．三重接点からストリーマが沿面に沿って進み，さらにストリーマはより導電性の高いリーダへと転移する．リーダは不連続的に距離を伸ばし，最終的に電極間がリーダで橋絡されると，全路破壊（沿面フラッシオーバ）にいたる．

次に，裏面全体が背後電極で接地された固体誘電体シートの表面中央に，上部電極が置かれた状況を考える（図 (b)）．この場合，電界は上部電極から背後電極に向かってシートを横断する方向に形成される．高圧電極から放出された電荷は電気力線に沿って加速され衝突電離を繰り返すものの，ストリーマは容易に固体内部に侵入することができないため，電界と直交するシート表面に沿って放電が広がる．ここで，シートがバリアとしてストリーマの電界方向への進展を妨げているため，沿面放電は広がらないと思うかもしれない．しかし，シートが薄ければ，ストリーマ先端部は常に背後電極と近接しているので高い電界強度を維持しやすい．そのため，電極が形成する電界の向きと一致していなくても，放電は比較的容易に広がることができる．

図 8.2(b) の装置を暗室に置いて，誘電体シートのかわりに写真フィルム（感光体）を挟んで電圧を加えると，沿面放電の進んだ箇所のみが感光するので，放電痕を視覚化することができる．19 世紀，ドイツのリヒテンベルグにより発明されたこの手法を用いて得られた模様を**リヒテンベルグ図形**（Lichtenberg's figure）という．沿面放電パターンは電圧の極性に依存する．上部電極側が正の場合，樹枝状のパターンが形成される．これに対して上部電極側が負の場合には，比較的狭い範囲に円形状のパターンが形成される．写真技術が発明される前までは，沿面放電が広がった領域が帯電していることを利用し，そこに粉体を付着させることにより放電パターンを観察していた．この方法を**電荷図法**（dust figure method）という（**図 8.3**）．朱色の光明丹（酸化鉛）と黄色の硫黄を擦り合わせると，硫黄は負に帯電し，光明丹は正に帯電する．これを誘電体表面に振りかければ，正電荷が残留している箇所には硫黄が付着し，負電荷が残留している箇所には光明丹が付着する．コピー機に用いられるトナーを振りかければ，帯電箇所を比較的簡便に識別できる．

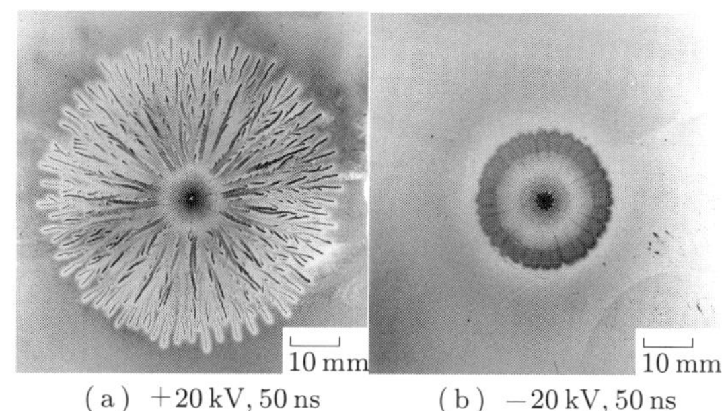

(a) +20 kV, 50 ns　　(b) −20 kV, 50 ns

図 8.3 アクリル板（厚さ 5 mm）上のパルス沿面放電の電荷図形

8.4 汚損沿面フラッシオーバ

8.4.1 ■ 塩害による汚損過程

送配電線や高電圧機器にとって，表面に付着する塩分や粉じんは絶縁性を低下させる大きな要因である．これらの導電性の汚損物が付着した状態で表面が濡れてしまうと，電気絶縁を維持できなくなる．このことが原因で引き起こされる被害のことを**塩害**（salt damage）あるいは塩じん害という．わが国は四方を海で囲まれていることから，屋外用絶縁材料への塩じん害対策は非常に重要である．

固体表面において沿面放電が電極間を短絡する現象を**沿面フラッシオーバ**（surface flashover）という．屋外で使用される絶縁体の場合，汚損度の上昇とともに沿面フラッシオーバ電圧が大きく低下するので，このことを踏まえた絶縁設計が必要である．

沿面フラッシオーバにいたるまでの物理過程は，

(1) 汚損
(2) 湿潤による導電路の形成
(3) 漏洩電流によるジュール熱の発生
(4) 一部の導電路の蒸発による乾燥帯（ドライバンド）の形成
(5) 乾燥帯への電界集中による部分沿面放電
(6) 沿面放電による乾燥帯のさらなる拡大
(7) 沿面放電による電極間の短絡

の順で進行する．

上記 (1)〜(7) の順はあくまでも典型的な流れであり，自然界での汚損による沿面フラッシオーバ現象は千差万別である．地域，季節，気象状況，電圧波形だけではなく，絶縁体の老朽化状況にも大きく依存する．種々の汚損に耐えうる絶縁体を設計するためには，耐汚損性能を評価するための何らかの指標がないと，一定の品質を保証することができない．そこで，運転中に起こりうる過酷な汚損条件を模擬し，そのときのフラッシオーバ電圧を調査するための人工汚損交流電圧試験として，定印霧中法と等価霧中法の 2 種類が標準規格（JEC-0201「交流電圧絶縁試験」）で制定されている．定印霧中法とは，汚損している試料に乾燥状態で一定電圧を印加後，人工霧を発生させて耐電圧を求める方法であり，自然環境の過酷な条件を再現する試験法とされている．等価霧中法とは，との粉（粉じん状の石）と塩を含んだ泥状の汚損液を絶縁体表面に噴霧した後に印加電圧を上昇させてフラッシオーバ電圧を計測する方法である．比較的簡便に汚損特性を評価する手法として有効とされている．

8.4.2 ■ トラッキング

track（トラック）とは，通った跡，わだち，足跡を意味する．固体有機材料が沿面放電にさらされると，熱分解による有機物の炭化が引き起こされ，材料によっては燃焼することもありうる．高電圧工学における**トラッキング現象**（tracking phenomenon）とは，汚損による局所的な沿面放電の繰り返しにより，有機材料表面に導電性の炭化路が形成されることである（**図 8.4**）．ひとたび炭化路が形成されると，その先端部に電界が集中し，加速度的に劣化が進行してフラッシオーバにいたる．トラッキングは電力設備固有の現象ではなく，家庭用電気製品においても起こりうる現象である．

各種有機材料の耐トラッキング性の指標を得るために，いくつかの試験方法が標準規格として制定されている．屋外などの過酷な環境下で使用される高分子材料の耐トラッキング性を評価する代表的な手法として，傾斜平板法がある．**図 8.5** にあるように，斜め 45 度で固定されたかまぼこ板状の試料の裏面側で上部高圧電極と下部接地電極が向かい合い，さらに上部電極先端部から裏面に沿って電解液を滴らせることによ

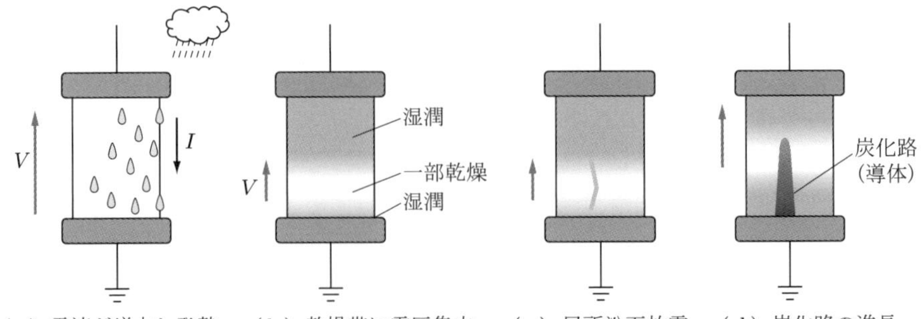

図 8.4 トラッキング現象過程

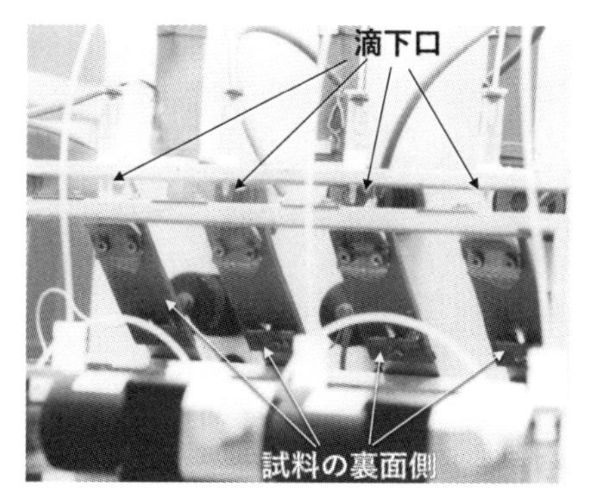

図 8.5 耐トラッキング試験装置

り，人為的に部分沿面放電を発生させる．下部電極側から所定の長さのトラッキングが形成されるのに必要な電圧や時間を計測することによって，耐トラッキング性能を評価することができる．

■ **例題 8.2**

有機材料の難燃性を高めようとすると，耐トラッキング性が低下することがよくある．その理由を説明せよ．

■ **解答**

耐トラッキング性向上のためには，熱分解時に炭素を表面に残さぬよう有機物を炭酸ガス化させる必要がある．ところが，リン系化合物に代表される難燃剤は，炎にさらされたときに化学反応により不揮発性の保護層を表面に形成して空気を遮断してしまうので，不完全燃焼が引き起こされる．その結果，有機物表面には炭化層が残留するため耐トラッキング性が低下する．汚損環境下で使用される有機絶縁材料には，難燃性と耐トラッキング性の両立が求められる．

Columun

石の上にも・・・

20 代の頃，筆者は耐トラッキング性高分子材料でできたポリマがいし（9.1.5 項参照）やポリマがい管の開発に従事していた．開発も終盤，試作品の 22 kV 用ポリマがい管に対する課電暴露試験が，日本海沿岸の塩害実験所で始まった．開始から 3 か月後，試作品を見てびっくり．笠形状をしたプラスチック製の外被に，直径 3 mm 前後の丸い穴がぽっかり空いていた．しかし穴の周囲は綺麗で，放電により焦げた形跡はまったくない．厚さ 3〜5 mm の絶縁笠に穴が空いた理由を突き止めるため，工場に戻り人工汚損試験を繰り返した結果，理由がわかった．穴を開けた犯人は沿面放電ではなく，なんと水滴であった．がい管上部のフランジ（金具）形状に問題があり，フランジ端部から滴り落ちる雨水や潮水が電界に加速され，特定の位置に繰り返し衝突していたのである．石の上にも3年どころか，わずか3か月も経たぬうちに水だけで穴が開くとは，人工汚損試験でその現象を偶然発見するまでは思いもよらなかった．「自然には敵わない」，絶縁材料開発を通じて筆者が学んだことの一つである．

8.5 ボイド放電

ボイド（void）とは，絶縁体の内部，複合誘電体の界面，ケーブルどうしの接続部などに形成される空隙の総称である．そして，ボイド内部で引き起こされる**部分放電**（partial discharge）のことを**ボイド放電**（void discharge）という．ボイドには電界が集中しやすいため，ここでの放電現象をきっかけとして材料劣化が加速されやすい．

固体絶縁材料の場合，製造工程中のプレス成形過程における加圧不足や，樹脂の注型過程における真空脱泡不足はボイド形成の要因となる．あるいは複合誘電体の界面に加わる応力によって界面剥離が生じると，そこがボイドとなることもある．

電極に挟まれた誘電体中のボイドの模式図と，その等価回路を**図 8.6**(a)，(b) にそれぞれ示す．電極間の誘電体の領域を縦方向に細分化すると，ボイドが含まれていない健全部とボイドを含む欠陥部との並列回路とみなすことができる．ここで，健全部が有する静電容量を C_0 とし，ここに加わる電圧を V_0 とする．一方，欠陥部は，固体層 C_S と，ボイド層 C_g との直列接続として表される．交流電源の電圧が時間とともに上昇し，端子 b-c 間の電圧 V_g がある値に達すると，C_g の横のギャップ G で火花が生じる．このとき実際には，ボイド内で 10^{-8} 秒程度の短時間で引き起こされる気体の電離現象により正と負の表面電荷群がボイド壁面に付着し，これらが外部電界とは逆方向に内部電界を形成することでボイド内の電界が緩和される．ここで，V_0 と V_g の関係は，$V_\mathrm{g} = V_0 C_\mathrm{S}/(C_\mathrm{g} + C_\mathrm{S})$ である．放電により V_g は ΔV_g だけ低下する．一般的には $\Delta V_\mathrm{g} \approx V_\mathrm{g}$，すなわち部分放電によってボイド内の電界はゼロになるとみなすことが多い．電源部には出力インピーダンス Z があるので，放電後ただちに電源から電荷が供給されることはない．したがって，部分放電により V_0 も降下する．ただし，V_0 の降下分 ΔV_0 は次式から明らかなようにきわめて小さいことから，図 (d) の半周期間における V_0 の曲線は滑らかに描かれている．図 (c) より，ΔV_0 は以下のように近似される．

$$\Delta V_0 = \Delta V_\mathrm{g} \frac{C_\mathrm{S}}{C_0 + C_\mathrm{S}} \approx \Delta V_\mathrm{g} \frac{C_\mathrm{S}}{C_0} \quad (\because C_0 \gg C_\mathrm{S}) \tag{8.4}$$

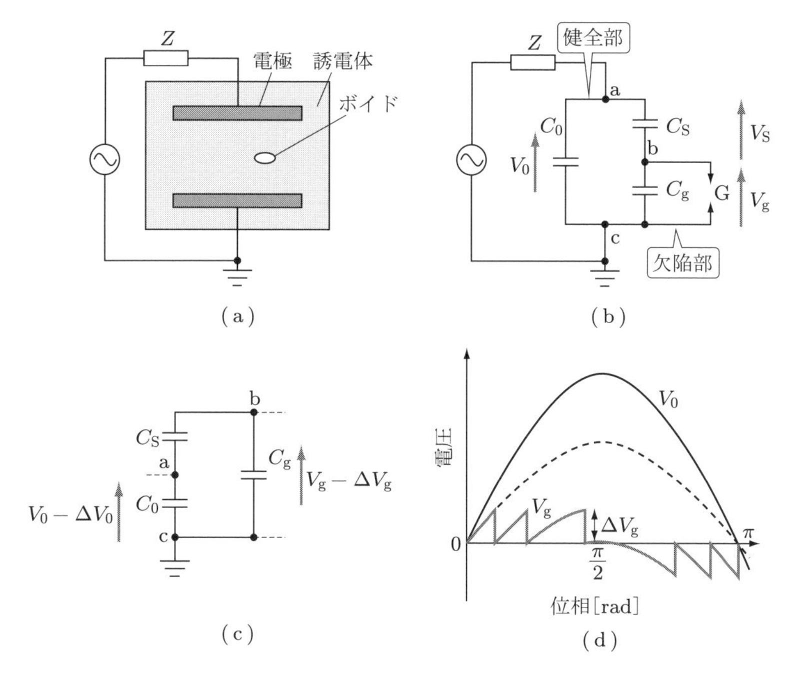

図 8.6 ボイド含有試料，等価回路，電圧の変化

この式から，ΔV_0 は ΔV_g よりも桁違いに小さいことがわかる．ここで重要なことは，ΔV_0 を精度よく計測することにより，そこから ΔV_g を求められる点である．ボイド内での真の放電電荷量は，

$$Q_g = \Delta V_g \left(C_g + \frac{C_0 C_S}{C_0 + C_S} \right) \approx \Delta V_g \left(C_g + C_S \right) \tag{8.5}$$

である．式 (8.5) 中の括弧内はボイドからみた全静電容量である．これに対し，ΔV_0 から算出されるみかけの放電電荷量 Q_0 は，

$$Q_0 = \Delta V_0 \left(C_0 + \frac{C_g C_S}{C_g + C_S} \right) \approx \Delta V_0 C_0 \approx \Delta V_g C_S \tag{8.6}$$

と近似され，$Q_g > Q_0$ であることがわかる．この 1 回の放電により材料内で消費されるエネルギーは，以下の式で表される（演習問題 8.3）．

$$W \approx \frac{1}{2} C_0 V_0 \Delta V_0 \tag{8.7}$$

図 8.6(d) に示すように，放電によって ΔV_g だけ降下しても，電源電圧の上昇とともに V_g は最初の 1/4 周期（0〜π/2 rad）において上昇を続ける．1/4 周期を過ぎた時点では，ボイド放電の繰り返しによりボイド内面には多くの電荷が蓄積されたまま

である．この状態で電源電圧が降下していくと，今度は外部電界よりも電荷による内部電界のほうが高くなるので，降下過程においては上昇過程とは逆向きの放電が繰り返される．実際の測定においては，ΔV_0 に比例して外部回路に流れるパルス電流をオシロスコープ上で観測することによりボイド放電を検出する．また，ボイド放電の繰り返しにより材料の**誘電正接**（$\tan\delta$）は上昇するので，$\tan\delta$ と印加電圧の関係をブリッジ回路で測定することにより，ボイド放電の有無をある程度評価できる（演習問題 8.4）．

8.6 トリー

大気中に雷が落ちても大気はすぐ元の状態に戻るのに対して，固体中でひとたび放電路が形成されたら元には戻らない．固体誘電体内部に形成される樹枝状の絶縁劣化痕のことを総称して**トリー**（tree）とよぶ．高圧ケーブルに用いられる架橋ポリエチレンや，電力機器に用いられるエポキシ樹脂製絶縁スペーサのような，肉厚の固体が突然絶縁破壊することはほとんどなく，内部でトリーが徐々に成長して最終的に全路破壊にいたることが多い．このような破壊のことを**トリーイング破壊**（treeing breakdown）という．絶縁体内部における自由電子と格子の衝突現象に基づく理論的な破壊電界（真性破壊電界）よりも十分に低い電界で，その絶縁体を使っていたとしても，ボイドや異物などの欠陥があれば長時間をかけてトリーイング破壊する可能性があることに注意が必要である．

トリーはその進展機構の違いから，電気トリー，水トリー，化学トリーに大別される．電気トリーは，導体表面の突起，誘電体内部のボイドや異物などにより電界が集中する箇所から誘電体を形成する高分子鎖の切断により伸びる，直径 0.1〜数 μm 程度の細長い放電痕である．放電痕の一つひとつは中空のトンネル状で，これをトリー管という．トリー管内部は真空ではなく，放電により高分子が気化することにより生成された分解ガスが含まれている．エポキシ樹脂中のボイドから成長しているトリーの写真を**図 8.7** に示す．部分放電の繰り返しにより高分子鎖が切断され，内壁の一部に尖ったくぼみ（ピット）ができ，ここからトリー管が固体内に伸びる．

電気トリーの形状は誘電体材料の組成や印加電圧波形に大きく依存する．立ち上がりの急峻なパルス電圧により形成される電気トリーのことを，インパルストリーという．**図 8.8** は，エポキシ樹脂中の針電極に正の高電圧パルスを加えたときに暗室で撮影された放電光と，その後照明下での同じ位置の写真である．正ストリーマ放電光の軌跡に沿って，樹枝状のトリーが形成されている．その形状は電圧の極性に大きく依存する．一方，交流電圧による電気トリーは，ブッシュ状あるいはまりも状とよばれ

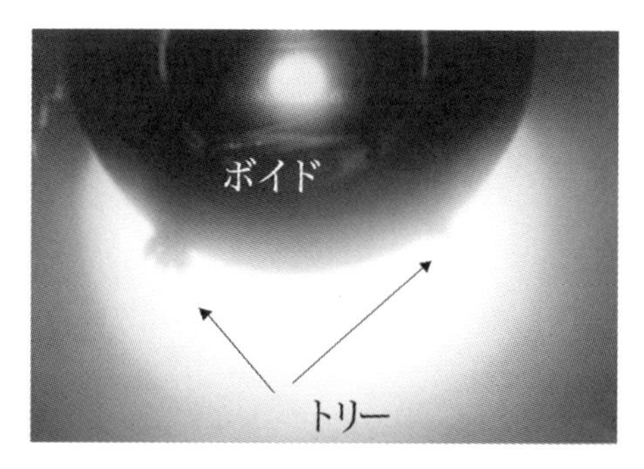

図 8.7 ボイド（直径 2 mm）からの電気トリー（丹 通雄氏ご提供）

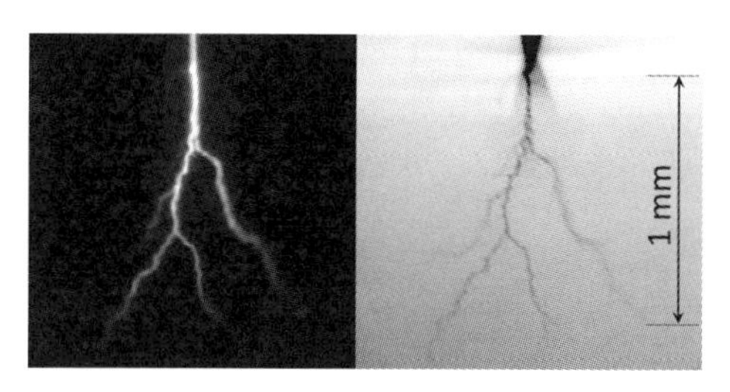

図 8.8 エポキシ樹脂中のパルス放電光（左）とトリー痕（右）

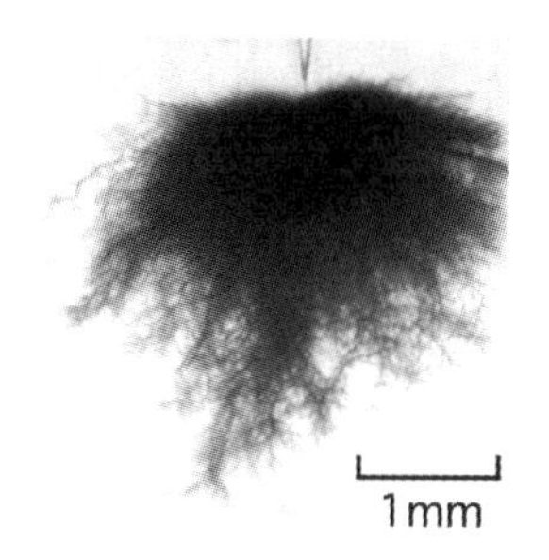

図 8.9 交流電圧によるポリエチレン中の電気トリー

る形状を示す（**図 8.9**）.

水分の多い地中などに埋設されたケーブルにおいて，水が共存する状態で比較的低い電界で発生するトリーを水トリーという．水トリーの構造は，水分が含まれた直径 0.1〜10 μm 程度の多数の微小ボイドの連鎖である．部分放電を伴って成長するのではなく，電界集中部への水分の誘電泳動による移動や凝縮に起因すると考えられている．水トリーから電気トリーが成長することもある．

化学トリーとは硫化物のような腐食性を有する汚損物質がケーブル導体部を腐食させ，そこから硫化銅や酸化銅の混合物が絶縁層に侵入することにより形成される劣化痕である．電圧無印加でも発生することがある．

8.7 油浸絶縁

固体シートと油の組み合わせからなる**油浸絶縁**（oil-immersed insulation）は，変圧器，電力用コンデンサ，ケーブルなど電力設備のさまざまな分野で用いられる．固体シートには，絶縁紙やポリプロピレンシート，あるいは多層絶縁紙の加圧成形品（プレスボード）が用いられる．液体には鉱油や合成油を用いることが多い．

もし油入変圧器内の絶縁体が油のみであった場合，誘電泳動によって油中の細じんや不純物が高電界領域に集まる．さらに，これらが接地部と高圧部との間で数珠つなぎのように橋絡することで，絶縁破壊電圧が著しく低下する．この問題を回避するために，コイル巻線部には絶縁紙やプレスボードが巻かれている．絶縁紙には，繊維に含まれる不純物やピンホールなどの欠陥部が一定の確率で存在する．電力用コンデンサにおいて大きな静電容量を得るためには，きわめて広い面積の絶縁紙を要する．そこで重大な欠陥部を形成しないための工夫として，薄い絶縁紙を複数枚重ね合わせて誘電体層を形成するようにしている．さらに，そこへ絶縁油を浸透させることにより，内部に空隙が残らないようにしている．

設備の大容量化とコンパクト化を両立するため，現在では絶縁紙よりも耐電圧性に優れた高分子材料が用いられている．変圧器にせよコンデンサにせよ，液体と固体がたがいの短所を補完し合うことにより高い絶縁耐力を実現していることに変わりはない．油浸絶縁方式のケーブル（OF ケーブル）については次章で述べる．

8.8 放電バリア効果

気体や液体誘電体中でのフラッシオーバを阻止するための**バリア効果**（barrier effect）を大別すると，がいしによる沿面バリア効果と，導体と導体の間にシート状の固体誘電体を挿入することによる直列バリア効果とがある．気体や液体誘電体に比べて固体誘電体は破壊しにくいため，固体の挿入により絶縁性は高まると考えるのが一般的である．しかし，バリア効果は絶縁シートの挿入位置や電極形状に大きく依存するという点に注意が必要である．とくに直流電界下では，気中や油中を移動した電荷が固体表面に蓄積されることによる電界集中が原因で，印加電圧が低くても局部破壊が引き起こされ，それが全路破壊の引き金となる可能性がある．油中の針対平板電極間に加える直流電圧を徐々に大きくしていった場合の全路破壊電圧と，平板電極上のバリア（PET）のシート厚さとの関係を**図 8.10** に示す．針電極に負の直流電圧を印加すると，負電荷が油中を移動してシートへの分担電圧が高まるので，液体よりも先にシートが破壊して貫通穴が開く．その結果，穴から進展能力の高い正ストリーマが伸びる

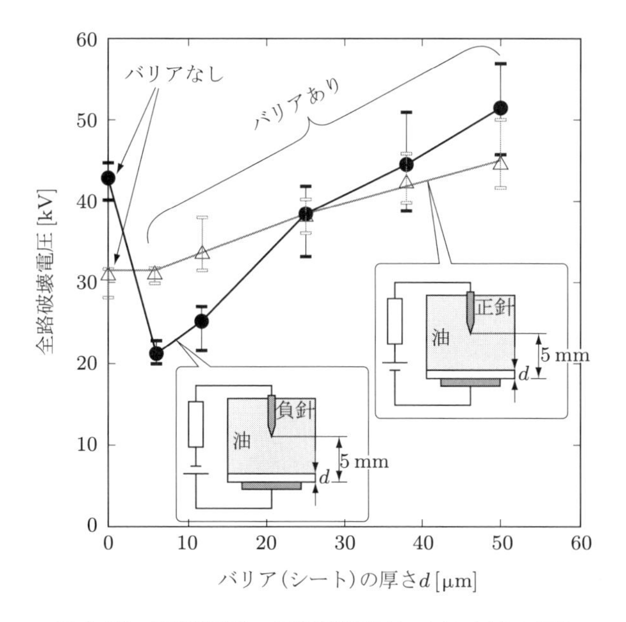

図 8.10　直流昇圧時の全路破壊電圧とバリア厚さの関係

ため，比較的低い電圧でも全路破壊にいたることがある．針側が正極性の場合でも，正電荷の蓄積が原因でシートの局部破壊が引き起こされる．しかし，正極性の局部破壊は全路破壊のきっかけになりにくい．その理由は，シートにできた貫通穴を通じて負電極側から伸びる負ストリーマの進展能力が正ストリーマのそれよりも低いからである．したがって，全路破壊電圧に対するバリアの影響には明瞭な極性効果が認められる．

着火用ライターで沿面放電

（用意するもの）ガスの切れた使用済み着火用ライター，食品用ラップ，金属平板，ワニロクリップ付きリード線，プリンタのトナー

（実験方法）着火用ライターの円筒先端部にニッパーで切り目を入れて，皮を剥くように外側へ曲げると中心導体が出てきます．円筒先端の塗装を剥いで，そこと金属板をリード線で繋ぎます．図の写真のように，中心導体をラップで覆われた金属板に近づけて，スイッチを何度も押してみます．ラップは金属板にぴったり密着させておくこと．ラップのある場合とない場合で放電現象がどのように変化するか観察しましょう．金属板にラップを貼り付けたままの状態で，トナーを軽く振りかけて，放電痕の形状を観察しましょう．

（注意）中心導体を皮膚に押し当ててスイッチを押さないこと．危険物（ガソリンなど）が周囲にないことを確認してから実験すること．

演習問題

8.1 **問図 8.1** は，二層の複合誘電体の等価回路である．正弦波交流電圧 $\dot{V}_0$ の角周波数 ω を上昇させると，$\dot{V}_1$ と $\dot{V}_2$ の比率はどのような値に近づくか．逆に，周波数を下げて直流に近づけた場合の比率はどうなるか．

8.2 屋外用絶縁材料を塩害から守る方法について調べよ．

8.3 式 (8.7) の導出過程を示せ．

8.4 **問図 8.2** の回路を**シェーリングブリッジ**（Schering bridge）といい，各種誘電体の誘電正接（$\tan\delta$）の測定に用いる．測定対象となる試料のインピーダンスを $\dot{Z}_x = R_x + 1/j\omega C_x$ とする．ブリッジの平衡条件を用いて R_x, C_x および $\tan\delta$ を求めよ．

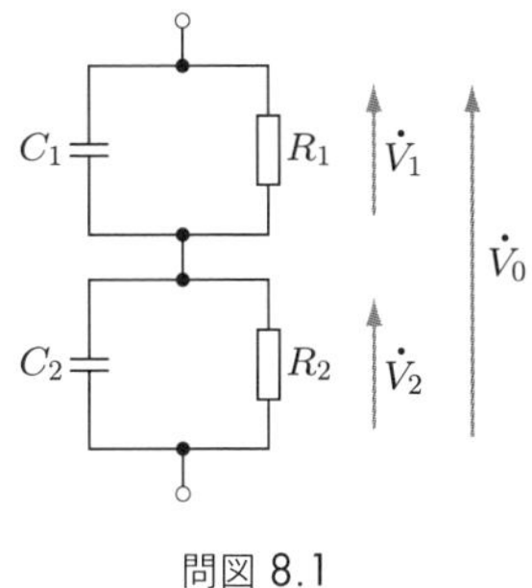

問図 8.1

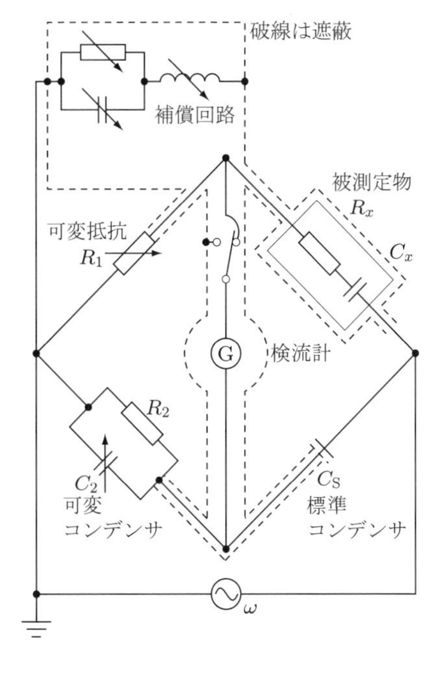

問図 8.2

8.5　トリーには本文中で説明したもののほかにもボウタイトリーというものがある．ボウタイトリーの特徴とその形成機構について調べよ．

8.6　定格電圧 7 kV，定格容量 10 kvar の電力用進相コンデンサの静電容量はいくらか．周波数は 50 Hz である．

8.7　**問図 8.3** は電力用コンデンサの素子構造である．絶縁層と薄い金属層を交互に並べて反物状（ロール状）に巻いている．この素子一つで前問のコンデンサをつくる．絶縁層の厚さ $d = 100\,\mu\mathrm{m}$，幅 $l = 10\,\mathrm{cm}$，比誘電率 $\varepsilon_r = 2.5$ で設計した場合，ロールの長さはいくらか．

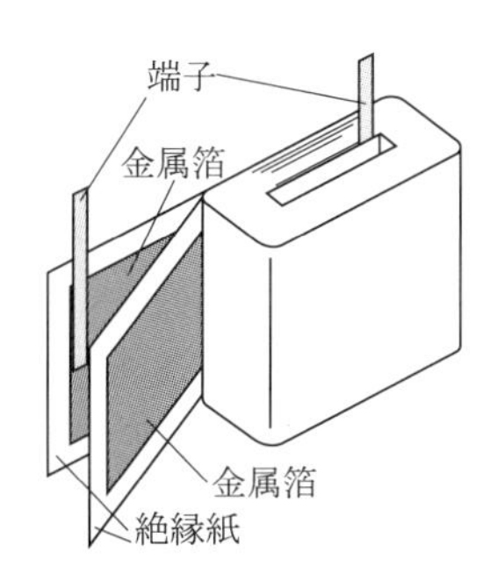

問図 8.3

Chapter 9 高電圧機器

送電線を支えつつ，送電線と鉄塔を絶縁しているのはがいしである．接地された電力機器の中へ高電圧を導入するにはブッシングが必要である．高気圧 SF_6 ガスで満たされたガス絶縁開閉装置の中には，外気と完全に隔離された状態で断路器，遮断器，避雷器，計測器類が組み込まれている．これらの構造と特徴，動作原理について理解しよう．

9.1 がいし

9.1.1 ■ 形状・材質による分類

架空送電線を吊るしたり固定したりする箇所には，必ず**がいし**（**碍子**，insulator）が介在し，機械的支持と電気絶縁の両方が確保されている．がいしは，笠状の形をした絶縁性の胴体部と，取り付け用金具から構成されている．形状および大きさはさまざまである．がいしをその見た目で分類すると**表 9.1** のようになる．材料で区別すると磁器，ガラス，高分子（プラスチック）に分けられる．磁器の長所は，絶縁性，耐候性，耐熱性，機械強度のすべての面において優れている点であり，短所はフラッシオーバ時の衝撃により破片が飛散する，重い，微細な加工が難しい点などである．高分子がいしは耐候性には劣るものの，軽くて割れにくいという利点から，屋内用や一部の屋外用として使われている．

表 9.1　見た目によるがいし類の分類

タイプ	名称	タイプ	名称
棒型	長幹がいし	皿型	懸垂がいし
	ラインポストがいし		管路内絶縁スペーサ
	ステーションポストがいし	お猪口型	ピンがいし
	相間スペーサ		耐張がいし
筒型	がい管	コマ型	玉がいし
			引き留めがいし

9.1.2 ■ 懸垂がいし

送電線用がいしとしてもっともよく用いられているのが懸垂がいしである（**図 9.1**）．複数の懸垂がいしを繋いだ状態を**がいし連**（insulator string）という．がいし連の上部が鉄塔と連結され，下部に電線が吊るされる．懸垂がいしの特徴は，笠の形状と，金具（ピン）の取り付け形状にある．笠の表側は雨が流れ落ちやすいように流線形をしている．一方で，笠の裏面には，沿面距離をかせぐためのひだが形成されている．同じ直径どうしで比べると，耐塩用懸垂がいしの沿面距離は通常の懸垂がいしの 1.2〜1.5 倍である．懸垂がいしは，10 トン以上もの引っ張りに耐えることができる．ピンの先端部が逆テーパ形状になっているので，ピンに加わる下向きの力が磁器を圧縮する力へと変換されることが，高い引っ張り耐荷重を得ることのできる理由である．

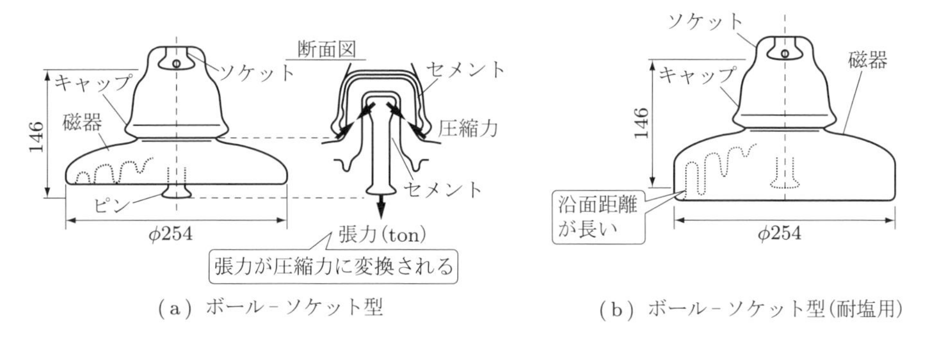

図 9.1　250 mm 懸垂がいし

9.1.3 ■ 配電用がいし

19 世紀に電池を電源とする電信技術が生まれた時代から用いられているのがピンがいしである（**図 9.2**(a)）．お猪口を伏せたような形の絶縁部の下から固定用金具（ピン）が伸びている．6.6 kV 以下の配電線において，ピンを電柱の腕木に固定し，電線を下から支持する．配電用途で電線を引き留める場合には，耐張がいしが用いられる（図 (b)）．

ラインポストがいし（LP がいし）は，ピンがいしと同じ金具構造であるものの，胴体部が棒状の笠付き磁器で構成されている．絶縁距離が長いので送電用としても使える．長尺品なら 77 kV まで対応できる．LP がいしは単純な形状ゆえに，ひだに付着した塩分や粉じんが雨によって洗い流される効果（雨洗効果）が高い．

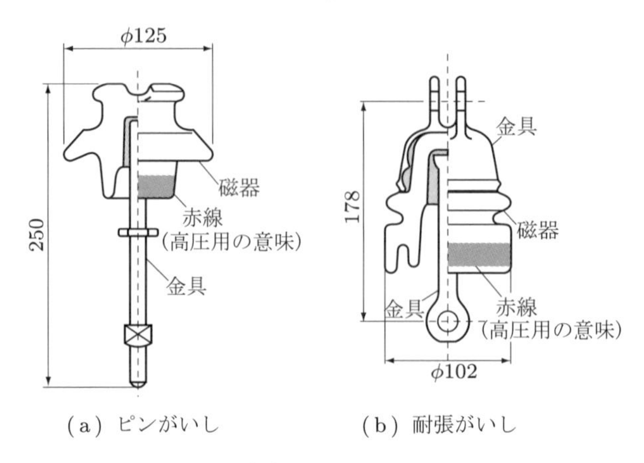

図 9.2 配電用がいし

9.1.4 ■ 長幹がいしとステーションポストがいし

塩害の多い地域（汚損地区）では，懸垂がいしの代わりに長幹がいしを用いることが多い（**図 9.3**）．連結された懸垂がいしと比べて細身であり，沿面距離が長いので耐汚損特性が良好である．また，途中に金属部分が少ないことから，雷インパルスによる沿面放電が起こりにくいのが利点である．一方，逆フラッシオーバ等が原因でがいしが短絡すると，アーク放電により磁器部が割れて，最悪の場合には胴体部が切れてしまい，大事故にいたるおそれがある．これを抑止するために，**アークホーン**（arcing horn）を備えるのが一般的である．

ステーションポストがいしは，電線や機器を地面と絶縁するために変電所施設内で用いられる．1 本または数本を連結してがいし柱を構成する．

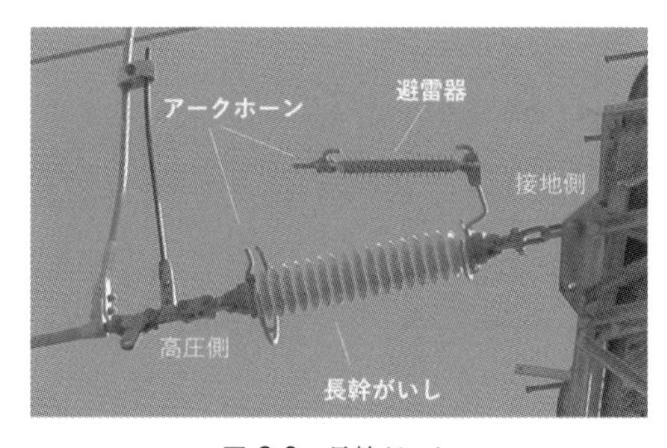

図 9.3 長幹がいし

9.1.5 ■ 高分子がいし

プラスチック製のがいしは，屋内用の樹脂がいし（レジンがいし）と，屋外用の高分子がいし（ポリマがいし）とに大別される．前者は，エポキシ樹脂を注型もしくはプレス成形することによりつくられる．磁器がいしと比べて軽くて小さいが，長い沿面距離を得ることができる．耐候性に劣るため屋外使用は難しく，機器内の絶縁や屋内配線の絶縁に用いられる．屋外用高分子がいしは，棒状のガラス繊維強化プラスチック（FRP）を芯材とし，その外周を笠付きシリコーンゴム成形品や笠付き熱収縮チューブで被覆した複合誘電体である．**図 9.4** に 22 kV 用の磁器製の長幹がいしと高分子がいしの形状を示す．長幹がいしよりもさらに細身の高分子がいしは，軽さや耐震性が重要視される用途に適している．風雪により送電線が激しく上下振動する**ギャロッピング**（galloping）を抑止するための相間スペーサとしても用いられている．芯材を FRP パイプに変更することで，次節で述べるブッシングや避雷器用の絶縁筒（ポリマがい管）としても用いられている．

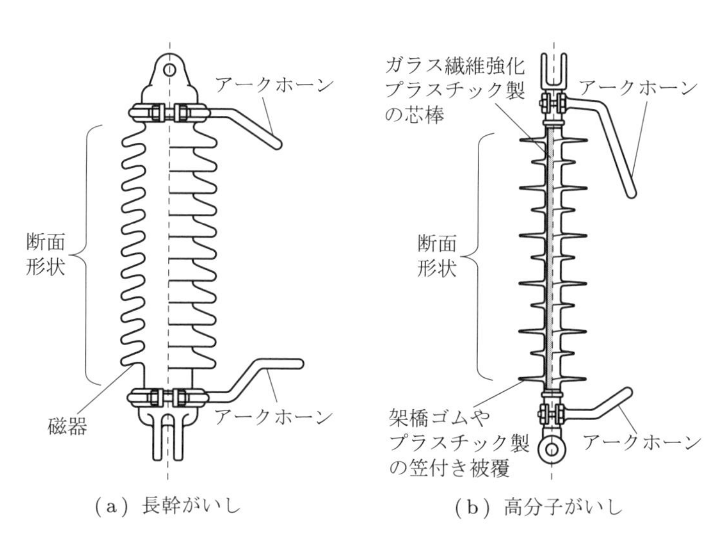

図 9.4 22 kV 長幹がいしと高分子がいし

■ 例題 9.1

海岸から約 10 km 以内の地域では，がいし表面に 0.1 mg/cm^2 前後の塩分が付着すると想定される．この地域に 66 kV の送電線を敷設する場合，電線と鉄塔との間に何枚のがいしをつなげばよいか，**図 9.5** を参考にして計算せよ．平常運転時の対地電圧を 1.3 倍した値を，一つのがいし連に加わる電圧として考えること．

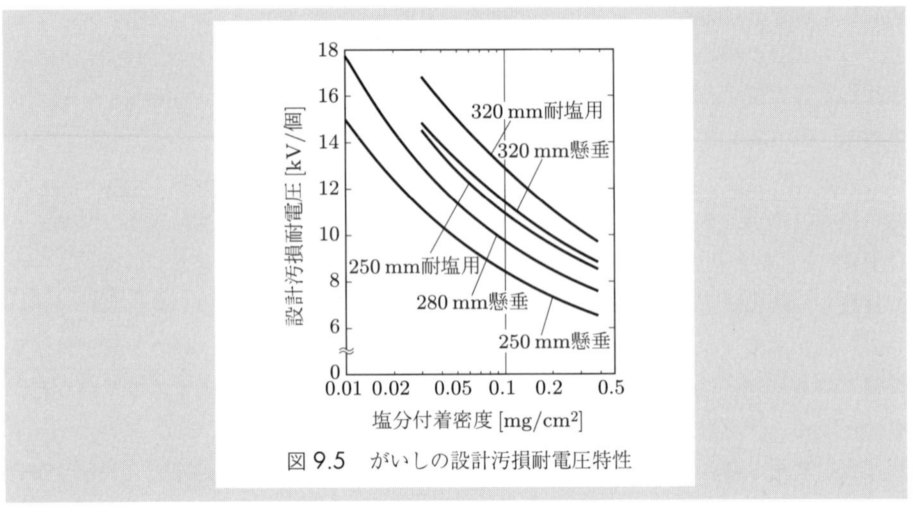

図 9.5 がいしの設計汚損耐電圧特性

■ **解答**

線間電圧が 66 kV だから，対地電圧の 1.3 倍は $V = 66/\sqrt{3} \times 1.3 \approx 50\,\mathrm{kV}$ である．250 mm 懸垂がいしを用いるなら $50/8.6 \approx 6$ 枚が必要で，同径の耐塩用を用いれば $50/11 \approx 5$ 枚ですむ．

9.2 ブッシング

建物内に電力を導くために壁の穴から架空送電線を直接引き込むと，地絡事故が起こる．機器の内と外との間で電力をやりとりする場合も同様である．このような箇所には**ブッシング**（bushing）が用いられている．一見がいしのように見えるが，内部には中心導体（金属棒）が貫通している．外側は，がい管とよばれる筒状の絶縁物である．ブッシングの役割は，中心導体を通じて機器や建物内に電力を入出力すること，ブッシング表面での沿面フラッシオーバを防ぐこと，さらにがい管内部での部分放電を防ぐことである．代表的なものに，油入ブッシング，コンデンサブッシング，ガスブッシングがある．

油入ブッシングの内部絶縁方法は，前章で学んだ油浸絶縁である．がい管内壁と中心導体との隙間は，複数の絶縁筒と絶縁油の複合誘電体で満たされている．ブッシングの電極構造は，中心導体とその外周の支持金具による同軸状である（**図 9.6**）．この配置だと，軸方向と径方向の両方において不平等電界を形成する．この不平等性を軽減するために考案されたのが，コンデンサブッシングである．中心導体の周囲に絶縁層と金属箔が交互に積層されている．金属箔電極の長さを場所ごとに変えることで，

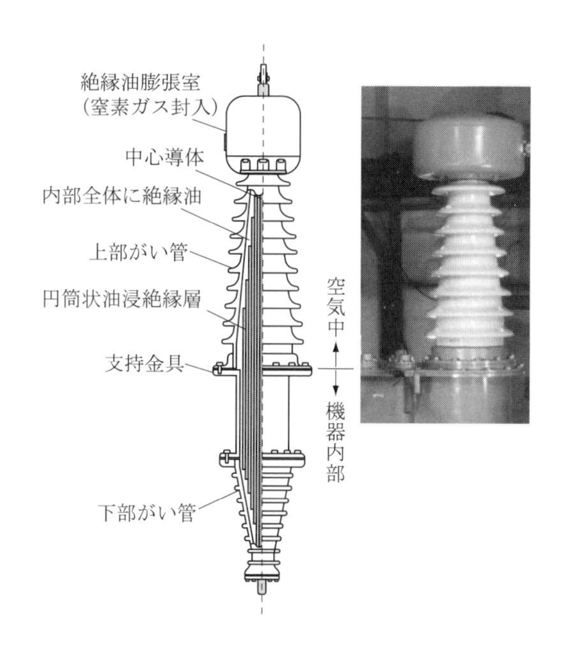

図 9.6 油入りブッシングの構造

径方向と長さ方向の両方における電界分布のひずみを抑えている．内部の空隙は，やはり油で満たされている．

内部をガスで満たされた機器には，ブッシング内部も同じガスで満たされたガスブッシングが用いられることも多い．その寸法はコンデンサブッシングよりも径方向に大きくなってしまうものの，内部がガスなので軽く，耐震性が向上する．さらに最近では，磁器がい管に代わってポリマがい管を用いることにより，さらなる軽量化と耐震性の向上が図られている．

9.3 電力ケーブル

9.3.1 ■ 電力ケーブルの定義と歴史

一般にいう電線とは銅線を絶縁物で被覆しただけのものを指し，ケーブルとは 1 本もしくは複数本の電線を絶縁物で被覆したうえに，遮へい層とよばれる金属層を設けた同軸状のものを指す．屋内配線用途や通信用途まで含むと，これらの類は多岐にわたる．以下では，6.6 kV 以上で用いられる電力ケーブルに焦点を当てる．

電力ケーブルは，地中や海底での送電に用いられる．土地に余裕のある地域では発電所から需要家にいたるまですべて架空線を用いる場合がある．一方，都市部においては，特高・超高圧から需要家回線まですべて地中化されている場合もある．また，風力による洋上発電の場合，電力は架空ではなく海底から地上へと送電される．ひとたび敷設した高圧線は，10～30 年にわたって電気絶縁を担保しなければいけない．当然，ケーブルにも寿命がある．水トリー，電気トリー，部分放電，腐食等による劣化の進行をできるだけ抑制するために，構造および材料の最適化と徹底した製造工程管理のもとで電力ケーブルはつくられている．エジソンによる世界初の配電系統がつくられてから今日にいたるまでの電力ケーブルの変遷の歴史を**表 9.2** に示す．

表 9.2 電力ケーブルの歴史年表

年代
1880
1880年代 黎明期（世界初の配電系統）
エジソンチューブ（銅棒と鉄パイプ間を麻（ジュート）とアスファルトで絶縁）
1890–1910年代 ソリッドケーブル（高粘性油＋紙の絶縁）の台頭 ----▶ 欧州はこの方式に基づく**MIケーブル**を21世紀以降も直流送電に適用している
1900
ベルトケーブル（銅線3本が個別に油浸紙に巻かれ，それらを紙ベルトで束ねて鉛被に挿入）
Hケーブル（3相が個別に金属被膜つき紙で巻かれた同軸形状，ベルトなしで鉛被で束ねる）
SLケーブル（3相が個別に鉛被で巻かれた同軸形状，ベルトなしで鉛被で束ねる）
1911年 超電導の発見
1920
1920年代 液体（低粘性油）や気体を圧入する方式の開発
OFケーブル（銅より線導体の中の油通路へ外部から油を圧入，径方向に浸透しボイドが減る）
1940
第二次大戦
気体絶縁によるケーブルの高電圧化は進まず
1950年代 プラスチックを用いた固体絶縁方式の開発
CVケーブル（架橋ポリエチレン(**XLPE**)を使用）
国内生産開始
1960
低温超電導研究
1960年代 管路気中線路研究
北本連系DC250 kV
1980
半合成紙OFケーブル
接続箱の進化と超高圧化 AC154 kV AC275 kV AC500 kV
1980–2000年代 直流用CVケーブルの開発
DC-XLPEケーブル（分子構造最適化，無機フィラー添加）
1986年代 銅酸化物系の発見
瀬戸大橋AC500 kV
2000
紀伊水道DC500 kV
新名火東海線（275 kV, 3.3 km）
高温超電導ケーブルの実証試験へ
北本連系DC250 kV
2020

9.3.2 ■ OF ケーブル

OF ケーブル（oil filled cable）の断面を**図 9.7** に示す．中心軸に沿った油通路から，絶縁油がケーブル内の絶縁層に浸透することによりボイド形成を抑制している．絶縁油は OF ケーブルに接続されたタンクから供給される．タンク内には高気圧の窒素ガスが封入され，その圧力でタンクからケーブルへと油を注入することができる．導体部と油浸絶縁体との境界面に半導電層を設けることによって，銅より線の微小な凹凸に起因する局所的電界集中を緩和している．超高圧用 OF ケーブルの開発において特筆すべきは，従来のクラフト紙に代わって，半合成紙が用いられるようになった点である．半合成紙とは薄い 2 枚のクラフト紙がポリプロピレン（PP）を介在して貼り合わされた 3 層構造のシートである．半合成紙は，比誘電率，誘電体損，耐電圧のいずれにおいてもクラフト紙より優れている．

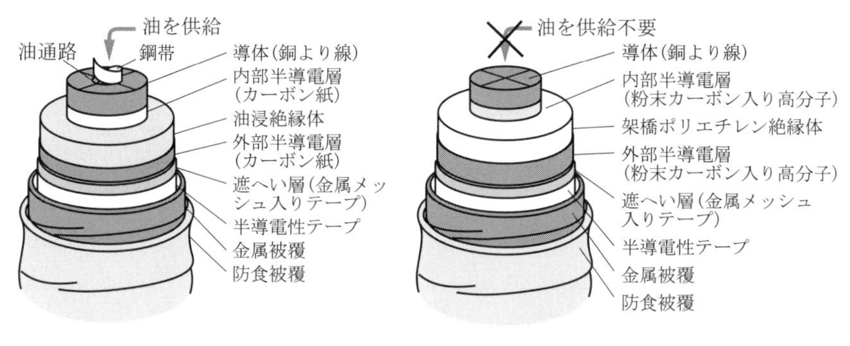

図 9.7 OF ケーブル

図 9.8 CV ケーブル

9.3.3 ■ CV ケーブル

CV ケーブル（cross-linked polyethylene insulated vinylchloride sheath cable）の断面を**図 9.8** に示す．架橋ポリエチレン（XLPE, cross-linked polyethylene）だけで内部と外部を絶縁しているのが特徴である．架橋とは絡まり合った高分子どうしが化学的に結合することであり，これにより高分子はその 3 次元形状を記憶することができる．非架橋と架橋の違いは，ガーゼと網の違いから連想できる．ガーゼを引っ張って縦横の糸がずれると元の形には戻らないのに，網は縦横の繊維が結合しているので引っ張っても元の形に戻る．家庭用ゴミ袋は非架橋の低密度ポリエチレン（LDPE, low-density polyethylene）でできているので，120 ℃以上で溶ける．それに対し，CV ケーブルの絶縁層は押出成形による製造過程で化学的に架橋されているため，高温環境下においてもその形状が維持される．固体誘電体は液体誘電体と比べて，第 8 章で学んだトリーイング劣化が引き起こされやすい．そのため CV ケーブルの製造においては，絶縁層内部や半導電層との界面へ異物が入らぬよう，絶縁層と内外半導電層の 3 層を一つのノズルから同時に押し出して成形するなどの工夫がなされている．

CV ケーブルが高圧送電に適用され始めた当初は交流用が主で，直流においては OF ケーブルが主であった．その理由は，CV ケーブルに直流高電圧を加えると絶縁層に**空間電荷**（space charge）が蓄積されるためである．平行平板電極で挟まれた高分子シートに直流一定電圧を加えたときの空間電荷分布と電界分布の時間変化の一例を**図 9.9** に示す．**パルス静電応力法**（pulsed electroacoustic method）とよばれる手法を用いて空間電荷分布を測定し，さらにポアソンの式を用いて電荷分布から電界分布を導くことで，材料内部の電界分布の実際を知ることができる．

図 9.9(a) は時間経過とともに高分子シートの内部に正の空間電荷が蓄積され，さらにそれらが密度を高めながら陰極側へ移動している様子を示している．その結果，陰極面に近い領域の電界強度が平均電界（すなわち印加電界）の約 2 倍に達しているこ

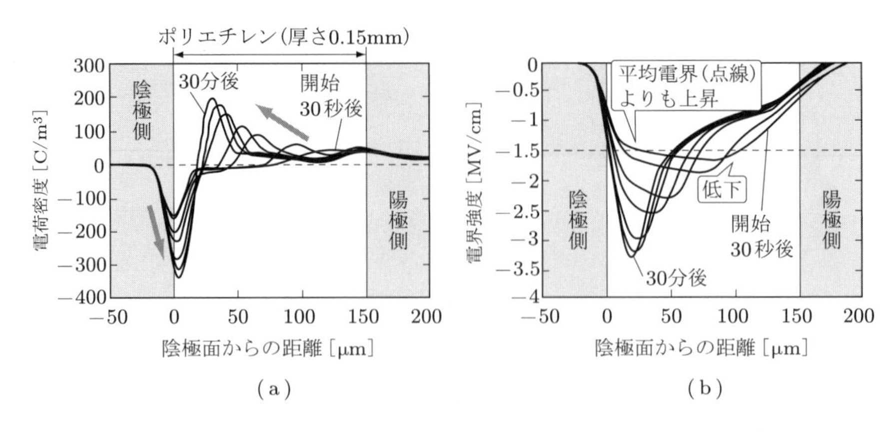

図 9.9 空間電荷と電界分布の例（陰極側は接地，陽極側は 22.5 kV）

とが図 (b) からわかる．この例は，印加電界を材料自体の破壊電界近くまで高めた場合に観察されることのある極端なケースである．実際の電力機器やケーブルにおける印加電界は，この例よりも 1 桁以上低いので，ここまで電界が大きくひずむことは稀である．しかし，内部に蓄積される空間電荷の量がわずかであっても，電極間に印加する電圧の向き（極性）を反転させると，空間電荷の影響を大きく受けやすい．この極性反転現象は直流送電の遮断時にみられる現象である．この問題を解決するため，1980 年代から空間電荷が蓄積されにくい架橋ポリエチレン材料の開発が進められ，今日では直流高圧送電にも CV ケーブルが使われている．直流用の CV ケーブルのことを DC-XLPE ケーブルとよんで交流用と区別している．DC-XLPE ケーブルの実用化においては，新素材やその製法の発達に加え，空間電荷分布測定技術の発達が大きく寄与している．

9.3.4 ■ 油や高分子を用いない新絶縁方式

SF_6 ガスを絶縁体として用いた送電線路のことを**管路気中送電線**（GIL, gas insulated transmission line）という．気体の比誘電率はほぼ 1 で，誘電体損もきわめて小さいことから，静電容量が小さくかつ熱損失の少ない線路を構築することができる．管路気中送電線では，金属パイプ（管路）の軸に沿って中心導体が配置され，両者の間に SF_6 ガスが充填されている．近年では SF_6 ガス使用量削減のため，SF_6 と N_2 の混合ガスの利用が欧州を中心に進んでいる．中心導体の支持には，後述する GIS と同様，固体の絶縁スペーサが用いられている．

1986 年，液体窒素の沸点（−196 ℃）以上の高温においても超電導が発現する銅酸化物高温超電導物質が発見されて以降，液体窒素を冷却媒体兼絶縁体として用いる超電導ケーブルの研究開発が急速に進んだ．米国は2030年までに全米に強固な超電導ケーブル送電網を構築する計画（Grid-2030）を2003年に発表し，実証試験を進めている．わが国では2012年に東京電力の旭変電所（横浜）にて，「高温超電導ケーブル実証プロジェクト」として国内初の実証試験がなされた．さらに2020-2021年にかけて民間プラント内での実証試験が，官民共同体制で実施された．試験の結果，30 MW以上の大電力を使うプラントにこの超電導ケーブルシステムを用いることにより，従来のCVケーブルシステムにおいて発生する電力損失を95%削減できるめどが立った．

9.4 開閉設備

9.4.1 ■ 変電所内の開閉装置

架空送電線の引き込み口から変圧器の一次側までの結線図の一例を**図9.10**に示す．二次側から架空送電線に戻すまでの回路構成も基本は同じである．図からわかるように，ここには数多くの機器類が備えられている．変電所を上空から眺めると，変圧器の周囲に多数のがいしやブッシングがジャングルのように林立している．この領域が開閉設備である．土地が少なく塩害の多い日本では，この開閉設備をいかに小さくするかが重要な課題である．とくに都市部では，用地の取得難，住居地近接などの課題

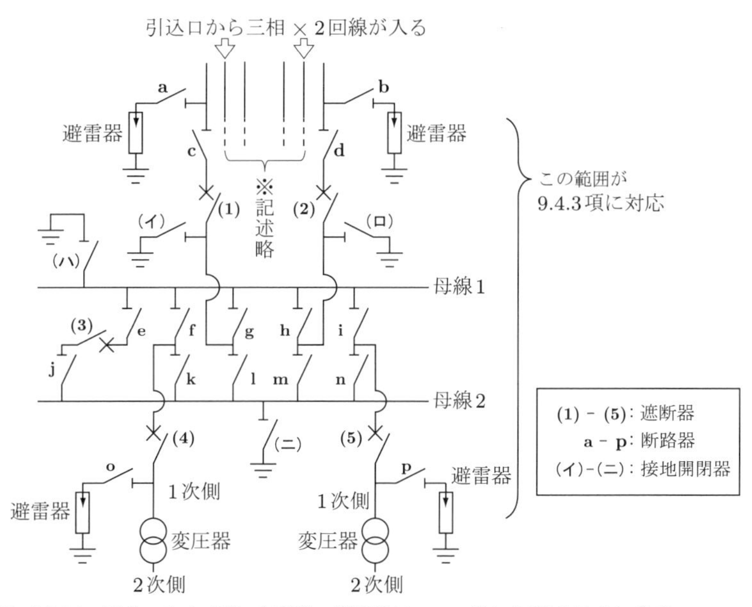

図9.10 開閉装置の配置例

があるため，設備類の小型化，防災性，環境調和性などが一層要求される．これらの背景は，後述するガス絶縁開閉装置が世界に先駆けわが国で実用化されたことと深く関係している．

■ **例題 9.2**

図 9.10 の接続方法を複母線方式という．通常運転中，遮断器と断路器はすべて閉じて，接地開閉器はすべて開いている．この状態から停電させることなく，上側の母線 1 を切り離して点検したい．どこをどの順番で開閉していけばよいか．また，左側と右側の経路をそれぞれ独立して運転させるためには，遮断器と断路器をどこに追加すればよいか．

■ **解答**

まず f, g, h, i を断路する．次いで (3) を遮断してから e を断路する．この段階で母線 1 は高電圧から切り離されたものの，回路的に浮いているので電位が不安定である．最後に (ハ) を閉じて母線 1 を確実に接地することで，ようやく点検できる状態となる．左右を独立させたいのであれば，両母線の中央部に遮断器と断路器をさらに組み込めばよい．これにより母線の左右を分離できるので，母線事故時や，供給源の停止時，供給先での短絡・地絡事故発生時における停電範囲を狭めることができるとともに，系統運用の柔軟性が増す．

9.4.2 ■ 遮断器

電流の流れを断つことを遮断という．遮断器とは，正常時の負荷電流を開閉するとともに，保護継電器と連携して故障電流を速やかに遮断するためのスイッチである．大電流により接点間の空隙に形成される高温のアーク放電を消滅させる（消弧という）機能を有している．一般には，消弧機能をもたない断路器とセットで配置される．高圧用遮断器の全体像を**図 9.11** に示す．片方のブッシングから流入した電流がそのままもう片方から出ていくように，通電時における消弧室内の接点は閉じている．遮断が必要なときは，バネ機構の動作により消弧室内の接点が開く．ブッシングの外周には過電流を検知するための変流器が備わっている．変流器の二次電流は保護継電器に入り，次いでここからの制御信号によりバネ機構が動作する．

AC100V の電気器具でさえ，電流を流した状態のままコンセントを抜くと，プラグとの間で火花が飛ぶことがあり危険である．金属加工でアーク溶接をするとき，溶接箇所には数十から数百 A の電流が流れている．変電所から市街地へ伸びる線路で短絡事故が起こった場合の故障電流の大きさは，10^4 A のオーダに達する（演習問題 9.4 参照）．どうやってこのような大電流を遮断しているのだろうか．

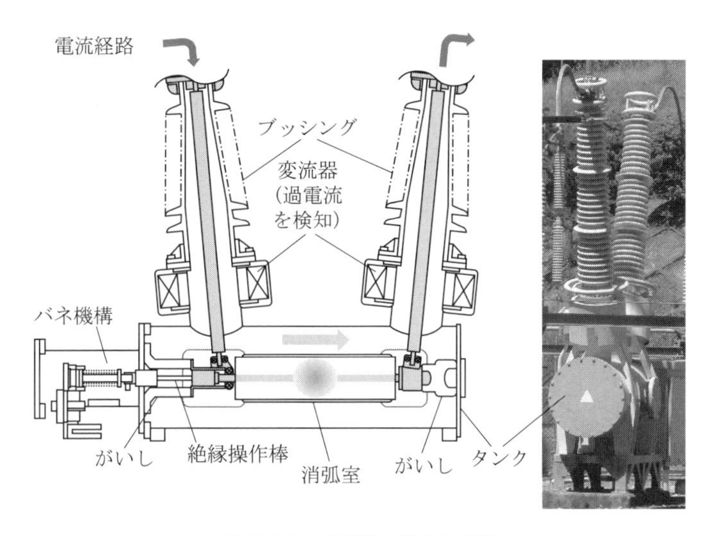

図 9.11　遮断器の構造と外観

遮断器は，**ガス遮断器**（GCB, gas circuit breaker）と**真空遮断器**（VCB, vacuum circuit breaker）に大別される．油遮断器は防爆や火災防止の観点からいまはほとんど使用されていない．パッファ型 GCB の動作原理を**図 9.12** (a) に示す．内部は気圧 0.4〜0.5 MPa の SF_6 ガスで満たされている．通電時は，棒状の固定接触子がパッファシリンダ内の筒状の可動接触子に差し込まれている．事故時，継電器からの信号を受けてパッファシリンダと可動接触子が高速で引き下がると，固定接触子と可動接触子間に形成されたギャップに電圧が集中するため放電が引き起こされる．可動接触子の移動に伴いギャップ長は広がるものの，放電電流により形成される回転磁界が放電を自続させる結果，ギャップ間の温度は上昇し，5.4 節で述べたアークが形成される．ひとたびアークが形成されるとギャップ間は導体と化し，大電流が流れ続ける．

GCB の最大の特徴は，パッファシリンダの高速移動により圧縮室の内圧が急上昇し，その結果，ノズルから低温の SF_6 ガスがアークに向かって噴射される点にある．噴射によりアーク長を引き伸ばすことでプラズマの抵抗値を高める作用，冷却作用およびガスの置換作用によって消弧を可能としている．パッファシリンダからのガス噴射効果を噴水による消火にたとえたイラストを図 9.12 (b) に示す．水による消化と SF_6 ガスによる消弧の物理は異なるものの，噴射のからくりは同じである．

VCB の構造を**図 9.13** に示す．真空バルブ内は 10^{-3}〜10^{-6} Pa 程度の真空度に保たれている．通電時は内部の固定接触子と可動接触子が面接触しており，遮断時には可動接触子が後方に引っ張られる．接点を面接触にしている理由は，電極間に形成されるアークを均一に広げることで，局所的な温度上昇による電極の溶融を防ぐためで

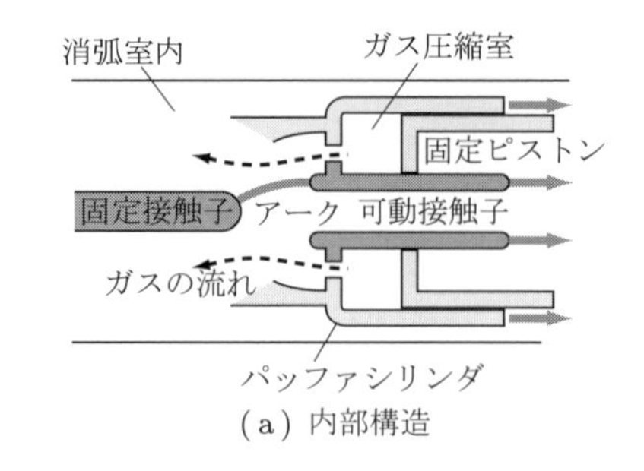

(a) 内部構造

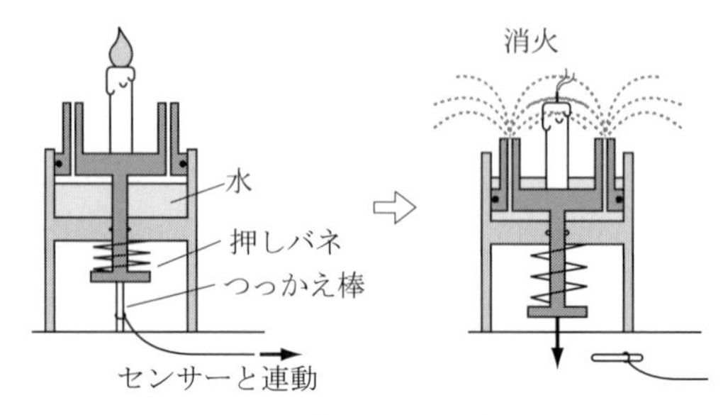

(b) 噴水による消火

図 9.12 ガス遮断器

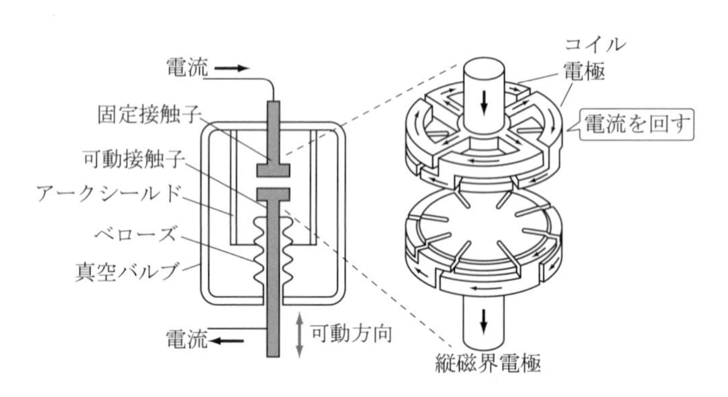

図 9.13 真空遮断器の構造

ある．しかし，10 kA 以上の電流を伴う真空アークは一点に集中してしまう．これを防ぐために，電極間に外部電界と同一方向に磁界（縦方向磁界という）を加えるという工夫がなされている．電界と磁界は直交するはずなのに，どうして縦方向磁界が形成されるのかというと，電流の一部が卍型のコイル導体に流れ込み，コイル導体に沿って円電流が形成されるためである．

1960 年代に開発された VCB は，当初，定格 24 kV 以下の電路への適用が主で，より高い電圧レベルでの主流は優れた消弧性能を有する GCB であった．しかし，その後の技術開発に伴いVCBの高電圧化が進み，近年では200 kV級のVCBも実用化されている．

直流の遮断は交流遮断よりも難しい．理由は，交流だと電流ゼロの瞬間（ゼロクロス点）が周期的に現れるのに対し，直流電流は途切れることがないためである．ゼロクロス点にタイミングを合わせて遮断できる交流に対し，直流の場合には，運転電流とは逆方向の電流を意図的に流し，たがいが打ち消し合う瞬間に遮断するという手法を用いる（演習問題9.5参照）．

9.4.3 ■ ガス絶縁開閉装置

図9.10中の括弧で括られた部分を，気圧0.5〜0.7 MPaの SF_6 ガスで満たされた円筒状タンク内に収納した装置のことを，**ガス絶縁開閉装置**（GIS, gas insulated switchgear）という．ブッシング，遮断器，断路器に加え，接地装置，母線，避雷器，計器用変圧器および変流器などが，縦横に連なるタンク内に組み込まれている．さらに，油ではなくガス絶縁方式の変圧器をGISと直結させることによってすべてを一体化させることで，大容量変電設備を地下などの狭い空間に収納することも可能となった．GISによる変電所の縮小率は劇的であり，気中絶縁変電所と比べると，所要スペースが面積で1/30以下，容積で1/100以下に抑えることができる．

タンク内部はエポキシ樹脂製のコーン状隔壁で仕切られている．この隔壁を**絶縁スペーサ**（insulation spacer）という．絶縁スペーサの役割は，スペーサに開けられた穴に高圧導体を貫通させることにより，導体を支持するとともにタンクとの絶縁を確保することである．スペーサと導体との接合箇所には電界が集中しやすいため，スペーサの形状設計が絶縁信頼性の鍵を握る．また，タンク内への金属小片などの異物混入による絶縁性能低下にも注意が必要である．

■ 例題 9.3

面積 S，ギャップ長 d の空気コンデンサが大気中にある．仮に，これと同じ静電容量かつ同じ絶縁耐圧を有する SF_6 ガスコンデンサが気圧0.5 MPaのGISタンク内にあったとしよう．両者の体積比はどれくらいか．極板の体積は無視でき，極板端部での電界ひずみも無視せよ．

■ 解答

平等電界下での SF_6 ガスの絶縁耐圧は，空気の約3倍（4.3節参照）なので，ガスの置換によりギャップ長を1/3に短縮できる．タンク内気圧を0.5 MPaまで高めれば，パッシェンの法則に基づいてさらにその1/5にまで短縮されるので，GIS内でのギャップ長は $d/15$ となる．このままでは静電容量が15倍になるので，面積を $S/15$ にする．以上より，GIS

内と空気中での体積比は 1 : 225．すなわち理論的には，SF_6 ガスを用いることによって体積を 1/200 以下に抑えることができる．端部の影響，界面の影響，異物の影響等を考慮すると，実際の比はこれよりも小さい．

環境との関わりについて調べよう

(1) 電気絶縁材料に含まれている有害物質に関係する社会問題について，その歴史を調べよう．

(2) がいしは設置場所や電圧で形状や大きさが変わります．Google マップ上で，発電所から自分の住む地域までの送電線を観察しましょう．どのようながいしが使われているか，がいしの枚数や長さから送電電圧を推定し，送電マップをつくってみましょう．

演習問題

9.1 がいしの材質として，ガラスは磁器よりも劣る理由を述べよ．

9.2 平行平板電極に挟まれた厚さ d のシート状絶縁体に直流電圧 V を印加すると，内部の空間電荷分布は**問図 9.1**(a) から問図 (b) のように変化した．問図 (b) における電界の最大値は問図 (a) の電界の何倍か．

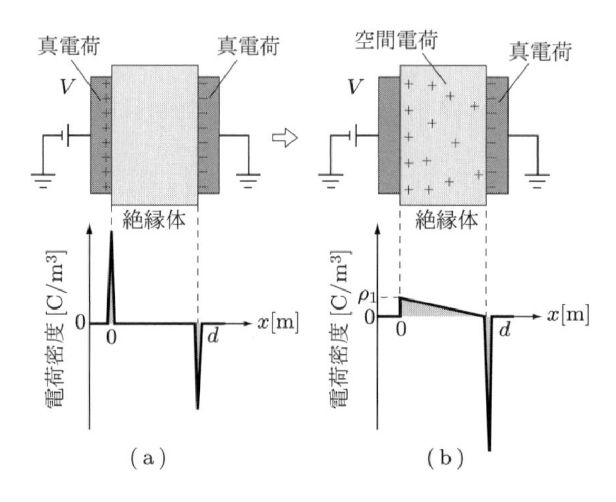

問図 9.1

9.3 同軸ケーブルに加わる電圧 V と外部導体の半径 R を一定とする．内部導体の半径 r と R の比をいくらにすれば，絶縁層内の最大電界強度がもっとも低くなるか．空間電荷による電界ひずみは無視せよ．実際の超高圧ケーブルにおける内部導体径と外部導体径の比についても調べよ．

9.4　変圧比 66/6.6 kV の三相変圧器二次側から需要家に向かう線路の途中で三相短絡事故が起こった．事故現場からみた電源側（変圧器側）の基準容量（皮相電力）を 10 MVA としたときの短絡インピーダンス（%インピーダンス）は 8%である．故障電流の大きさはいくらか．

9.5　**問図 9.2** は直流遮断のための補助回路である．事故電流 I が流れる状態で $t=0$ にスイッチ S を閉じた場合の，遮断器に流れる過渡電流の時間変化を示せ．R は十分大きいので，S を閉じることによって R に流れる過渡電流は無視できるほど小さい．

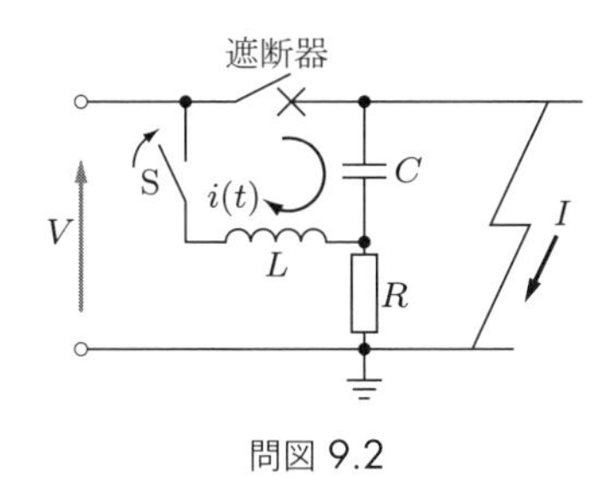

問図 9.2

9.6　真空遮断器内の縦方向磁界により，アーク中の電子やイオンは，どの方向にローレンツ力を受け，その結果としてどのように運動するか答えよ．

9.7　1997 年の京都議定書の採択により，SF_6 は地球温暖化ガスの一つに指定された．それから 10 年足らずで SF_6 の排出量を大幅に抑えることができた国は，世界の中で日本だけである．これを実現できた要因について調べよ．

Chapter 10 雷現象と過電圧

大空にきらめく稲妻や大気に轟く雷鳴は大自然の壮大な物理現象である．雷が電気現象であることは，1752年にフランクリンが雷雲中に凧を揚げて証明した．その後の電気工学の進歩，計測法の発達，火花放電の研究などにより，雷現象はかなり明らかになった．雷の多発する地域では，電力系統の事故の大部分は雷に起因する．本章では，雷現象，避雷法，落雷による過電圧の発生・伝搬，過電圧対策を学習する．

10.1 雷雲と雷放電

10.1.1 ■ 雷雲

雷を発生させる電荷を帯びた雲を**雷雲**（thundercloud）という．雷雲の帯電機構にはいくつかモデルが存在するが，いずれの場合も水分を含んだ上昇気流が必要である．この上昇気流が起こる原因によって，雷は**熱雷**（heat lightning），**界雷**（frontal thunderstorm），渦雷などに分類される．

熱雷は，夏季の強い日射で地面が熱されることによって地面近くの空気が加熱されて生じるもので，夏季雷ともいう．界雷は，寒気団と温暖気団が接する界面で生じる上昇気流で，主に冬季の日本海側で起こるため，冬季雷ともいう．渦雷は台風や竜巻など気流の収束に伴い生じる上昇気流で，低気圧の発達に起因するため，低気圧性雷ともいう．このほか，火山噴火に伴う上昇気流と火山灰の帯電で起こる火山雷や，爆発事故などに伴って生じる気流と粉体の帯電でも雷は発生する．

雷雲はいくつかの雷雨セルから構成されているが，全体としては**図 10.1** に示すように，雲の上部には正 (+)，下部には負 (−) の電荷が集まり，また，雲底には正に帯電した部分（ポケット正電荷）が存在する．電荷の代表値は，それぞれ +20 C，−25 C，+5 C である．雷雨セルの単位は，上昇気流と下降気流の対流系で，その直径は 5〜10 km 程度である．雷雨セルの発達は，発達期，成熟期，減衰期などの 3 段階へ分けられる．発達期では上昇気流が発生し，成熟期では雷雨活動が活発になる．減衰期では雷雨活動は沈静化して下降気流が中心となる（**図 10.2**）．

雷雲内の電荷分離には，従来いくつかの説があり，実験や観測が行われている．主

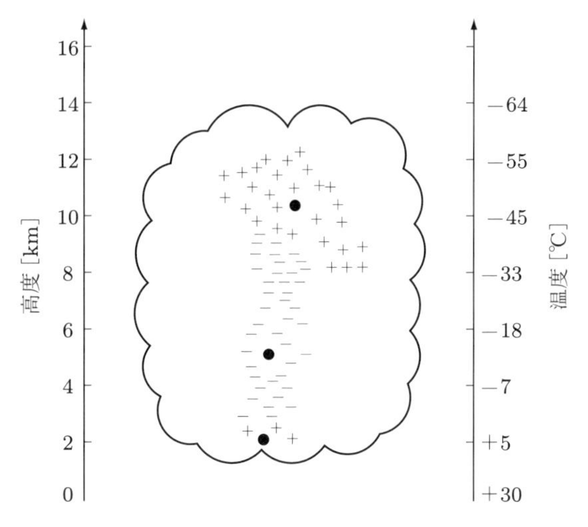

図 10.1 雷雲内の電荷分布

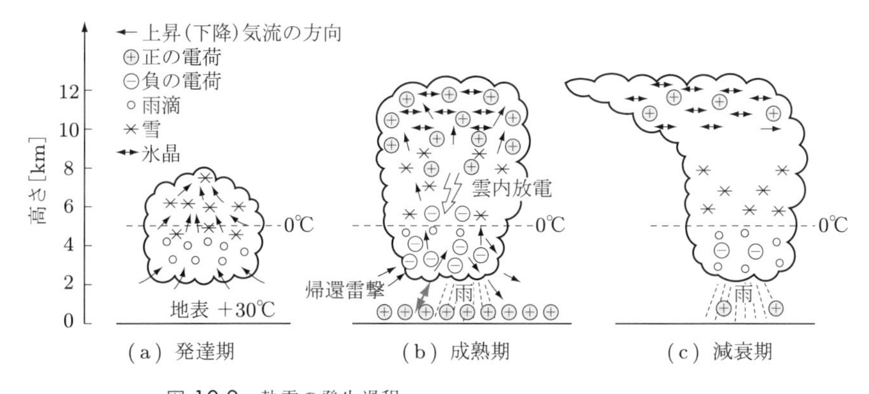

図 10.2 熱雷の発生過程
(岸 敬二：高電圧技術，コロナ社 (1999)，p.77，図 3.25)

な電荷分離説として，シンプソン（Simpson）が提唱した水滴分裂によるものや，ラタン（Lathan）とメイソン（Mason）が提唱した氷結時の温度差によるものがある．前者は，水滴分裂時に水滴は正に，周囲の微小飛沫は負に帯電して，微小飛沫は上昇気流で上に運ばれ，雷雲の上部に負，下部に正に帯電するといったものである．後者は，氷結時の潜熱放出で表粒の表面と中心に温度差が生じ，H^+ イオンの熱拡散で温度の低い表面が正に，中心が負に帯電して，これが細分化して表面の正に帯電した軽い氷片が上昇気流で上部に達し，雷雲上部に正の電荷層を形成するものである．これら二つの説は，いずれも雷雲の電荷分離を説明できるが，図 10.1 のような電荷のサンドイッチ構造（ポケット正電荷）を説明できない．その後，あられと氷晶による電荷分離の正負の符号と電荷量が，周囲温度と雲水量で決まることが明らかにされた．−10℃以上であられは常に正に帯電し，−10℃以下である運水量で負に帯電する．これによって，0〜−10℃であられは正に帯電してポケット正電荷を形成し，氷晶は負に帯電して上昇気流で上部に運ばれ，−10〜−20℃の温度帯に特に密度の高い負電荷層を形成する．このモデルは雷雲の観測結果とよく一致している．

ある地域で雷鳴（閃光のみで雷鳴を伴わないものを除く）が観測された年間の日数を**雷雨日数**（IKL, isokeraunic level）といい，雷雨日数が等しい地点を線で結んだ図を IKL 図という．世界でもっとも雷雨日数が多い地域はアフリカ西南部や南アメリカ中部で，150 日を超える．日本では，**図 10.3** に示すように，石川県など北陸地域の IKL 値が 40 日/年ともっとも高く，また，本州・九州の山間部も 35 日/年と高い．前者は対馬暖流とシベリア寒気団の接触による界雷で，冬季に起こる．後者は界雷で，7〜9 月の気温の高い日の午後に多く発生する．

図 10.3 年間雷雨日数分布図（IKL 等高線）（昭和 29〜38 年度 10 年平均）
（気象庁「雷雨 10 年報」1968 年）

世界の雷の大半は熱雷で，世界の IKL 値が高い地域のほとんどは上昇気流が発生しやすい地域となる．日本の IKL 図は日本海側で IKL 値が高い．これは日本特有の現象で，冬季にシベリア寒気団と対馬暖流で界雷（冬季雷）が起こりやすいことに起因する．すなわち，対馬暖流から供給される水蒸気が強い北西風のシベリア寒気団と接触して雲となり，この中の上昇・下降気流で電荷分離を起こして雷雲となる．この様子を**図 10.4** に示す．冬季雷では雷雲上部の正の電荷層は強い北西風で曲げられ，正の電荷が雲底となる．このため，熱雷が負極性の雷放電が多いのに対して，正極性の雷放電が起こりやすくなる．もう一つの冬季雷の特徴として，地上から雲底までが熱雷に比べて短く（300～500 m），鉄塔などの地上の建築物から雷放電が進展するトリガード雷になりやすい．すなわち，熱雷と比較して電力施設へ落雷する確率が高い．

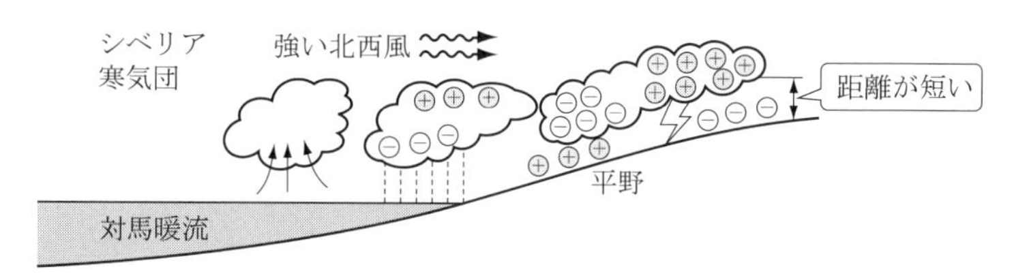

図 10.4　日本海の界雷（冬季雷）の発生過程

10.1.2 ■ 雷放電

雷雲の電荷分離に伴って生じた電界は絶縁破壊を引き起こし，長ギャップ放電が生じる．この雷雲の電荷に起因する長ギャップ放電を**雷放電**（lightning discharge）という．雷雲と大地の間で起こる雷放電を大地放電もしくは**雷撃**（stroke）といい，同一または異なる雷雲間の雷放電をそれぞれ雲内放電，雲間放電，あるいはまとめて雲放電という．

雷雲と大地の間で起こる雷撃は，多くの場合，雷雲から大地に向かって進展するが，とくに冬季雷では送電線など高層建築物の突起から雷雲に向かって進展する場合もある．いずれも放電が開始すると，まず**階段状先駆放電**（**ステップドリーダ**，stepped leader）とよばれる放電が伸び，枝分かれしながら進む．この放電は階段的に進展する．すなわち，約 50 m 程度進んでいったん停止し，約 50 μs の休止期間を経て再び進展する．この進展・停止を繰り返し，約 2×10^5 m/s の平均速度で大地に向かって進む．この放電が大地に近づくと，大地からストリーマ状放電が伸び，両者が結合して雷雲と大地の間に放電路が形成される（**ファイナルジャンプ**，final jump）．この放電路を通して大地から大電流と閃光を伴った**帰還雷撃**（**リターンストローク**，return stroke）が上昇し，これによって放電路や雷雲の電荷の一部が中和される．帰還雷撃が消失して約 40 ms の休止期間を経て，雷雲から再びリーダが，第一雷撃と同じ経路で進展する．このリーダは階段状ではなく連続的に，約 5.5×10^6 m/s と，ステップドリーダより約 1 桁高い平均速度で進展する．この放電は**矢形先駆放電**（**ダートリーダ**，dart leader）とよばれる．これが大地に到達すると帰還雷撃が反復して起こる．通常はこの反復回数は 1～3 回であるが，多い場合には 10 回以上になることもある．このように，同じ放電路を通して反復される雷撃を**多重雷撃**（multiple stroke）という．これらの雷撃の進展過程と諸量を，それぞれ**図 10.5**，**表 10.1** に示す．また，観測した電流波形の統計から雷撃の電流波形の代表的な波頭長は約 2 µs，波尾長は約 40 µs となる．このような値から，IEC および JEC では電力用機器の絶縁試験の標準雷インパルス電圧波形を波頭長 1.2 µs，波尾長 50 µs（1.2/50 µs）と制定している．

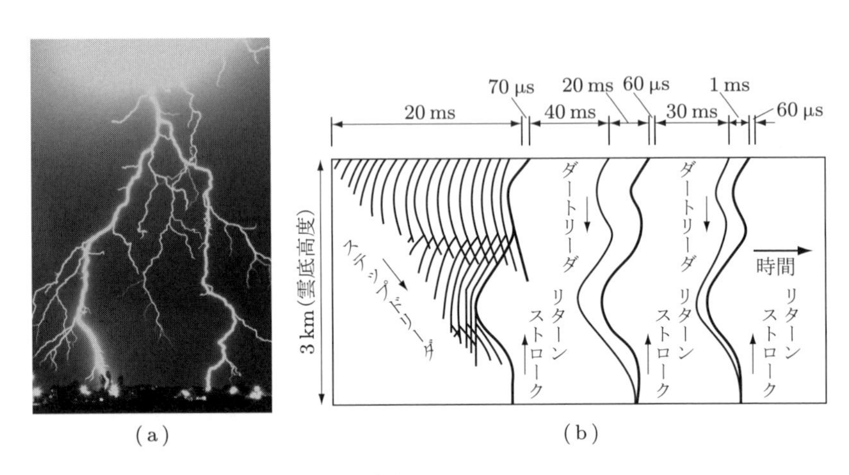

図 10.5 雷放電とその時間変化
（(b) 北川信一郎：雷と雷雲の科学，森北出版（2001），p.77，図 6.9）

表 10.1 雷放電の諸量[7]

	代表的な値
階段形先駆	
ステップの長さ [m]	50
ステップの間隔 [µs]	50
平均進展速度 [m/s]	1.5×10^5
矢形先駆	
進展速度 [m/s]	2×10^6
主放電	
進展速度 [m/s]	5×10^7
電流上昇率 [kA/µs]	10
電流波高値 [kA]	10～20
チャネル長 [km]	5
雷撃数	3～4

■ 例題 10.1

IKL 値はその地域の面積あたりの年間雷雨日数（日数/$(25 \times 27\,\mathrm{km}^2\cdot$年)）で，その敷地の年間落雷日数の目安 N は，$0.1\times$ IKL［回/$(\mathrm{km}^2\cdot$年)］である．図 10.3 の金沢付近（ILK $=40$）にある敷地面積 $33{,}000\,\mathrm{m}^2$ の発変電施設の落雷頻度を予測せよ．

■ 解答

$N=0.1\times\mathrm{IKL}=4$ となる．敷地面積 $0.033\,\mathrm{km}^2$ より，予測される落雷頻度は年間 0.13 回（$=4\times 0.033$）となる．7.7 年に 1 回の落雷を受けると予測される．ただし，高い建造物への落雷は大きくなる．

10.2 直撃雷とその防御

雷の電力線への直撃は，ほとんどの場合，がいし表面で絶縁破壊を起こして電力系統は故障状態になる．これを防止するために，電力線上部に架空地線とよばれる接地線を設けて，電力線や避雷針とよばれる接地電極を先端にもつポールで電力設備を雷から遮へいする．これらの遮へい範囲は保護角や電気幾何学モデル（A – W 理論）で決まる．

10.2.1 ■ 雷遮へいの考え方

雷遮へいに用いられる避雷針は，突針や導線，およびこれに接続されている接地電極から構成される．一般的な避雷針は建造物などの上部に設けた突針で，雷撃をここに誘導して雷電流を大地に逃がすことで，雷撃による災害を防止する．この場合，避雷針の高さと雷から保護される地上の範囲は，避雷針の高さを h とすると，**図 10.6** に示すように，その先端を通る鉛直線と見込む保護範囲 r とでなす角（保護角 θ）として表す．一般の建築物ではで保護角は 60° 以下と定められており，一般に 45° が用いられる．架空地線に対しても同様に考えることができ，保護角を 30°～40° にするとおよそ 90%の電撃の電力線への直撃を防止できる．

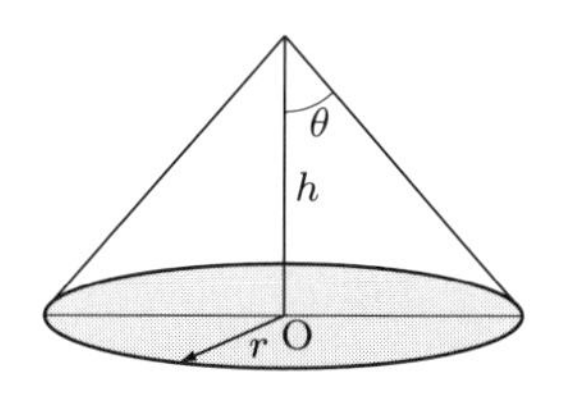

図 10.6 避雷針の保護範囲

遮へい角の考え方では完全に保護が期待できないことから，500 kV 級送電時代以降は，**アームストロング－ホワイトヘッド理論**（**A－W 理論**，Armstrong－Whitehead theory）とその改良理論が用いられている．A－W 理論の基礎的な仮定は，

① ファイナルジャンプが発生する時点で落雷点が決定される
② 落雷は階段状先駆放電先端にもっとも近い点になる

の二つである．**図 10.7** に示すように，地表面 G_1G_2 上に架空地線 S と電力線 C が張られた送電線に階段状先駆放電が接近した場合の雷撃点を考える．雷撃距離 r_s まで階段状先駆放電が近づくまでは，先駆放電の進行方向は落雷対象物の有無に関係しない．ここで，S と C を中心に半径 r_s の円弧 P_1，P_2 を描き，両者の交点を B とする．また，地表から r_s の位置に地面に平行な直線 P_3 を引き，直線 P_3 と円弧 P_2 の交点を D とする．円弧 P_1，P_2 ならびに直線 P_3 に到達した先駆放電 L_1，L_2，L_3 は，それぞれもっとも近い対象物である S, C および大地に落雷する．r_s を変えて B，D の軌跡を求めると，線分 SC の垂直二等分線 JP ならびに HDP が得られる．これらに囲まれる領域（図中灰色で示す）に侵入した階段状先駆放電が直撃雷となる．ここで，r_s は雷電流 i [kA] の関数として以下の実験式となる．

$$r_s = 6.7 i^{0.8} \text{ [m]} \tag{10.1}$$

図の灰色領域の面積は保護角 θ の関数になり，θ を変えてこの面積を小さくすることで，直撃雷による送電線の故障を防止できる．

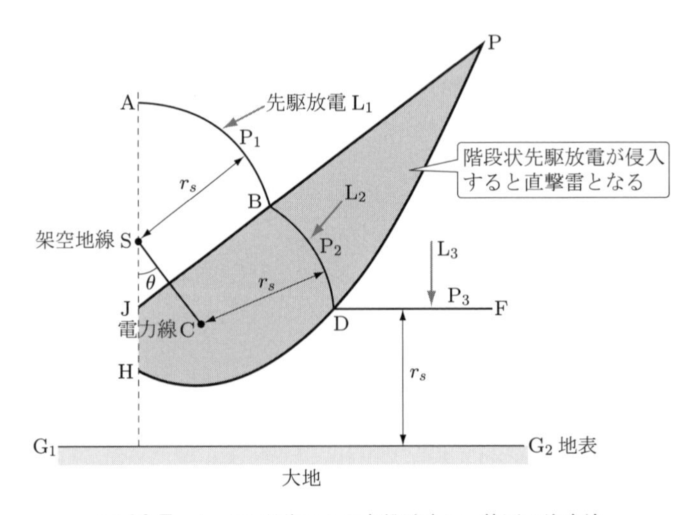

図 10.7 A－W 理論による直撃雷遮へい範囲の決定法

10.2.2 ■ 避雷針による建造物の保護

避雷針（lightning rod）は，上述したように建造物のもっとも高い位置に導体を設け，これを接地して建造物を雷から遮へいするものである．フランクリンによる避雷針の発明以来，その設計や接地方法などについて研究がなされ改良されてきた．避雷針は，一般に高さ 20 m 以上の建造物や危険物貯蔵庫に取り付けられ，落雷を誘導して大地に逃がすことで，地上の建造物を保護する．避雷針の先端は直径 12 mm 以上の銅または鉄棒で，接地までの導線は 30 mm^2 以上の銅線を 2 本以上用い，接地抵抗は 10 Ω 以下としている．避雷針の保護範囲は図 10.6 に示すように，保護角 θ で定義される円錐内となる．避雷針の保護角は一般の建築物では 60° 以下で運用される．代表的な値は 45° とされており，これをチャールズの遮へい範囲（Charles's rule）とよぶ．最近では，保護角では十分な精度が得られないことから，A–W 理論（電気幾何学モデル）を用いた回転球体法で，被保護物が保護範囲に入るように施設される（**図 10.8**）.

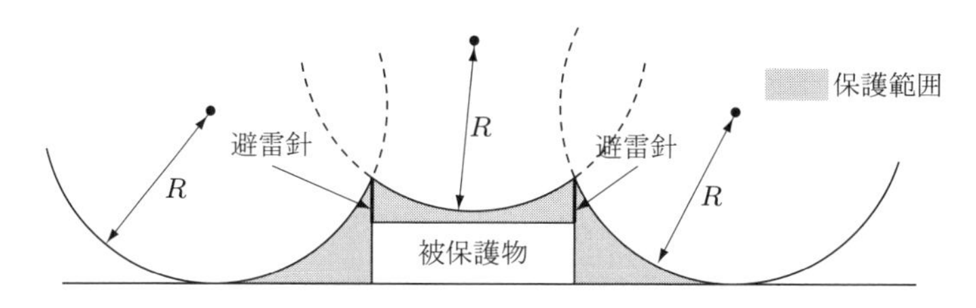

図 10.8 回転球体法による避雷針の保護範囲

■ 例題 10.2

50 m × 50 m の正方形の敷地の中心に高さ 20 m の電力施設がある．この敷地の四隅に避雷針を立てて施設を保護したい．必要となる避雷針の高さを，回転球体法を用いて求めよ．ただし，雷電流は 10 kA とする．

■ 解答

式 (10.1) の $r_s = 6.7i^{0.8}$ に $i = 10$ を代入すると，$R = 42.3\,\mathrm{m}$ となる．対角どうしの避雷針の距離は $50\sqrt{2}$ なので，保護範囲の高さ H は，避雷針の高さを h として，$h - 42.3\left\{1 - \sin\left(\cos^{-1}\frac{50\sqrt{2}/2}{42.3}\right)\right\} = h - 42.3(1 - \sin 33.2) = h - 19.1$．$H$ が建物の高さ 20 m となるためには，避雷針の高さ h は 39.1 m となる．

10.2.3 ■ 架空地線による送電線の保護

架空地線（overhead ground wire）は，送電線（電力線）の上方に 1〜2 条の導線を張り，これを接地して送電線を雷から遮へいして，送電線への雷撃を防ぐものである．架空地線 1 条あたりの遮へい角は通常 30〜45° の範囲にあり，遮へい効果は 30° で 95%，45° で 86%になる．100%の遮へいが必要な発変電所から 1 km 以内などでは 2 条の架空地線が施設される．また，公称電圧 275 kV 以上の系統では，鉄塔両端の三相 1 回線の真上に架空地線を配して遮へい角を 0° 以下にして遮へい効果を高めている．市街地，住宅地の 6.6 kV 配電系統では電柱上部に架空地線があり，そのすぐ下に三相が水平に配置されている．

人間の保護

人間の体の電気抵抗はきわめて低く，電流が心臓付近を通ると，1〜10 mA で危険とされる．野外の落雷事故では，導電性の釣り竿やゴルフクラブによるものが多く報告されている．高い木などは避雷針の役割も有するが，木への落雷から人間へ飛び移る側雷などが起こるため，木へ寄りかからず，2 m 程度離れてしゃがむなどの必要がある（図 (a)）．野外活動でテントへ落雷して事故につながるといった報告もある．テントは絶縁物でできているものが多く，図 (b) のように，落雷を防ぐ効果はない．このため，地面に伏せるなどの対策が必要になる．自動車など導電性の材料で囲まれた場所は安全である（図 (c)）．これは**ファラデーシールド**（Faraday shield）とよばれ，計測器を電磁ノイズから保護するときにも使われる現象になる．

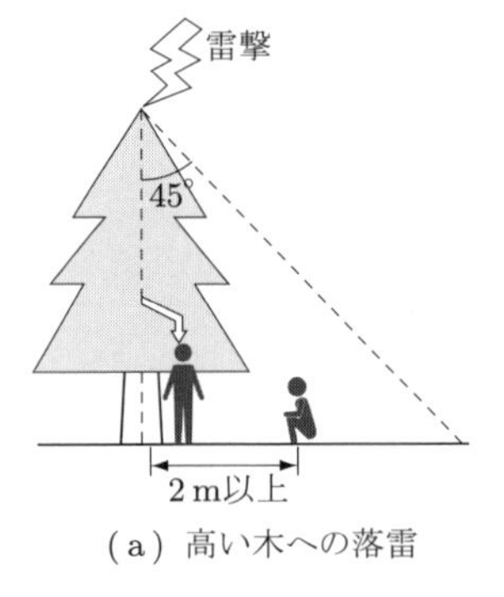

(a) 高い木への落雷

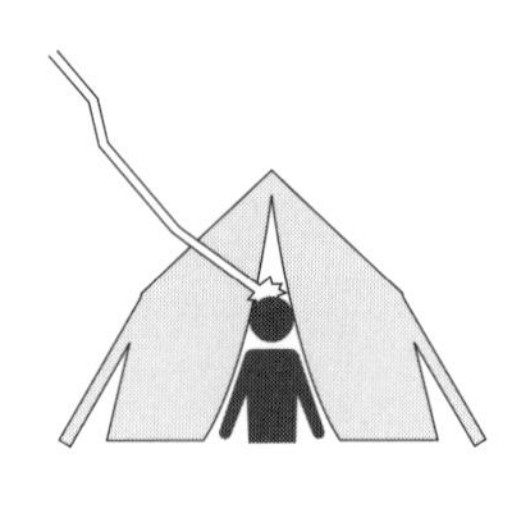

(b) テントへの落雷

(c) 自動車への落雷

人間の落雷からの回避

10.3 雷過電圧（雷サージ）の発生とその抑制

直撃雷，鉄塔の落雷によるアークホーンの逆フラッシオーバ，誘導雷など，雷に起因して系統に発生する過電圧を雷過電圧もしくは雷サージという．この雷過電圧が系統を伝搬して電子制御機器に侵入すると電磁障害を引き起こす．このため，避雷器などを用いて過電圧を抑制する．

10.3.1 ■ 落雷と逆フラッシオーバ

架空地線によって雷遮へいした送電系統では線路への直撃雷は少なく，鉄塔頂上の架空地線への落雷がもっとも多い．鉄塔に落雷した場合，雷撃電流と鉄塔の雷サージに対するインピーダンス積で，鉄塔の大地に対する電位が瞬間的に急上昇する．この電圧は，鉄塔と送電線の絶縁を保つために取り付けられている懸垂がいしへ加わる．懸垂がいしには，一般にそれを保護するためにアークホーンを懸垂がいしに並列に設置してある．鉄塔の電位がアークホーンのギャップ長で定まるフラッシオーバ電圧を超えると，アークホーンはフラッシオーバを起こし，電極間はアーク放電で短絡される．これは**逆フラッシオーバ**（back flashover）とよばれ，送電線への雷直撃によりアークホーンが短絡するフラッシオーバと区別される．この逆フラッシオーバで生じたアーク放電を通じて雷撃電流の一部が送電線に流れ込み，その電流と線路のサージインピーダンスの積のサージ電圧が進行波となって線路を伝搬する．架空地線へ落雷して雷サージが発生する概念図を**図 10.9** に示す．

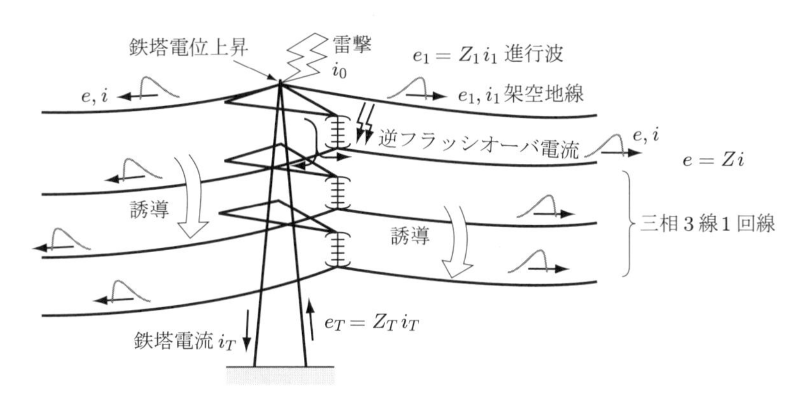

三相2回線のうちの1回線を説明
Z：線路のサージインピーダンス
Z_1：架空地線のサージインピーダンス
Z_T：鉄塔のサージインピーダンス
i_T：鉄塔に流れるサージ電流
e_T：i_T と Z_T によるサージ電圧

図 10.9 鉄塔への落雷時の雷サージ発生の概念図[11]

10.3.2 ■ 誘導雷

誘導雷は，落雷が送配電系統以外で起こったときに発生する雷過電圧（サージ）であり，静電誘導雷と電磁誘導雷に大別できる．地上に建設されている送電線に雷雲が接近すると，送電線はがいしの漏れ抵抗を通して帯電されて電荷が蓄積される．落雷が送電線の近傍で起こると，送電線近傍の雷雲の電荷は中和される．その結果，送電線上の電荷は拘束状態から放たれ，送電線上を 2 方向に分かれて伝搬する（**図 10.10**）．これが静電誘導雷である．また，送電線近傍の落雷による大電流は電磁誘導を引き起こし，送電線の電位を上昇させる．これが電磁誘導雷であり，両者の誘導雷は，落雷と同時に発生して送電線を伝搬する．

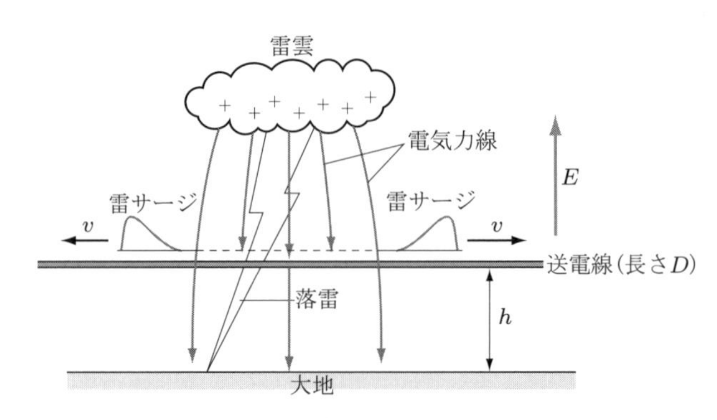

図 10.10 誘導雷による雷サージ発生

雷雲の電荷で発生した地上の電界を E [V/m] とする．このとき，送電線の高さを h [m]，雷雲直下に置かれた送電線の長さを D [m] とすると，落雷前の送電線の帯電電位 V [V] は hE となる．雷サージ電圧を v [V] として送電線を無損失線路とすると，時刻 t と線路上の位置 x に関して以下の式が成り立つ．

$$-\frac{\partial v}{\partial t} = \pm\, c\frac{\partial v}{\partial x} \tag{10.2}$$

ただし，c は光速，正符号は前進波，負符号は後退波を示す．前進波と後退波の和（$2v$）は帯電電位 V（$= hE$）となるため，雷サージの大きさは以下となる．

$$|v| = \frac{1}{2c}\int_0^D \frac{dV}{dt}dx = \frac{h}{2c}\frac{d}{dt}\int_0^D V\ dx = \frac{hD}{2c}\frac{dE}{dt} \tag{10.3}$$

10.3.3 ■ 雷サージの電子機器への侵入

電力機器の制御装置や自動観測装置のほか情報・通信，金融システム，家庭機器には電子機器が多く組み込まれている．このような電子機器に雷サージなどの過電圧が侵入すると，電子機器は誤動作もしくは破損して電力系統の運用やわれわれの生活に大きな影響を及ぼす．雷サージは，**図 10.11** に示すように，

① 送電線に接続された変圧器の巻線を経由して侵入する経路
② 雷撃接地電流による局部的な大地電位の変動が接地線を経由して侵入する経路

に分けられる．これらの対策として，後に述べる避雷器以外に，絶縁トランスなどで変圧器の一次巻線と二次巻線の間を絶縁することや，コンデンサを用いたローパスフィルタなどでサージを吸収してしまう対策などがとられている．

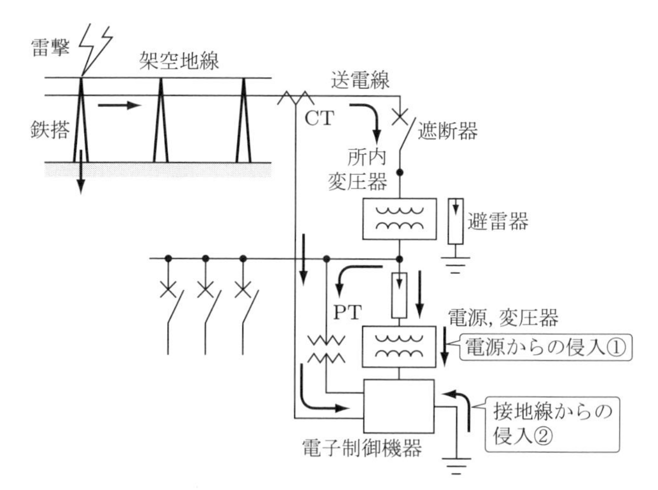

図 10.11 電子機器へのサージ侵入経路
（CT：電流モニタ，PT：電圧モニタ）

10.3.4 ■ 避雷器による過電圧の抑制

電力系統の設備・機器を雷サージなどの過電圧から保護する目的で，ある電圧以上加わることのない非線形素子を用いることがある．これは**避雷器**（surge arrester）とよばれ，現在ではそのほとんどが**酸化亜鉛**（ZnO）形避雷器である．これは日本で開発されたものであり，ZnO を主成分とした非直線抵抗素子を積み重ねた構造となっている．通常の状態では避雷器にはほとんど電流は流れないが，雷サージなどが侵入すると低抵抗体として作用し，電流を大地に放出してサージ電圧をある値以下に制限する．この避雷器の性能は非常に優れており，諸外国でも広く利用されている．

送電線のサージインピーダンスを Z_1，避雷器の負荷側のインピーダンスを Z_2，送電線を伝搬してきた雷サージ電圧と電流を e および i とすれば，避雷器の接続点でインピーダンスの不整合で，**図 10.12** に示すように進行波の反射，透過が起こる．避雷器に電流が流れないときは，避雷器の電圧 e_a は，

$$e_a = \frac{Z_2}{Z_1 + Z_2} 2e \tag{10.4}$$

となる．避雷器に流れる電流を i_a とすれば，避雷器の制限電圧特性（図 (b)）より避雷器の電圧は次式となり，絶縁設計の指針となる．

$$e_a = e_2 = \frac{Z_2}{Z_1 + Z_2}(2e - Z_1 i_a) \tag{10.5}$$

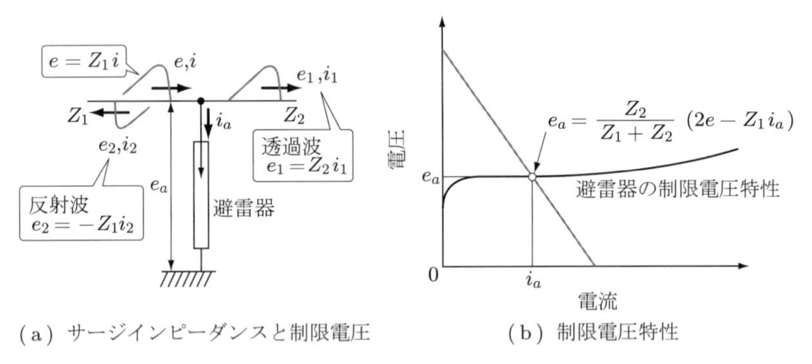

(a) サージインピーダンスと制限電圧　　(b) 制限電圧特性

図 10.12 サージ電圧に対する避雷器の動作

■ **例題 10.3**

雷雲の下にある送電線に発生するサージ電圧の大きさを求めよ．ただし，地上電界は 100 kV/m，雷雲の下の送電線の長さは 2 km，送電線の高さは 10 m，落雷時間は 20 μs とする．

■ **解答**

式 (10.3) に代入して，

$$|v| = \frac{10 \times 2 \times 10^3}{2 \times 3 \times 10^8} \times \frac{100 \times 10^3}{20 \times 10^{-6}} = \frac{2 \times 10^9}{1.2 \times 10^4} = 167\,\text{kV}$$

となる．

誘導雷サージを見よう

誘導雷サージは静電場と誘導電場で生じます．誘導電場で生じるサージを観察してみましょう．被覆導線で 2，3 巻きの輪（コイル）をつくって，その両端をオシロスコープにつなぎます．近くに落ちた雷を模擬するため，着火用ライターなどの圧電素子を使って静電気で小さな放電（雷）を輪のすぐ近くで起こします．このとき，オシロスコープではノイズのような波形が観測できると思います．これがサージ電圧です．

演習問題

10.1 雷雲の帯電過程を説明せよ．

10.2 雷放電の進展過程を説明せよ．

10.3 IKL 値はその地域の面積あたりの年間雷雨日数（日数/($25 \times 27\,\mathrm{km}^2 \cdot$ 年)）で，その敷地の年間落雷日数の目安 N は，$0.1\times$ IKL ［回/($\mathrm{km}^2 \cdot$ 年)］である．図 10.3 を用いて，各自の居住地の敷地面積 $330\,\mathrm{m}^2$（100 坪）の落雷頻度を予測せよ．

10.4 雷撃電流が 100 kA のファイナルジャンプの距離を予測せよ．

10.5 例題 10.2 の 50 m × 50 m の正方形の敷地の中心に高さ 20 m の電力施設を保護する避雷針を架空地線で結んで正方形の架空地線で保護した．このとき必要となる避雷針の高さを，回転球体法を用いて求めよ．ただし，雷電流は 10 kA とする．

10.6 雷雲の下にある送電線に発生するサージ電圧の大きさを求めよ．ただし，地上電界は 100 kV/m，雷雲の下の送電線の長さは 2 km，送電線の高さは 10 m，落雷時間は 40 μs とする．

10.7 サージ電圧を抑制する避雷器の動作原理を説明せよ．

Chapter 11 高電圧の発生

これまで学んだ放電やプラズマの生成とその利用には，数千Vを超す高電圧が必要となる．高電圧の発生には，通常の電気電子回路とは異なる手法を用いる．また，回路の取扱いにおいては，高電界現象を理解したうえでの種々の注意が必要となる．この章では，種々の高電圧の発生手法の原理とともにその取扱いについて学ぶ．

11.1 交流高電圧の発生

11.1.1 ■ 試験用変圧器の利用

交流電圧を昇圧して高電圧を発生する機器の一つに，変圧器がある．変圧器は，鉄心に巻かれた一次巻線と二次巻線の巻線比によって入力電圧と出力電圧の比が決まる．高電圧の試験や実験として，機器や材料の耐電圧試験の実施や，放電の発生に用いる目的で製作された変圧器を**試験用変圧器**（testing transformer）とよぶ．変圧器内部における巻線方式としては，**図 11.1** に示すような内鉄型円板巻線方式と内鉄型円筒巻線方式がある．変圧器の内部は主に巻き線間ならびに鉄心との絶縁をとるために，主に絶縁油が注入されている．

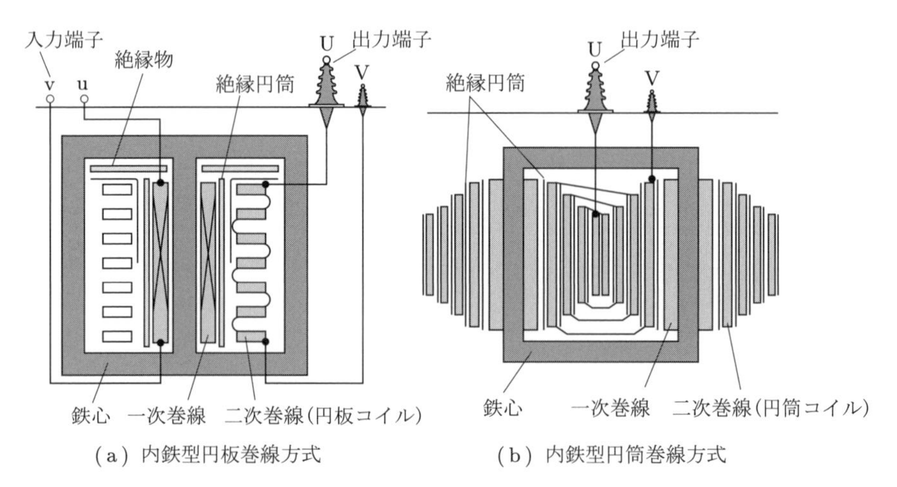

図 11.1　試験変圧器の構造[27]

内鉄型円板巻線方式は，およそ 150 kV 以下の発生に主に用いられる．内鉄型円筒巻線方式はそれ以上の電圧の発生に用いられ，500 kV 程度まで発生できるものが製造されている．これ以上の電圧が必要な場合，重量とともに製造コストが急激に増加する場合がある．そのため，経済性の理由から，**図 11.2** に示すように，同一の変圧器を複数個，**縦続接続**（cascade connection）して用いることがある．図中の三つの変圧器ではそれぞれ $V/3$ ずつ昇圧し，$V/3$，$2V/3$，V の電圧を発生しているとする．このとき，2 段目以降の変圧器の外箱には，前段の出力電圧が発生するので，大地から絶縁する目的で絶縁架台の上に載せて使用する．

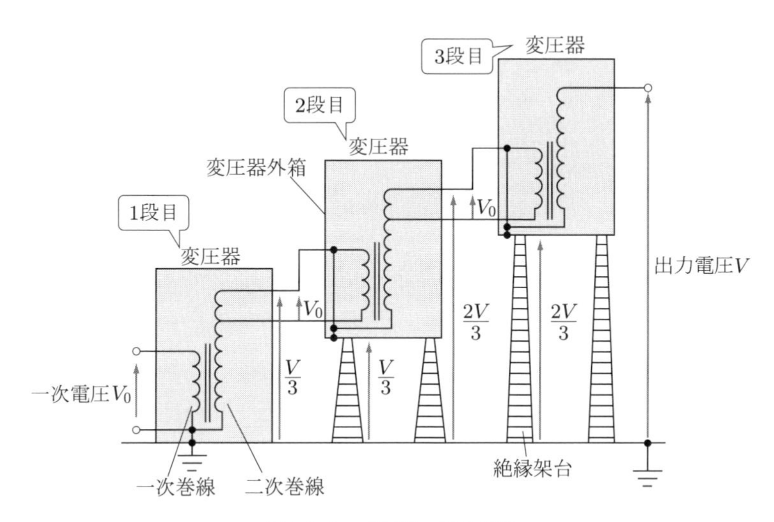

図 11.2 変圧器の縦続接続

11.1.2 ■ 試験用変圧器における共振現象

試験変圧器の高圧側巻線は，細い導線が多く巻かれているため，寄生のキャパシタンスやインダクタンスが大きくなっている．さらに，負荷として容量性負荷が接続されることにより，$1/\sqrt{LC}$ にほぼ比例する共振周波数が数百 Hz 程度になることがある．このとき，一次側電源電圧の波形がひずむと，高周波成分が共振し，変圧比以上の高電圧を発生する場合がある．この共振現象の抑制には，フィルタの使用などによって高周波を低減させる方法などがあげられ，試験においてはできるだけ正弦波に近い交流電圧を用いる必要がある．

共振現象には注意が必要であるが，これをうまく利用して高電圧を発生することができる．これは直列共振法とよばれ，コンデンサやケーブルなどのような静電容量が大きい負荷に対して用いられる．この手法では，**図 11.3** に示すように，変圧器の二

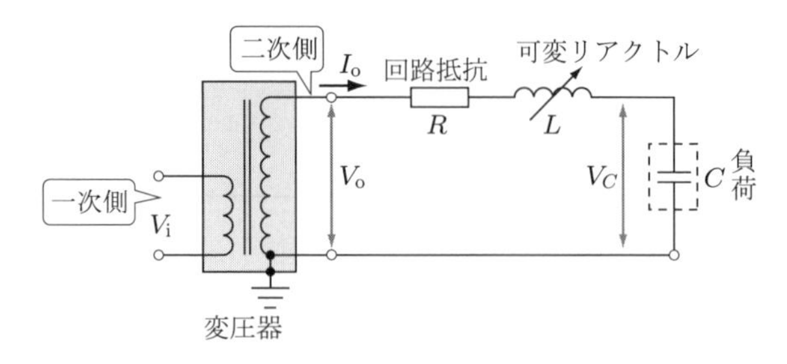

図 11.3 直列共振法を用いた回路

次側（高圧側，出力電圧 V_o）と負荷（供試物，静電容量 C）の間に，可変リアクトル（インダクタンス L）を接続し，L を変化させて直列共振をさせる．このとき，負荷の電圧降下 V_C は電源周波数 f を含めると次式で表され，変圧器の出力電圧より高い電圧を印加することが可能となる．

$$V_C = \frac{1}{\omega C} I_o = \omega L I_o = \frac{\omega L}{R} V_o \tag{11.1}$$

ただし，部分放電の発生や漏れ電流が大きい場合などは，共振条件が定まらず不安定になるため注意が必要である．

11.2 直流高電圧の発生

11.2.1 ■ 整流回路

直流高電圧の代表的な発生方式には，変圧器によって発生した交流高電圧を半導体整流素器によって整流して直流電圧を得る整流回路方式と，機械エネルギーによって静電気を発生してそれを利用する静電的高電圧発生方式がある．

整流回路には基本的な方式として，**半波整流回路**（half wave rectifier circuit, **図 11.4**）と**全波整流回路**（full wave rectifier circuit, **図 11.5**）がある．整流器（ダイオード）に流れる電流は順方向のみとなり，コンデンサに電荷が充電され直流電圧が

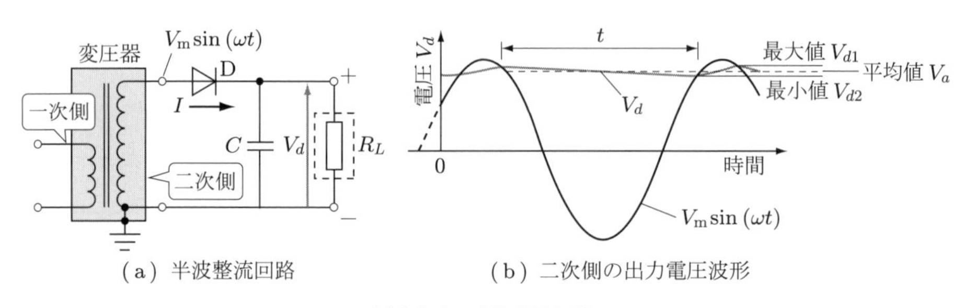

(a) 半波整流回路　(b) 二次側の出力電圧波形

図 11.4 半波整流回路

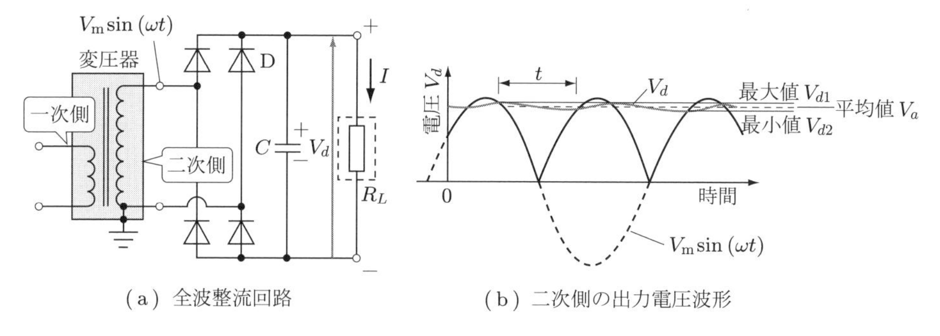

（a）全波整流回路　　（b）二次側の出力電圧波形

図 11.5　全波整流回路

得られる．無負荷の場合は，変圧器の出力電圧の波高値とほぼ等しい電圧が得られる．負荷が接続された場合，コンデンサの電荷が負荷に流出する．このとき，コンデンサへの充電は，半波整流回路では半周期ごとに行われるため，非充電時において電圧 V_d が減衰し，脈動（リプル）が生じる．減衰は，コンデンサの静電容量と負荷抵抗に依存する．このとき脈動の度合い η を**脈動率**（pulsation factor）もしくは**リプル率**（ripple factor）とよび，次のように表す．

$$\eta = \frac{V_{d1} - V_{d2}}{V_a} = \frac{I_a t/C}{I_a R_L} = \frac{t}{CR_L} \cong \frac{1}{fCR_L} \tag{11.2}$$

ここで，V_{d1}，V_{d2}，V_a はそれぞれ電圧の最大値，最小値，平均値を，I_a は負荷電流の平均値を示す．また，t は V_{d1} から V_{d2} にいたる時間を示し，静電容量と負荷抵抗の積による時定数が十分に大きいとすると，コンデンサからの放電される電荷量の変化 $(i = \Delta q/\Delta t = C\Delta V/\Delta t)$ から $V_{d1} - V_{d2} = I_a t/C$ と近似できる．また，f は電源周波数となり，$1/t$ とほぼ等しくなる．上式より，f と C が大きいほど脈動を抑制できることがわかる．全波整流回路では，両極性で充電がされるため，脈動は半波整流に比べて約半分となる．

必要な直流電圧の値と比較し，変圧器の出力電圧が低い場合，コンデンサやダイオードを複数個組み合わせた回路によって高い電圧を得ることができる．**図 11.6** の回路は**ビラード**（Villard）**回路**とよばれ，変圧器出力電圧の半周期で C_1 が充電され，逆の半周期では C_1 の充電電圧と変圧器の電圧の和が C_2 に充電される．そのため，直流電圧値としては，変圧器出力電圧の波高値 V_m の 2 倍の電圧値 $2V_m$ が得られるので，この回路は倍電圧整流回路ともよばれる．ほかの倍電圧整流回路としては，**図 11.7**(a) のデロン－グロイナッヘル（Delon－Greinacher）回路や，図 (b) の 3 倍の電圧 $3V_m$ が得られるチンメルマン（Zimmermann）回路（3 倍整流回路）などがある．任意の倍率で直流電圧を得られる回路として，**図 11.8** に示すコッククロフト－ウォルトン

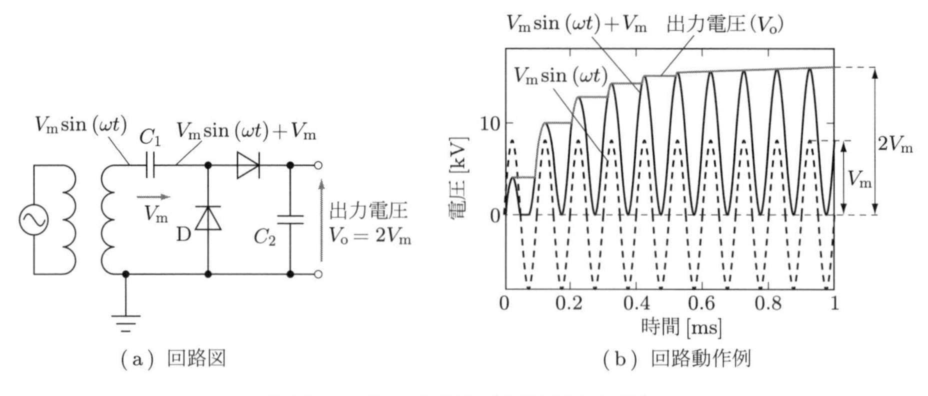

図 11.6 ビラード回路（倍電圧整流回路）

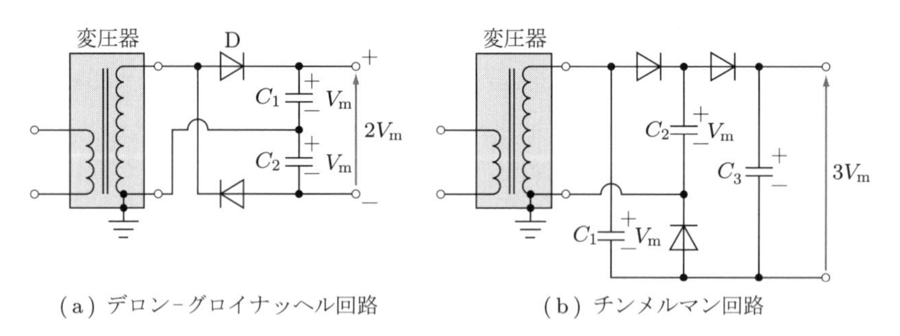

図 11.7 ほかの倍電圧整流回路

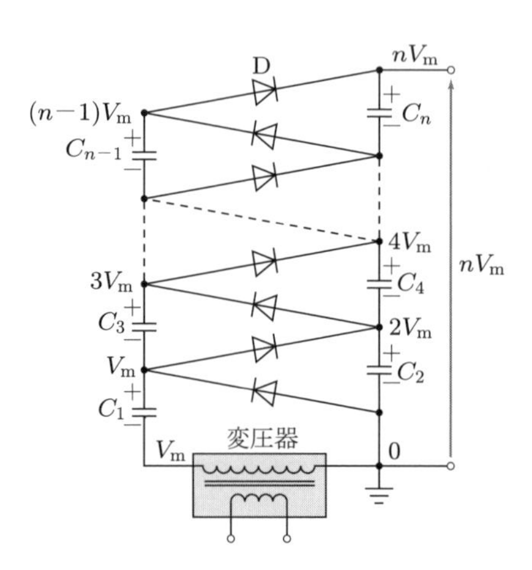

図 11.8 コッククロフト－ウォルトン回路

(Cockcroft – Walton) 回路がある．この回路は，ビラード回路を多段に接続したもので，ダイオードとコンデンサを n 段組み合わせることにより，変圧器出力電圧の波高値の n 倍の出力電圧が得られる．

これらの整流回路に共通して，実際の設計にはダイオードの順方向電圧降下，逆方向電流などを考慮する必要がある．また，コンデンサや配線における漏れ電流，コロナ放電の発生などによって負荷抵抗が等価的に減少することによる脈動の増加などにより，期待する電圧が得られない場合がある．そのため，絶縁を十分に考慮した設計が必要となる．なお，非充電時においては，図 11.4(b) に示したように，ダイオードには最大でトランス出力電圧の振幅値（波高値の 2 倍）の逆方向電圧が加わる．これを逆耐電圧とよび，使用するダイオードの選定において留意が必要となる．

■ 例題 11.1

図 11.4 に示す半波整流回路を用いて，50 Hz の交流電圧を整流したい．抵抗値が 100 kΩ の負荷の場合，リプル率を 0.05 以下とするのに必要な最小の静電容量 [F] を求めよ．

■ 解答

式 (11.2) より，$0.05 = 1/(50 \times 100 \times 10^3 \times C)$ となる．これを解くと，最小の静電容量は 4 μF であり，リプル率を 0.05 以下にするにはそれ以上の静電容量とすればよい．

11.2.2 ■ 静電的高電圧発生方式

静電的高電圧発生方式では，電荷を機械的に搬送し，高電圧電極部に蓄積・充電することによって高電圧を発生する．電荷の発生には摩擦帯電や誘導体帯電による方法もあるが，実用的にはコロナ放電によってイオンを生成する方法が用いられる．**図 11.9** は，電荷を絶縁性のベルトを用いて搬送する装置の原理図であり，**バンデグラフ発電機**（van de Graaff generator）とよばれている．ここでは，点 A においてコロナ放電を発生させてベルトに電荷を溜め，それを金属球電極まで搬送する．ここで，点 B においてベルトの表面の電荷密度に依存する電位により，金属球内部に接続された電極からコロナ放電が生じ，金属球に点 A で溜めた電荷と同極性の電荷を蓄積する．ベルトは循環して駆動しているため，次々に電荷が蓄積されることによって，金属球の電位が上昇し，非常に高い電圧が得られる．高い電圧を得るには，金属球の直径を大きくすることや，金属球表面のコロナ放電による電荷漏洩を防ぐため絶縁ガスの導入などが必要となる．

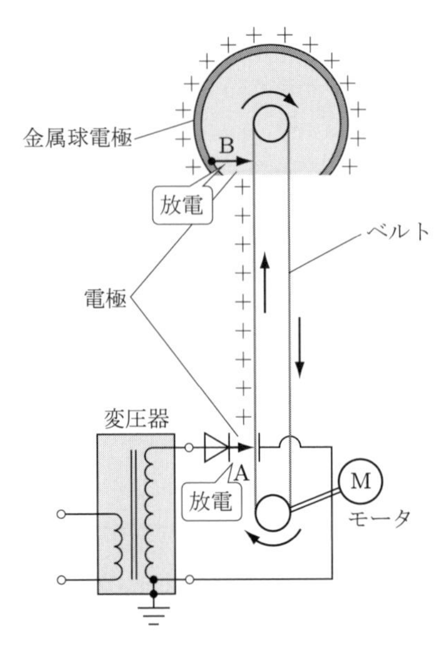

図 11.9 バンデグラフ発電機の原理

11.3 パルス高電圧の発生

11.3.1 ■ インパルス電圧発生器

雷サージや開閉サージなど，急峻な異常電圧が発生した場合を模擬する絶縁試験には，**インパルス電圧発生器**（impulse generator）が使用される．インパルス電圧は雷インパルスと開閉インパルスに分けられる．

インパルス電圧を発生するには，スイッチを設けた RLC 回路がよく用いられる．**図 11.10** に代表的な例を示す．コンデンサ C は，高い抵抗値をもつ充電抵抗 R_{P} を介し，直流高圧電源によって充電される．コンデンサがある一定の充電電圧 V_C に達した場合に，放電ギャップ G で火花放電が発生するように調整した場合，火花放電の瞬間でスイッチが短絡される．このとき，充電抵抗 R_{P} は十分に高い抵抗値を有しているため

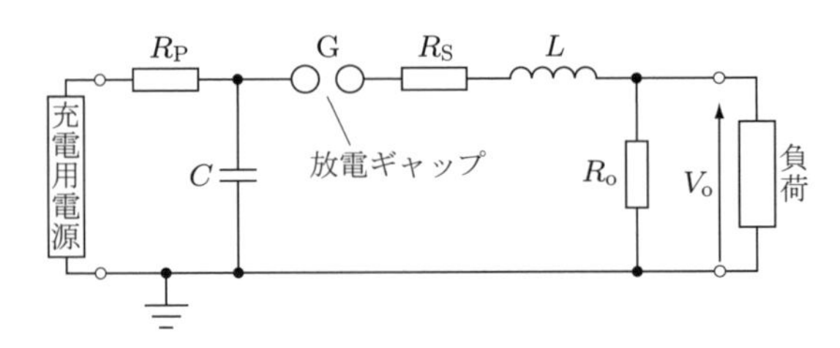

図 11.10 インパルス電圧発生器の基本回路

回路から切り離されているとみなすと，C, L，$R_S + R_o$ によって構成される RLC 回路となることがわかる．放電ギャップ G が短絡した後，C に蓄えられた電荷は，R_S，L，R_o を通して放電し電流が流れ，負荷 R_o の両端に出力電圧 V_o を発生させる．

流れる電流を i とすると，回路方程式は，

$$L\frac{d^2i}{dt^2} + (R_S + R_o)\frac{di}{dt} + \frac{1}{C}t = 0 \tag{11.3}$$

の 2 階微分方程式となる．初期条件として，$t = 0$ にてスイッチ投入した場合，コンデンサの初期電圧 V_C，$di/dt = V_C/L$ とする．この一般解は，次の三つに分けられる．

(1) $(R_S + R_o) > \sqrt{4L/C}$ の場合（過制動条件）

$$i(t) = \frac{V_o}{\omega_0 L}\exp\left(-\frac{R_S + R_o}{2L}t\right)\sinh\omega_0 t \tag{11.4}$$

$$\omega_0 = \sqrt{\frac{(R_S + R_o)^2}{2L} - \frac{1}{LC}} \tag{11.5}$$

(2) $(R_S + R_o) = \sqrt{4L/C}$ の場合（臨界制動条件）

$$i(t) = \frac{tV_o}{L}\exp\left(-\frac{R_S + R_o}{2L}t\right) \tag{11.6}$$

$$\omega_0 = \sqrt{\frac{(R_S + R_o)^2}{2L} - \frac{1}{LC}} \tag{11.7}$$

(3) $(R_S + R_o) < \sqrt{4L/C}$ の場合（減衰振動条件）

$$i(t) = \frac{V_o}{\omega_0 L}\exp\left(-\frac{R_S + R_o}{2L}t\right)\sin\omega_0 t \tag{11.8}$$

$$\omega_0 = \sqrt{\frac{1}{LC} - \frac{(R_S + R_o)^2}{2L}} \tag{11.9}$$

それぞれの電流波形は**図 11.11** のようになり，負荷となる供試物の電圧降下 V_o は，

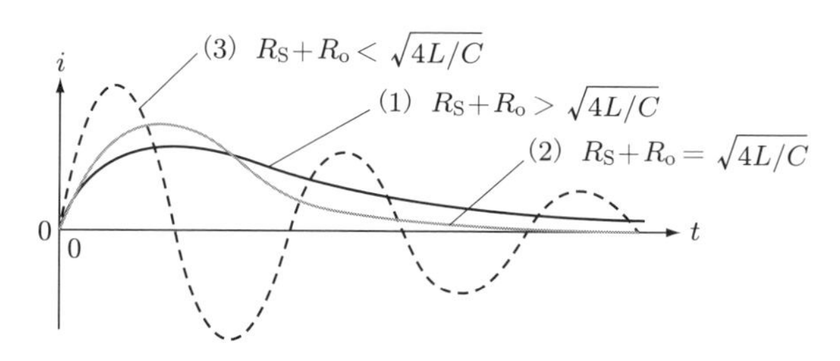

図 11.11 RLC 直列回路の電流波形

iR_o で求めることができる．インパルス高電圧発生装置では，単極性のパルス電圧の発生が必要となるため (2) の臨界制動条件が対応するが，通常は L が小さく $R_S + R_o$ が大きいため，(1) の過制動条件が標準波形の発生に用いられる．

11.3.2 ■ 多段式インパルス電圧発生器

図 11.10 の基本回路では，一つのコンデンサを用いて電圧を発生するが，この場合，最大の電圧は充電電圧 V_C 以下となる．そのため，発生電圧に限界があり，数百 kV 以上の電圧を発生するには必ずしも現実的ではない．そこで，**図 11.12** に示すような，**多段式インパルス電圧発生器**（multi-stage impulse generator）が用いられる．この回路では，はじめに充電用電源を用いて，充電抵抗 R_P を介して多数のコンデンサ C を並列して比較的低電圧で充電する．その後，各コンデンサに接続されたスイッチ SW を一斉に短絡させることによって，一瞬でコンデンサ C を直列接続する．これによって，充電電圧をコンデンサの個数分の昇圧した出力電圧 V_o を得ることができる．**図 11.13** に多段式インパルス電圧発生器の代表的な例であるマルクス（Marx）回路を示す．ここでは，各段にコンデンサ（C）が 2 個直列に接続されており，抵抗 R や R_o を通して充電される．それぞれのコンデンサには球ギャップが設けられている．また最下段には，**図 11.14** に示すような始動ギャップとよばれる高速でスイッチングを可能とする放電ギャップ G_S が設けられている．始動ギャップ G_S にトリガパルスを与えることにより火花放電を発生させると，G_S の主電極間に火花放電が誘起され，短絡される．すると，図中の点 a の電位は抵抗 r を通して接地され電位は 0 となり，点 a′ の電圧は $2V_C$ に上昇する．点 b と大地の間には浮遊容量 C_g があるため，始動ギャップの放電直後 RC_g に相当する短時間は点 b の電位が $-V_C$ となる．このとき，ギャップ G_1 には $3V_C$ の過電圧が加わり，G_1 が短絡する．これが繰り返され，各段のギャップが短絡されることにより，出力電圧は段数分昇圧された電圧が出力される．

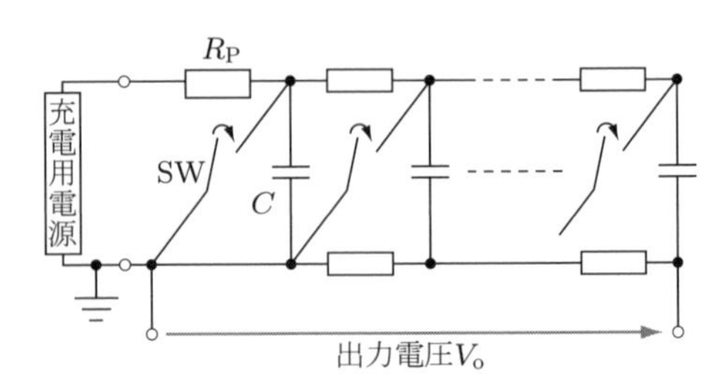

図 11.12 多段式インパルス電圧発生器

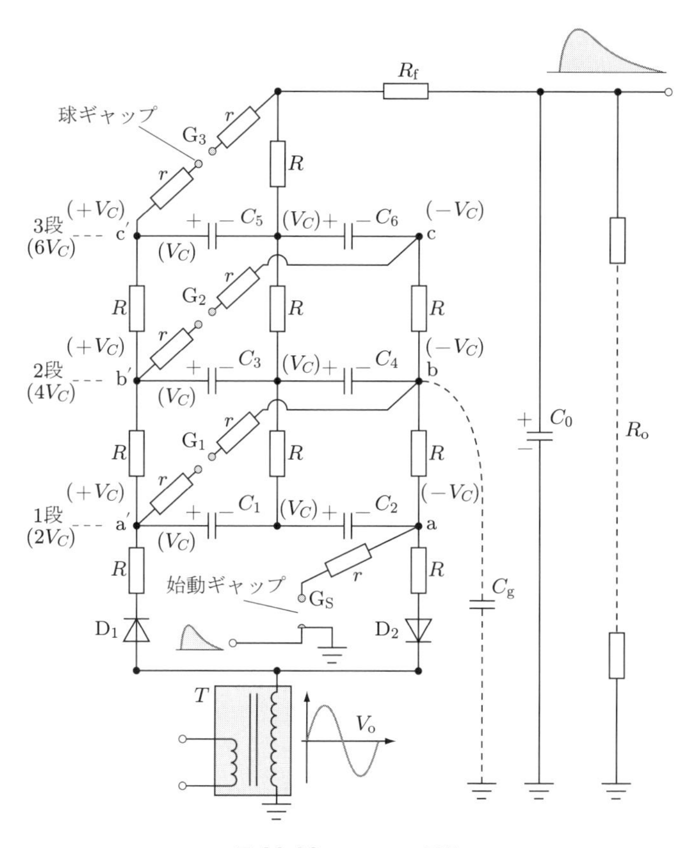

図 11.13 マルクス回路

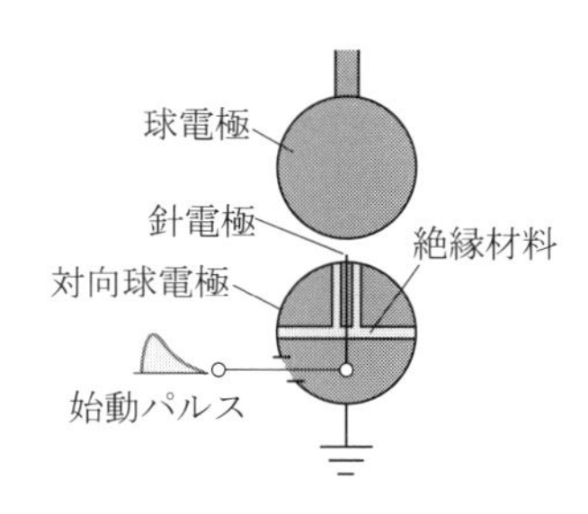

図 11.14 始動ギャップの例

■ 例題 11.2

図 11.12 に示す多段式インパルス電圧発生器の出力端子に抵抗負荷を接続することを考える．充電電圧を 10.0 kV，各段の静電容量と充電抵抗をそれぞれ 100 nF，

1.00 MΩ，段数を 8 段，抵抗負荷を 100 Ω とした場合の，出力電圧の波高値と時定数を求めよ．

■ 解答

出力電圧は充電電圧の段数倍となるため，80.0 kV となる．コンデンサは直列接続となるため，合計の静電容量は 1.25 nF となる．充電抵抗は抵抗負荷よりも十分に大きく無視できるため，出力電圧の時定数は抵抗負荷との積となる．よって，時定数は，125 ns となる．

11.3.3 ■ 絶縁試験における標準電圧波形

絶縁試験などにおいては，**雷インパルス電圧**（lightning impulse voltage），**開閉インパルス電圧**（switching impulse voltage）とよばれる，雷サージや開閉サージを模擬した電圧波形を利用する．**図 11.15** はそれぞれの標準電圧波形とその定義となる．電圧波形の最大点を波高点，そのときの電圧瞬時値を波高値，波形における波高点より前半部分を**波頭**（wave front），後半部分を**波尾**（wave tail）とよぶ．雷インパルス

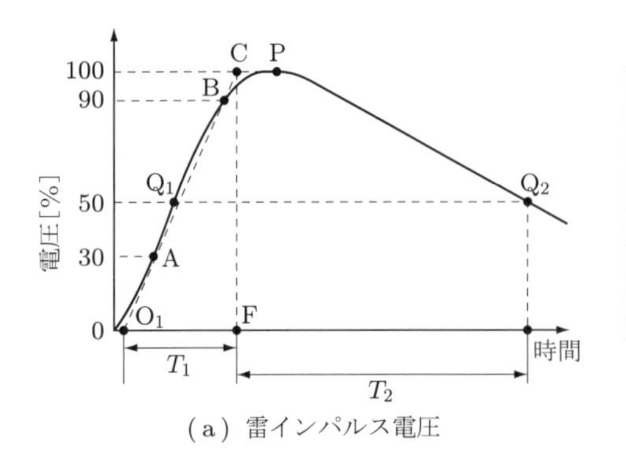

(a) 雷インパルス電圧

(1) O_2：規約原点
30%波高点（点A）と90%波高点（点B）を通る直線が時間軸と交わる点
(2) T_1：規約波頭長
点Aから点Bにいたる時間の1.67倍
(3) T_2：規約波尾長
O_1から50%波高点（点Q_2）に減衰するまでの時間

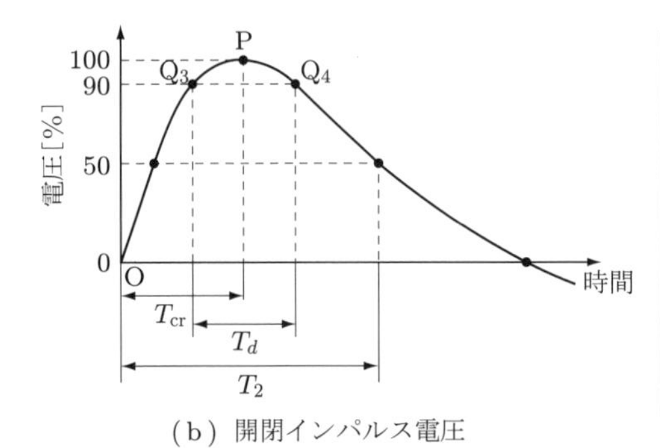

(b) 開閉インパルス電圧

(1) O：原点
波形の始発点
(2) T_{cr}：波頭長
点Oから波高点（点P）までにいたる時間
(3) T_2：規約波尾長
点Oから50%波高点に減衰するまでの時間
(4) T_d：90%継続時間
90%波高点（点Q_3）から90%波高点（点Q_4）に減衰するまでの時間

図 11.15 標準電圧波形

電圧波形では，規約波頭長 T_1 [μs] と規約波尾長 T_2 [μs] は，

$$\pm T_1/T_2\ [\mu\mathrm{s}] \tag{11.10}$$

の記号で表し，とくに ±1.2/50 [μs] の波形を**標準雷インパルス**（standard lightning impulse）とよぶ．ここで，正負の符号は電圧の極性を表す．

開閉インパルス電圧の場合，雷インパルス電圧と比べて立ち上がりおよび立ち下がりの時間が長いのが特徴である．図中のように波頭長 T_{cr}，規約波尾長 T_2 が定義され，

$$\pm T_{\mathrm{cr}}/T_2\ [\mu\mathrm{s}] \tag{11.11}$$

と表す．とくに ±250/2500 μs の波形は**標準開閉インパルス**（standard switching impulse）として用いられる．

11.3.4 ■ パルス形成線路

パルス電圧を発生する方式としては，ほかにも**図 11.16**(a) に示すような**同軸線路**（coaxial line）などの伝送線路（単一線路）を，パルス形成線路（PFL, pulse forming line）として利用したものがある．同軸線路は円筒型の内部導体と外部導体からなり，その間には誘電体が存在する．伝送線路は分布定数回路であり，無損失の場合は分布インダクタンスとキャパシタンスによるはしご型等価回路となる（図 (b)）．このような無損失で，伝搬方向に一様な形状の伝送線路においては，進入した電圧パルス波は減衰することもひずむこともなく，その形状を保ったまま伝搬する（図 (c)）．パルス形成線路はこの伝送線路の特性を利用して，求めるパルス幅の電圧あるいは電流パルスを発生させるためのもので，一般には方形波パルスを得る．なお，単一線路は，図 (a) に示すような単純な形状の伝送線路そのもののことであるが，一般的にはこれらをパルス形成線路として利用することを指すことが多い．

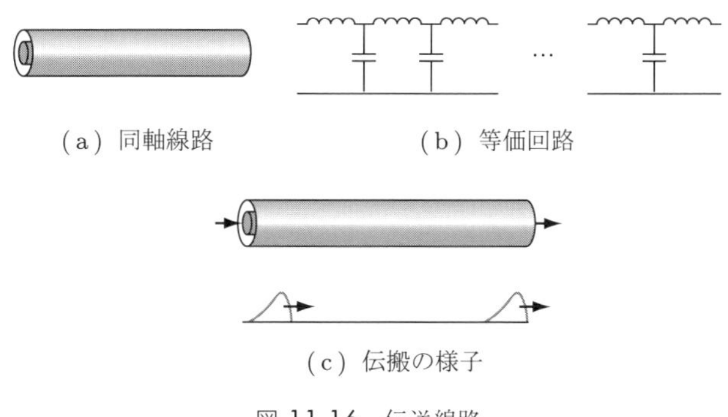

（a）同軸線路　（b）等価回路

（c）伝搬の様子

図 11.16　伝送線路

図 11.17(a) に同軸線路を用いたパルス形成線路の例を示す．特性インピーダンス Z_0 の分布定数線路の一端に，充電のための電源 V_0 と充電抵抗 Z_S が接続され，もう一端にはスイッチ S と負荷 Z_L が接続されている．ここで，次式の関係があるものとする．

$$Z_L = Z_0, \quad Z_S \gg Z_0 \tag{11.12}$$

電圧 V_0 に充電された後，スイッチ S が ON されると，電圧波が伝搬し，Z_L の両端

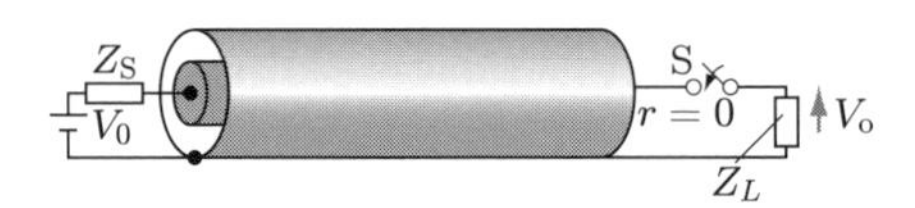

(a) 同軸線路を用いたパルス形成線路

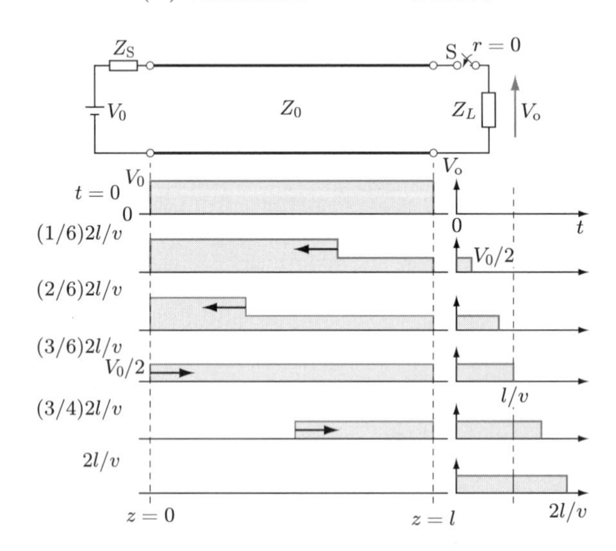

(b) 電圧波の伝搬と反射

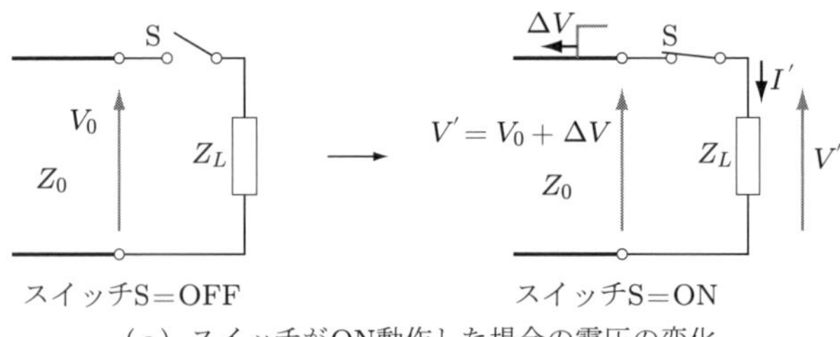

(c) スイッチがON動作した場合の電圧の変化

図 11.17 単一線路によるパルス形成の様子（$Z_L = Z_0$, $Z_S \gg Z_0$）

で出力電圧 V_{o} が得られる．負荷として整合された伝送線路が接続されていれば，ここで発生した電圧波はその線路に伝搬していく．

図 11.17(b) は，線路を分布定数線路とした場合の，電圧波の伝搬，反射の様子である．最初に線路が電圧 V_0 に充電された後，スイッチ S が ON されると，図 (c) に示すように，Z_L の電圧と電流が V'，I' となり，$V' = I'Z_L$ の関係が成り立つ．そのため，S の ON 前後の線路の負荷端の電圧の変化は $\Delta V = V' - V_0$ となる．一方，S の ON 以前は Z_L の電流はゼロなので，電流の変化は $\Delta I = I' = V'/Z_L$ である．以上の式に $Z_L = Z_0$ を考慮すると，$\Delta V = -V_0/2$ となる．これは，$-V_0/2$ の電圧波が電源側へ向かって伝搬していくことを意味している．ここで，電源端および負荷端での反射係数 $m_{r\mathrm{S}}$，m_{rL} は次式となる．

$$m_{r\mathrm{S}} = \frac{Z_{\mathrm{S}} - Z_0}{Z_0 + Z_{\mathrm{S}}} \approx \frac{Z_{\mathrm{S}}}{Z_{\mathrm{S}}} = 1, \qquad m_{rL} = \frac{Z_L - Z_0}{Z_0 + Z_L} = 0 \tag{11.13}$$

したがって，$-V_0/2$ の電圧波は，電源端では同位相で反射し，その振幅は $-V_0/2$ である．この反射波は負荷側へ向かって伝搬するが，負荷端では反射は起こらない．以上の経過から，負荷端で観測される電圧パルスは振幅が $V_0/2$ であり，パルス幅 ΔT は次式のようになる．ここで，v は伝搬速度，l は線路長である．

$$\Delta T = \frac{2l}{v} \tag{11.14}$$

11.3.5 ■ パルス形成回路

パルス形成線路は，分布定数回路を用いたパルス形成となる．この分布インダクタンスとキャパシタンスを，集中定数回路としてインダクタ L とコンデンサ C を多段に縦続接続し構成したものを，**パルス形成回路**（PFN, pulse forming network）という．パルス形成線路が数百 ns より短いパルスの出力に適しているのに対し，パルス形成回路は数百 ns 以上の比較的長いパルスを得るために用いられる．**図 11.18** はパルス形成回路の一例である．この回路のインピーダンス Z_0 は，伝送線路と同様に次式のようになる．

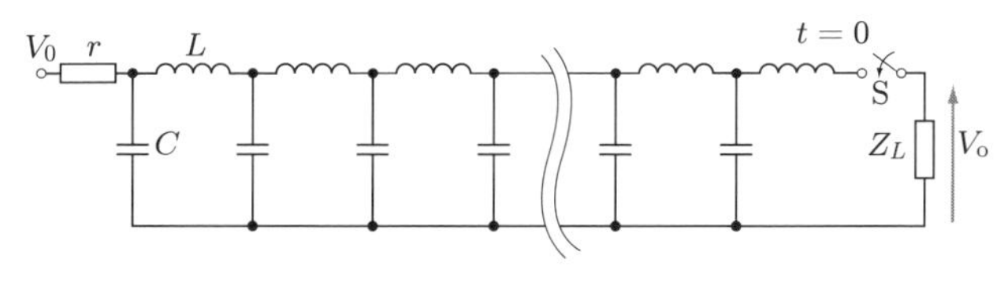

図 11.18 パルス形成回路

$$Z_0 = \sqrt{\frac{L}{C}} \tag{11.15}$$

また，$Z_L = Z_0$ の負荷整合時のパルス幅 ΔT は，C と L を 1 組とした段数 N を用いて，次式で求められる．

$$\Delta T = 2N\sqrt{LC} \tag{11.16}$$

そのため，L，C，N の値を適当に選ぶことにより，容易にインピーダンスやパルス幅の調整が可能となる．

パルス電圧を発生させてみよう

雷インパルスよりも幅の短いパルス電圧を発生させるための方法を，低電圧で確認しましょう．

（用意するもの）

- 通信用同軸ケーブル（10〜100 m 程度で，長さの異なるもの数本，導体先端がささくれないよう，ハンダで固めておくとよい）
- 直流電源（乾電池数本）
- 抵抗器（消費電力が小さいもので大丈夫）
- オシロスコープとプローブ

（実験方法）

1. 下図のような回路を組んで，スイッチ S_1 を閉じて同軸ケーブルを充電する．
2. スイッチ S_1 を開き，ただちにスイッチ S_2 を閉じる（スイッチは手動で大丈夫）．
3. オシロスコープで $v(t)$ の高さ，幅を計測する．
4. ケーブル長 l，電源電圧 E，抵抗器の抵抗値 R を変えると，$v(t)$ がどのように変化するか調べてみよう．

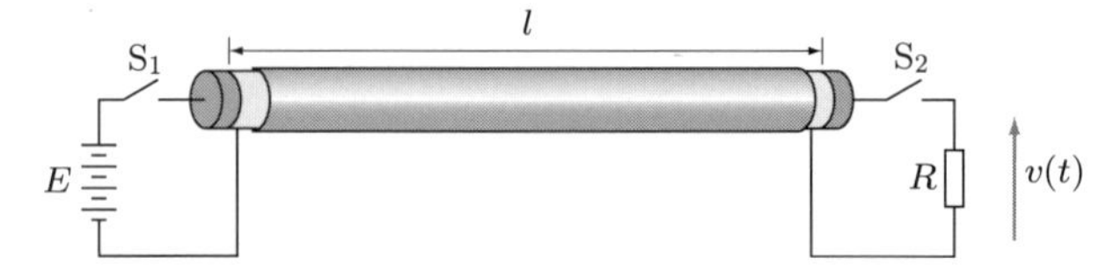

同軸ケーブルによるパルス形成線路

（課題）実際のパルス形成線路の回路構成について，高電圧パルスパワー工学の教科書等で調べてみよう．

演習問題

11.1 交流電圧 10 kV を，一次巻線と二次巻線の比が 1：50 の試験用変圧器を複数縦続接続することで，1500 kV に昇圧したい．必要な変圧器の個数と，絶縁架台に印加される最大の電圧を求めよ．

11.2 絶縁破壊試験を行うため，供試物にインパルス電圧発生器を用いて雷インパルス波形を印加した．このとき，印加電圧波形がの最大値となった時点で，供試物上でフラッシオーバが生じ，電極間が放電で短絡された．このときの供試物間に印加される電圧波形の概形を描け．

11.3 ビラード回路の動作を，各部位の電位を半周期ずつ調べるとともに，入力電圧と出力電圧の波形を描いて説明せよ．ここで，変圧器の二次側の出力電圧の波高値を V とする．

Chapter 12 高電圧の計測

第 11 章では高電圧の発生について学んだが，そこで取り扱う高電圧や大電流の計測は，一般的な小信号の計測方法とは異なる点があり，種々の注意が必要となる．この章では，計測手法の原理とともにその取扱いについて学ぶ．

12.1 電圧の計測

12.1.1 ■ 静電電圧計

図 12.1 に示すような二つの対向した電極間に電圧 V が加わると，V^2 に比例した静電力による引力がはたらく．この現象を利用して交流高電圧の実効値を測定する計測器を**静電電圧計**（electrostatic voltmeter）という．接地側の電極がバネによって制動できるようにすると，この力がつり合う位置まで電極が移動し，指針が変化することから電圧を求めることができる．指針の変化は比較的遅く，V^2 の時間平均が表示されるため，直流電圧および交流電圧実効値を求めることができる．

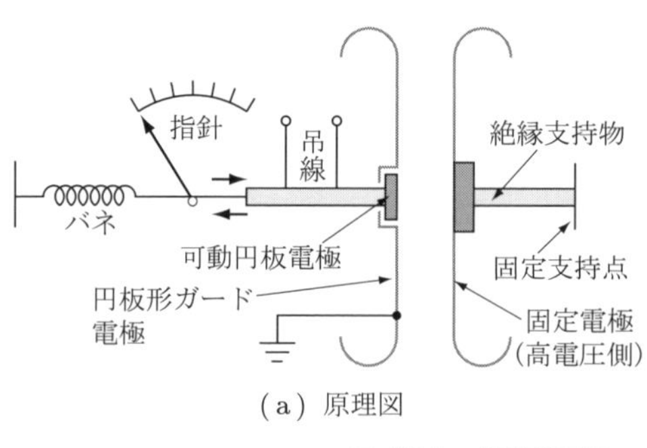

（a）原理図　（b）概観

図 12.1　静電電圧計

12.1.2 ■ 球 – 球電極を用いる方法

高耐圧の測定器などを用いず，電極間で生じる火花放電を利用することによる電圧の測定手法として，球ギャップを用いる方法がある．同一径の球 – 球電極の絶縁破壊電圧は，周囲の湿度などにあまり影響せずバラツキが小さい．また，直径，ギャップ長，相対空気密度を一定にすると，±3 %以内の範囲でほぼ一定となる．火花電圧は条件ごとに，国際電気標準規格（IEC）によって与えられている．たとえば，標準状態（1013 hPa，20 ℃），絶対湿度が 5〜12 g/m^3 において，球直径が 5〜15 cm，ギャップ長が 0.05〜12 cm の球 – 球電極の火花電圧 V_n は，付録の表（巻末）のように与えられる．実際の測定時の火花放電 V_S は次式で表すことができる．

$$V_\mathrm{S} = V_n \cdot \delta \cdot k \tag{12.1}$$

ここで，δ と k はそれぞれ相対空気密度，湿度補正係数であり，温度 t，気圧 p，絶対湿度 h から下記のように求めることができる．

$$\delta = \frac{0.386 \times p\,[\mathrm{mmHg}]}{273 + t\,[℃]} = \frac{0.289 \times p\,[\mathrm{hPa}]}{273 + t\,[℃]} \tag{12.2}$$

$$k = 1 + 0.002\left(\frac{h\,[\mathrm{g/m^3}]}{\delta} - 8.5\right) \tag{12.3}$$

球ギャップを用いる方法では，電極表面に存在する微小突起や，水分，ちりなどによる影響で，長時間放置した後に使用すると低い電圧で放電が発生することがある．そのため，予備火花放電を最初に数回実施し，安定した状態になってから電圧を測定することに注意が必要である．

■ **例題 12.1**

試験用変圧器の出力電圧を球 – 球電極を用いて構成することを考える．実験日の気象条件は，気圧 1015 hPa，温度 28.3 ℃，絶対湿度 18.4 g/m^3 であった．このときの相対空気密度 δ と湿度補正係数 k を求めよ．

■ **解答**

式 (12.2)，(12.3) を用いる．

$$\delta = \frac{0.289 \times 1015}{273 + 28.3} = 0.974, \quad k = 1 + 0.002\left(\frac{18.4}{0.974} - 8.5\right) = 1.02$$

12.1.3 ■ 分圧を用いた計測

図 12.2(a) に示すように，高電圧用高抵抗を複数用いて構成した抵抗分圧器を用いることによって，耐電圧が低い計測機器で高電圧の測定が可能となる．ここで，R_2 の端子電圧 V_m と，高電圧側の電圧 V の比は次式より求められる．

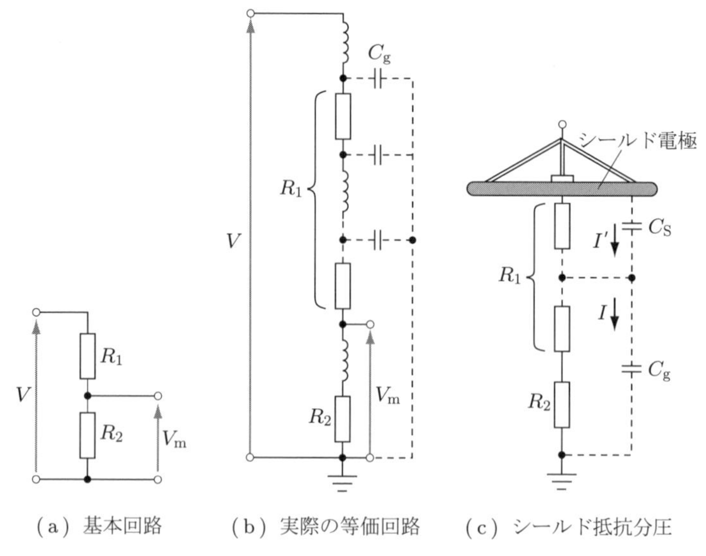

図 12.2 抵抗分圧器

$$\frac{V}{V_{\mathrm{m}}} = \frac{R_1 + R_2}{R_2} \tag{12.4}$$

抵抗には電流が流れるため，ジュール熱（$I^2R = V^2/R$）により発熱が生じる．そのため，100 MΩ 以上の大きな抵抗が使用されることが多いが，温度上昇による抵抗値の変化や，周辺の支持体への漏れ電流による分圧比への影響が大きくなる．そのため，100 kV を超すような高電圧の場合は，直流では静電電圧計などを，交流では後述の静電容量分圧器を用いることが多い．また，実際の分圧器には図 (b) に示すように，抵抗体の残留インダクタンスや大地に対する浮遊静電容量 C_{g} が存在する．抵抗値が高いためこれらの影響が大きく，電圧測定時に波形のひずみなどをもたらす原因となる．そのため，構成する抵抗は残留インダクタンスの小さい無誘導抵抗を用いることが好ましい．また，図 (c) に示すように，抵抗分圧器の測定部にシールド電極を設け，高電圧部の電界を緩和するとともに，浮遊静電容量成分の影響を補償する手法が用いられる場合もある．ここでは，シールド電極と抵抗体各部との間の浮遊静電容量 C_{S} を通して抵抗体に I' を流入させ，抵抗体から大地への浮遊容量 C_{g} を通して流出する電流 I を補償する．

抵抗だけではなく，**図 12.3**(a) に示すように耐電圧の高い複数個のコンデンサで構成した静電容量分圧器を用いても，高電圧の測定が可能となる．ここで，C_2 の端子電圧 V_{m} と，高電圧側の電圧 V の比は次式より求められる．

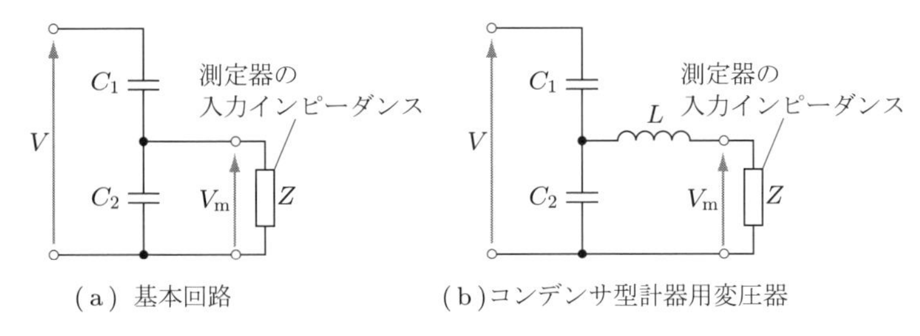

(a) 基本回路　(b)コンデンサ型計器用変圧器

図 12.3 静電容量分圧器

$$\frac{V}{V_m} = \frac{C_1 + C_2}{C_1} \tag{12.5}$$

ただし，この条件は，V_m を測定する機器の入力インピーダンスおよびコロナ放電などによる漏れ電流による抵抗が，$1/\omega C_2$ に比べて十分に大きい場合に成り立つ．分圧比 V/V_m は角周波数 ω に無関係のため，高周波の影響も少ない．しかし，C_1 が小さすぎると，浮遊静電容量の影響を受けやすくなり，ほかの物体の接近などによって分圧比が変化するため，通常は 500 pF 程度以上のコンデンサを用いる．また，式 (12.5) で表される理想状態を保つことは難しいため，図 (b) に示すように，インダクタンス L を挿入する回路も用いられる．この場合，V と V_m の関係は次式で表される．

$$\frac{V}{V_m} = \frac{C_1 + C_2}{C_1} + \frac{1 - \omega^2 L(C_1 + C_2)}{j\omega Z C_1} \tag{12.6}$$

ここで，共振条件として $1 - \omega^2 L(C_1 + C_2) = 0$ が成り立つように L の値を調整することにより，式 (12.5) に示す容量分圧の基本関係式を成り立たせることができる．この方式で用いる変圧器を，コンデンサ型計器用変圧器という．高電圧コンデンサ (C_1) としては，数百～10000 pF の油浸紙（OF 式）が用いられ，1000 kV 程度のコンデンサまで製作されている．インパルス電圧測定には，コンデンサ中の残留インダクタンスと配線のインダクタンスによる共振や，コンデンサの抵抗による漏れ電流などが問題となるため注意が必要となる．

■ 例題 12.2

二つの抵抗 R_1，R_2 によって構成された分圧器を用いて，最大 100 kV の電圧をオシロスコープで測定したい．ここで，オシロスコープへの入力電圧を最大 100 V とし，分圧器への漏れ電流を 1.00 mA 以下にしたい場合，R_1 として使用できる最小の抵抗値を求めよ．

■ 解答

漏れ電流を 1.00 mA 以下にするため，$R_1 + R_2$ は $100\,\mathrm{kV}/1.00\,\mathrm{mA} = 100\,\mathrm{M\Omega}$ 以上にする必要がある．オシロスコープに入力できる電圧は最大で 100 V のため，式 (12.4) より，$(R_1 + R_2)/R_2 \geq 1.00 \times 10^3$ となる．これを連立して解くと，R_1 は $99.9\,\mathrm{M\Omega}$ 以上にする必要があることがわかる．

12.2 電流の計測

12.2.1 ■ 分流器を用いる手法

電流が流れる回路に，**分流器**（シャント，shunt）とよばれる抵抗器を直列に挿入し，そこで生じる電圧降下を利用して電流値を測定する手法が用いられる．分流器の周波数特性は，抵抗器の抵抗値 R と残留インダクタンス L の比 L/R によって決まる．大電流の測定には R を小さくする必要があるため，L の影響が大きくなる．残留インダクタンスを極力小さくする目的で，**図 12.4** に示すような同軸円筒型分流器と，折り返し型分流器とよばれる構造の分流器が用いられる．ここでは，抵抗器に流入する電流と流出する電流が反対方向に流れるようにすることによってインダクタンスを少なくしている．同軸円筒型分流器では，内円筒にマンガンやニクロムなどの金属抵抗が使用される．

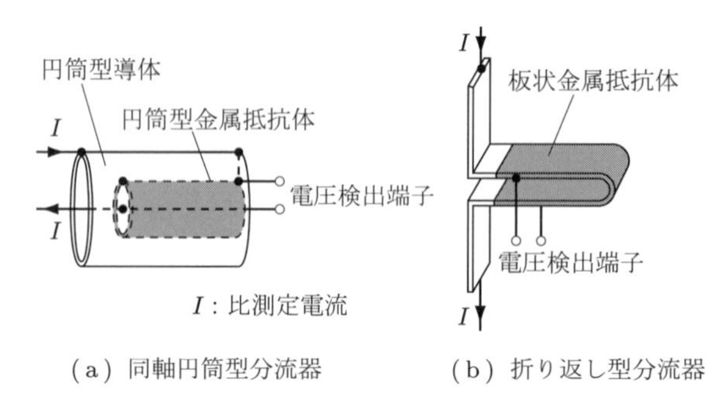

（a）同軸円筒型分流器　（b）折り返し型分流器

図 12.4 分流器

12.2.2 ■ ロゴウスキーコイル

電流が流れている回路に**図 12.5** に示すようなコイルを設置することにより，回路と測定計を絶縁して大電流を測定することができる．これを**ロゴウスキーコイル**（Rogowski coil）という．電流回路とロゴウスキーコイルの相互インダクタンスを M とすると，電流 $i(t)$ が流れたとき，ロゴウスキーコイルの両端に発生する出力電圧の大きさ $v(t)$ は次式のようになる．

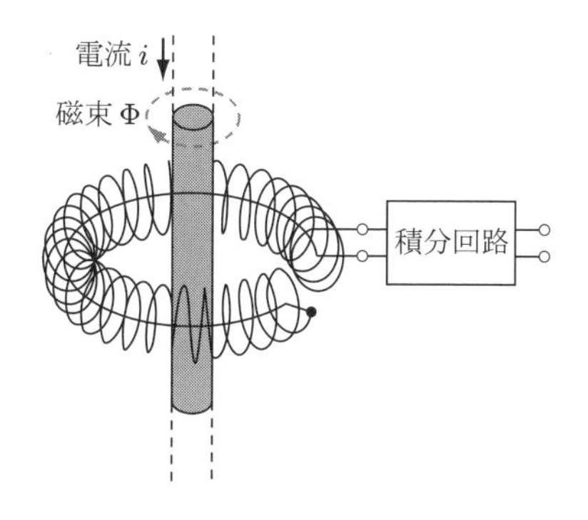

図 12.5 ロゴウスキーコイル

$$v(t) = M\frac{di(t)}{dt} \tag{12.7}$$

よって，$v(t)$ を時間積分することにより $i(t)$ を求めることができる．

12.2.3 ■ 変流器

高周波用のフェライトなどの高周波用の磁心（磁性体コア）を用いた変流器（current transformer）による電流の測定もよく行われる．**図 12.6** に，変流器の原理図を示す．原理は変圧器と同等であり，巻線比と抵抗 R を選定することによって，大電流を計測に適切な電圧に変換することができる．一次巻線と二次巻線の比を $1:N$，被測定電流を $i_1(t)$，回路に流れる電流を $i_2(t)$，得られる電圧を $v(t)$ とすると，次の関係が成り立つ．

$$v(t) = Ri_2(t) = R\frac{i_1(t)}{N} \tag{12.8}$$

ここで，継続して一方向に電流を流した場合，磁性体コアが磁気飽和して電流の測定が不可能となる．そのため，電流・時間の積（AT 積）を理解したうえで使用することが必要である．

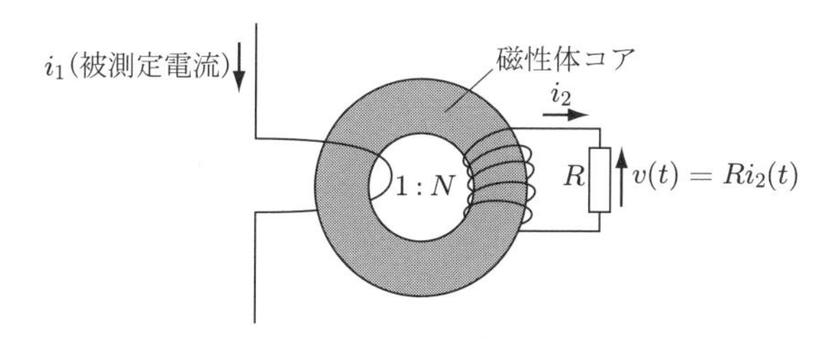

図 12.6 変流器

12.3 伝送線路を用いた計測

高電圧や大電流を測定する際，誘導などによる影響を避けるため，これまで説明した分圧器や変流器などの機器と，オシロスコープなどの測定器の距離は，適当に離して測定するのがふつうである．その間を接続するのは，**高周波同軸ケーブル**（high frequency coaxial cable）である．例として，抵抗分圧器によって分圧されたインパルス電圧を同軸ケーブルによって測定器まで伝送する様子を**図 12.7** に示す．ここで，図の a-b 間にインパルス高電圧が印加されると，R_2 の端子間（c-b 間）には，これと同じ形状で分圧比だけ減衰した電圧波形 e_1 が発生する．11.3.4 項で学んだように，同軸ケーブルは分布定数回路を構成しているため，電圧 e_1 は電圧波として同軸ケーブル内に伝搬していき，ケーブル終端（d-e 間）に到達する．ここで，同軸ケーブルと測定器とが負荷整合されていない場合，往復反射が生じて振動波形が現れる．これを防ぐために，d-e 間には，同軸ケーブルのインピーダンスと同じ値の抵抗 R_3 を接続する．この抵抗を**整合抵抗**（matching resistor）という．

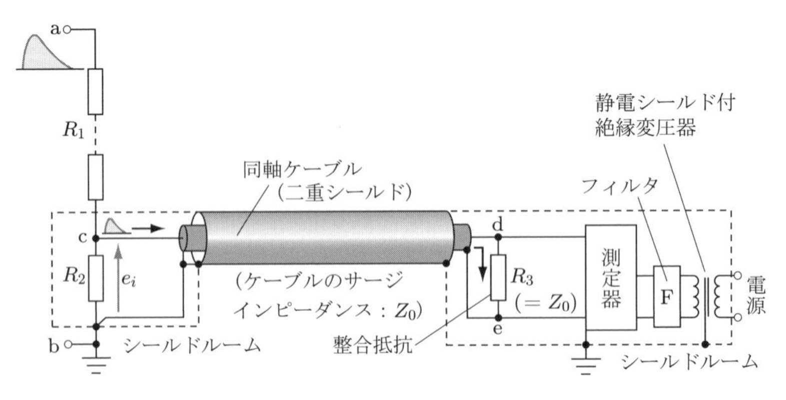

図 12.7 同軸ケーブルを用いたインパルス電圧測定の例
（花岡良一：高電圧工学，森北出版（2007），p.161，図 5.28）

12.4 計測における注意点

12.4.1 ■ ノイズ対策

高電圧や大電流を取り扱う場においては，放電現象や急峻な電圧変動など強力な電磁波の信号源となりうるものが多く存在し，測定機器にノイズとして入射する．そのため，計測において，適切なノイズ対策を施すことがきわめて重要となる．ノイズ対策の基本は，**遮へい**（shielding），**絶縁**（isolation），**ろ波**（filtering）の三つとなる．

- 遮へい：ノイズの発生源と測定環境を分離するように導体を配すること．ノイズの発生源そのものを覆ってノイズである電磁波の放射を防ぐ方法と，測定装置を覆ってノイズの侵入を防ぐ方法が考えられる．
- 絶縁：ノイズの進入を防ぐ目的で，線路間を直接的に電気的な接続をせず絶縁させること．電源線であれば絶縁トランス，信号線であればホトカップリングなどを利用することで実現できる．
- ろ波：伝搬するノイズを減衰させること．電源線であればろ波器（フィルタ回路），信号線であれば低減フィルタなどが用いられる．

図 12.7 の例では，分圧器の低圧側や測定器を金属板や細かな金属メッシュでつくられたシールドルーム内に設置することでノイズを遮へいしている．また，同軸ケーブルを二重シールドにすることでも電送線路にノイズが入射することを防いでいる．ここでは，外側シールドをシールドケースへ，内側シールドを測定器の接地端子につなぐことが望ましい．また，測定器の電源線には，フィルタや，シールド付き絶縁変圧器（アイソレーショントランス）を挿入することによって，それぞれろ波と絶縁により，電源線から進入するノイズの対策をしている．

12.4.2 ■ 測定機器の選定と使用方法

前述したように，高電圧・大電流の計測には寄生インピーダンスの影響が大きいため，測定系の原理とともに等価回路を十分に理解することが必要である．測定機器の使用可能な電圧と電流の範囲，最小分解能と S/N 比，ゲインや位相遅れなどに対する周波数特性や立ち上がり・立ち下がり時間，変流器の場合は電圧・時間の積（ET 積）など，十分にその特性を理解したうえで，適切な機器を選定し，適切な方法で使用することが重要となる．また，測定には同軸線などを用いて信号を伝搬させることが多いが，負荷整合や信号の遅延などにおいても留意する必要がある．また，12.4.1 項で述べたように，ノイズ源を考慮したうえで，遮へいによる電磁波からの測定器に対し，十分なノイズ対策を施す必要がある．

Challenge 実際の分圧器・変流器を調べよう

インターネットを用いて，分圧器（高電圧プローブ），変流器（カレントトランス）の製品のうち，測定できる最大の電圧が 1000 V 以上，電流が 1 A 以上のものを調べよう．そして，測定可能な電圧・電流の範囲，分圧比，入力インピーダンス，周波数特性についてまとめよう．

演習問題

12.1 静電電圧計の動作原理を述べよ.

12.2 抵抗分圧器において，シールド抵抗分圧器を用いる理由を，等価回路を示すとともに説明せよ.

12.3 ロゴウスキーコイルと変流器による電流測定の原理と，その違いを述べよ.

宇宙から電子デバイスまで幅広いスケールの高電界現象

これまでは，電力機器など高電圧で引き起こされる広い範囲での高電界を中心に学習した．もっとスケールの大きなものとして，宇宙の高電界現象がある．太陽風などのイオン流は壮大な高電界現象である．逆に微視的に見ると，数 V～数十 V といった低電圧でも，電力機器よりはるかに大きな電界が発生して，電気伝導や絶縁破壊などの高電界現象を引き起こす.

下図は自然界で生じるミクロからマクロな領域の電界と，その代表的な大きさを表したものである．ミクロな水素原子内では，約 10^{11} V/m（100 GV/m）のきわめて大きな電界が存在している．電界はマクロな領域になるにしたがって小さくなり，雷雲下の地表の電界（大気電界）を例にとると，その値は 10^{5} V/m（100 kV/m）程度となる．電力用機器の使用電界は 10^{6} V/m（1 MV/m）程度となる．また，川を流れる微粒子（固体）と水（液体）のミクロ的な界面に形成される電気二重層の電界も，約 10^{9} V/m（1 GV/m）ときわめて大きい．生体内においても高電界現象は生じる．生体内の細胞膜（誘電体膜）は，電気信号を伝達するために細胞膜内で分極と脱分極を繰り返す．このときの細胞膜電界は，約 10^{7} V/m（10 MV/m）となる．電子デバイス・電子機器内もミクロ領域に電圧が加わるため，マクロ領域よりはるかに大きな電界が生じる.

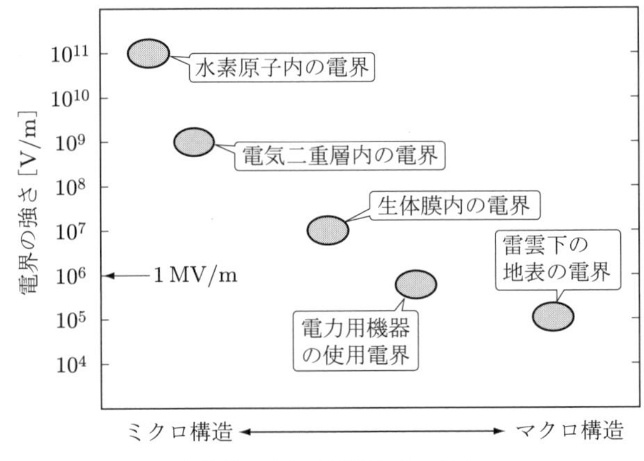

自然界に生じる電界とその強さ

下表は電子デバイス・電子機器における電界強度の代表値である．半導体の pn 接合部には空間電荷層が形成される．この空間電荷層による高電界は**ツェナーダイオード**（Zener diode）などに利用される．これらの電界の代表値は 10〜100 MV/m（10^7〜10^8 V/m）となり，雷雲下の地表電界の 0.1 MV/m（10^5 V/m）や，1 気圧の空気の破壊電界の 3 MV/m（3×10^6 V/m）と比較して大きい．また，**金属酸化膜半導体電界効果トランジスタ**（metal-oxide-semiconductor field-effect transistor, MOSFET）では，ゲート酸化膜の絶縁耐圧に近いぎりぎりの高電界で動作させ，その大きさは 500〜1200 MV/m（5〜12×10^8 V/m）となる．とくに大規模集積回路（LSI）などの半導体デバイスでは，高集積性，高速性，高信頼性が要求される．これらのデバイスにはシリコン（Si）が主に用いられている．これは二酸化ケイ素（SiO_2）の誘電体膜がきわめて優れた絶縁性を有することが大きな理由である．現在，MOSFET のゲート酸化膜は電界強度としてもっとも厳しい条件で使用されている．さらに薄膜化が進むとゲート酸化膜の絶縁破壊の問題がより深刻となるため，酸化膜に代わる高誘電率のゲート膜が登場している．

電子デバイス・電子機器の電界強度

電子デバイス	使用電界の強さ [MV/m]
ツェナーダイオード	10〜100
MOSFET	500〜1200
電気二重層キャパシタ	1000〜3000
エレクトルミネッセンスディスプレイ	50〜200

電気二重層キャパシタ（electric double-layer capacitor）は，固体と液体の界面に形成される**電気二重層**（electric double-layer）の原理を利用したコンデンサ（キャパシタ）で，誘電体の分極を利用した通常のコンデンサとは電荷貯蔵原理が異なる．電気二重層キャパシタの電極と電解液のナノ界面に発生する電界はきわめて大きく，1000〜3000 MV/m（1〜3×10^9 V/m）となる．そのほか，高電界を利用した電子機器として**エレクトロルミネッセンスディスプレイ**（electroluminescent display, ELD）があり，これは 50〜200 MV/m（5〜20×10^7 V/m）の電界が発生する．

本書では電力機器の高電圧の高電界現象を取り扱ってきた．しかし，人工物にも自然の中にも数 V や数 mV といった低電圧の高電界現象が満ちあふれている．電力機器や電子デバイス以外でも，宇宙も，地球も，生物も，調べてみると高電界現象と深い関わりがあることがわかり，高電界現象の深淵に触れることができる．

付　録

標準球ギャップの絶縁破壊電圧

ギャップ長 S [cm]	球の直径 D [cm]					
	25		50		75	
	+ [kV]	− [kV]	+ [kV]	− [kV]	+ [kV]	− [kV]
1.0	31.7	31.7				
1.2	37.4	37.4				
1.4	42.9	42.9				
1.5	45.5	45.5				
1.6	48.1	48.1				
1.8	53.5	53.5				
2.0	59.0	59.0	59.0	59.0	59.0	59.0
2.2	64.5	64.5	64.5	64.5	64.5	64.5
2.4	70.0	70.0	70.0	70.0	70.0	70.0
2.6	75.5	75.5	75.5	75.5	75.5	75.5
2.8	81.0	81.0	81.0	81.0	81.0	81.0
3.0	86.0	86.0	86.0	86.0	86.0	86.0
3.5	99.0	99.0	99.0	99.0	99.0	99.0
4.0	112	112	112	112	112	112
4.5	125	125	125	125	125	125
5.0	138	137	138	138	138	138
5.5	151	149	151	151	151	151
6.0	163	161	164	164	164	164
6.5	175	173	177	177	177	177
7.0	187	184	189	189	190	190
7.5	199	195	202	202	203	203
8.0	211	206	214	214	215	215
9.0	233	226	239	239	240	240
10	254	244	263	263	265	265
11	273	261	287	286	290	290
12	291	275	311	309	315	315
13	(308)	(289)	334	331	339	339
14	(323)	(302)	357	353	363	363
15	(337)	(314)	380	373	387	387
16	(350)	(326)	402	392	411	410
17	(362)	(337)	422	411	435	432
18	(374)	(347)	442	429	458	453
19	(385)	(357)	461	445	482	473
20	(395)	(366)	480	460	505	492
22			510	489	545	530
24			540	515	585	565
26			(570)	(540)	620	600
28			(595)	(565)	660	635
30			(620)	(585)	695	665
32			(640)	(605)	725	695
34			(660)	(625)	755	725
36			(680)	(640)	785	750
38			(700)	(655)	(810)	(775)
40			(715)	(670)	(835)	(800)
45					(890)	(850)
50					(940)	(895)
55					(985)	(935)
60					(1020)	(970)

−：商用周波交流電圧，負極性の全波標準雷インパルス電圧，負極性の標準開閉インパルス電圧，および正極性または負極性の直流電圧

+：正極性の全波標準雷インパルス電圧，および正極性の標準開閉インパルス電圧

ギャップ長 S [cm]	球の直径 D [cm]					
	100		150		200	
	+ [kV]	− [kV]	+ [kV]	− [kV]	+ [kV]	− [kV]
3.0	86.0	86.0				
3.5	99.0	99.0				
4.0	112	112				
4.5	125	125				
5.0	138	138	138	138		
5.5	151	151	151	151		
6.0	164	164	164	164		
6.5	177	177	177	177		
7.0	190	190	190	190		
7.5	203	203	203	203		
8.0	215	215	215	215		
9.0	241	241	241	241		
10	266	266	266	266	266	266
11	292	292	292	292	292	292
12	318	318	318	318	318	318
13	342	342	342	342	342	342
14	366	366	366	366	366	366
15	390	390	390	390	390	390
16	414	414	414	414	414	414
17	438	438	438	438	438	438
18	462	462	462	462	462	462
19	486	486	486	486	486	486
20	510	510	510	510	510	510
22	555	555	560	560	560	560
24	600	595	610	610	610	610
26	645	635	655	655	660	660
28	685	675	700	700	705	705
30	725	710	745	745	750	750
32	760	745	790	790	795	795
34	795	780	835	835	840	840
36	830	815	880	875	885	885
38	865	845	925	915	935	930
40	900	875	965	955	980	975
45	980	945	1060	1050	1090	1080
50	1040	1010	1150	1130	1190	1180
55	(1100)	(1060)	1240	1210	1290	1260
60	(1150)	(1110)	1310	1280	1380	1340
65	(1200)	(1160)	1380	1340	1470	1410
70	(1240)	(1200)	1430	1390	1550	1480
75	(1280)	(1230)	1480	1440	1620	1540
80			(1530)	(1490)	1690	1600
85			(1580)	(1540)	1760	1660
90			(1630)	(1580)	1820	1720
100			(1720)	(1660)	1930	1840
110			(1790)	(1730)	(2030)	(1940)
120			(1860)	(1800)	(2120)	(2020)
130					(2200)	(2100)
140					(2280)	(2180)
150					(2350)	(2250)

参考文献

[1] 赤崎正則：基礎高電圧工学，昭晃堂（1980）
[2] 秋山秀典 編著：高電圧パルスパワー工学，オーム社（2003）
[3] 家田正之：現代高電圧工学，数理工学社（1981）
[4] 植月唯夫，松原孝史，箕田充志：高電圧工学，コロナ社（2006）
[5] 卯本重郎：電磁気学，昭晃堂（1975）
[6] 大木正路：高電圧工学，槇書店（1982）
[7] 大重 力，原雅則：高電圧現象，森北出版（1973）
[8] 大下眞二郎：詳解 電気回路演習（上），共立出版（1979）
[9] 鳳誠三郎，木原登喜夫：高電圧工学，共立出版（1960）
[10] 河村達雄，河野照哉，柳父 悟：高電圧工学（3 版改訂），電気学会（2003）
[11] 岸 敬二：高電圧技術，コロナ社（1999）
[12] 北川信一郎：雷と雷雲の科学，森北出版（2001）
[13] 工藤勝利：高電界工学，数理工学社（2009）
[14] 国立天文台 編：理科年表 2006，丸善（2006）
[15] 小崎正光 編著：高電圧・絶縁工学，オーム社（1997）
[16] 坂本三郎，田頭博昭：新高電圧工学，朝倉書店（1974）
[17] 静電気学会 編：新版静電気ハンドブック，オーム社（1998）
[18] 高木浩一，金澤誠司 編著：高電圧パルスパワー工学，理工図書（2018）
[19] 高木浩一，佐藤秀則，高橋 徹，猪原 哲：できる！電気回路演習，森北出版（2009）
[20] 高柳和夫：電子・原子・分子の衝突，培風館（1972）
[21] 高柳和夫：原子分子物理学，朝倉書店（2000）
[22] 宅間 薫，柳父 悟：高電圧大電流工学，電気学会（1988）
[23] 電気学会：電離気体論，オーム社（1969）
[24] 電気学会：誘電体現象論，オーム社（1973）
[25] 電験問題研究会 編：電験 3 種過去問題集，電気書院（2013）
[26] 野尻一男：はじめての半導体ドライエッチング，技術評論社（2012）
[27] 花岡良一：高電圧工学，森北出版（2007）
[28] 速水敏幸：CV ケーブル，コロナ社（1986）
[29] 原 雅則，秋山秀典：高電圧パルスパワー工学，森北出版（1991）
[30] 原 雅則，酒井洋輔：気体放電論，朝倉書店（2011）
[31] 日高邦彦：高電圧工学，数理工学社（2009）
[32] 水野 彰 監修：電気機器の静電気対策，科学情報出版（2015）
[33] 村田雄司 監修：除電装置と除電技術，シーエムシー出版（2004）
[34] 行村 建：放電プラズマ工学，オーム社（2008）
[35] 吉野勝美，小野田光宣，中山博史，上野秀樹：高電圧・絶縁システム入門，森北出版（2007）
[36] ランダウ，リフシッツ：量子力学，筑摩書房（2008）
[37] リーバーマン，リヒテンベルク：プラズマ/プロセスの原理 第 2 版，丸善（2010）
[38] A. Fridman：Plasma Chemistry，Cambridge University Press（2008）

[39] ワインバーグ：ワインバーグ量子力学講義 上，筑摩書房（2021）
[40] 安部淳一，田辺智子，矢野知孝，吉田 暁，井上直明：真空バルブ内真空度低下時における放電検知手法の検討，電気学会論文誌 B，Vol. 136，No. 2，pp.154-160（2016）
[41] 小田哲治：帯電・静電気放電の基礎，電磁環境工学情報 EMC，No.314，pp.115-133（2014）
[42] 五島久司：電力用 SF_6 代替技術の変遷と現状，電気学会誌，Vol. 142，No. 1，pp. 30-33（2022）
[43] 田畑則一：オゾンの発生と生成効率，プラズマ・核融合学会誌，Vol.74, pp.1119-1126 (2006)
[44] 西村嘉晃，杉山大志：非 CO_2 温室効果ガスの削減について，電力中央研究所報告，Y07012（2008）
[45] 廣瀬元，吉田孝博，増井典明：各種放電源からの静電気放電の等価回路の定数決定法，静電気学会誌，Vol.36，pp.14-19（2012）
[46] 藤江明雄：ESD/誘導ノイズによる電子デバイスの障害－ LSI の ESD 耐性強化を支援する背景知識－，静電気学会誌，Vol.36，No.5，pp.256-261（2012）
[47] 艋 将孝，落合由敬，長谷部忠司，今井田豊：線爆溶射に関する基礎的研究—溶射被膜層に及ぼす放電特性の影響—，材料，Vol. 45，No.7，pp.817-722（1996）
[48] 本田真實：先端電子システムにおける ESD 感受性について，静電気学会誌，Vol.36，No.5，pp.268-271（2012）
[49] 三田常夫：アーク溶接技術発展の系統化調査，技術の系統化調査報告〈第 23 集〉，国立科学博物館（2016）
[50] K. Takahashi, K. Takaki, I. Hiyoshi, Y. Enomoto, S. Yamaguchi and H. Nagata：Modern Applications of Electrostatics and Dielectrics，Chapt. Development of a Corona Discharge Ionizer Utilizing High-Voltage AC Power Supply Driven by PWM Inverter for Highly Efficient Electrostatic Elimination，IntechOpen Ltd.，London（2019）
[51] T. Takahashi：Riming electrification as a charge generation mechanism in thunderstorms，J. Atoms. Sci.，35，1536-1548（1978）
[52] S. Matts and P. -O. Öhnfeldt：Efficient Gas Cleaning with SF Electrostatic Precipitators, Flakten Rev., 6, 93（1964）

演習問題解答

Chapter 1

1.1　1次元のラプラスの方程式 $\nabla^2\phi = \partial^2\phi/\partial x^2 = 0$ について，両辺を2回積分すると $\phi = ax + b$（a, b は積分定数）となる．境界条件より $b = V$，$a = -V/d$．ゆえに，$\phi = V - (V/d)x$．$E = -\partial\phi/\partial x = V/d$ となる．

1.2　図1.1(b) で球電極の電荷を Q とすると，ガウスの法則 $\int_S E \cdot n \, dS = 4\pi r^2 E = Q/\varepsilon_0$ より，$E = Q/4\pi\varepsilon_0 r^2$．これより，

$$\phi = -\int_{r=r_1}^{r=r_2} E \cdot dr = -\int_{\infty}^{r} \frac{Q}{4\pi\varepsilon_0 r^2} dr = \frac{Q}{4\pi\varepsilon_0 r}$$

となる．$r = r_0$ で $\phi = V$ より，$V = Q/4\pi\varepsilon_0 r_0$ なので，$Q = 4\pi\varepsilon_0 r_0 V$．これを代入し，それぞれ，$E = Vr_0/r^2$，$\phi = Vr_0/r$.

図1.1(c) で内部円筒電極に単位長さあたり λ の電荷を与えて同様に計算すると，電界は $E = \lambda/2\pi\varepsilon_0 r$ となる．電位は，外部導体を基準電位として，

$$\phi = -\int_{R}^{r} \frac{\lambda}{2\pi\varepsilon_0 r} dr = \frac{\lambda}{2\pi\varepsilon_0} \ln\left(\frac{R}{r}\right)$$

となる．$r = r_1$ で $\phi = V$ なので，

$$V = \frac{\lambda}{2\pi\varepsilon_0} \ln\left(\frac{R}{r_1}\right) \quad \text{より，} \lambda = V\frac{2\pi\varepsilon_0}{\ln(R/r_1)}$$

したがって，

$$E = \frac{V}{\ln(R/r_1)} \cdot \frac{1}{r}, \quad \phi = \frac{V}{\ln(R/r_1)} \cdot \ln\left(\frac{R}{r}\right)$$

となる．

1.3　ポリエチレン，水，空気の絶縁耐圧は 150×10^6，20×10^6，3×10^6 V/m．誘電率は 2.04×10^{-11}，7.08×10^{-10}，8.85×10^{-12} F/m．$w_E = (\varepsilon/2)E^2$ に代入し，それぞれ 2.3×10^5，1.4×10^5，39.8 J/m^3.

1.4　(a) 平行平板：電界は誘電体の界面に垂直なので，$D_{1n} = D_{2n}$ より $\varepsilon_1 E_1 = \varepsilon_2 E_2$ となる．また，電極間の電圧は，$V = E_1 d_1 + E_2 d_2$ なので，

$$E_1 = \frac{1/\varepsilon_1}{(1/\varepsilon_1)d_1 + (1/\varepsilon_2)d_2} V = \frac{\varepsilon_2}{\varepsilon_2 d_1 + \varepsilon_1 d_2} V$$

$$E_2 = \frac{1/\varepsilon_2}{(1/\varepsilon_1)d_1 + (1/\varepsilon_2)d_2} V = \frac{\varepsilon_1}{\varepsilon_2 d_1 + \varepsilon_1 d_2} V$$

となる.

(b) 同軸円筒：内側の円筒電極に単位長さ λ [C/m] の電荷を考えて，電束密度 D に対するガウスの法則を適用すると，$D = \lambda/2\pi r$ となる．ただし，r は中心軸からの距離である．$D = \varepsilon E$ より，$E_1 = \lambda/2\pi\varepsilon_1 r$，$E_2 = \lambda/2\pi\varepsilon_2 r$．電極間の電圧は，

$$V = V_1 + V_2 = \int_{r_1}^{r_2} E_1 dr + \int_{r_2}^{r_3} E_2 dr = \frac{\lambda}{2\pi} \left\{ \frac{1}{\varepsilon_1} \ln\left(\frac{r_2}{r_1}\right) + \frac{1}{\varepsilon_2} \ln\left(\frac{r_3}{r_2}\right) \right\}$$

したがって,

$$\lambda = \frac{V}{\dfrac{1}{2\pi} \left\{ \dfrac{1}{\varepsilon_1} \ln\left(\dfrac{r_2}{r_1}\right) + \dfrac{1}{\varepsilon_2} \ln\left(\dfrac{r_3}{r_2}\right) \right\}}$$

として電界の式に代入すると，次のように求められる.

$$E_1 = \frac{V}{\varepsilon_1 r \left\{ \dfrac{1}{\varepsilon_1} \ln\left(\dfrac{r_2}{r_1}\right) + \dfrac{1}{\varepsilon_2} \ln\left(\dfrac{r_3}{r_2}\right) \right\}}$$

$$E_2 = \frac{V}{\varepsilon_2 r \left\{ \dfrac{1}{\varepsilon_1} \ln\left(\dfrac{r_2}{r_1}\right) + \dfrac{1}{\varepsilon_2} \ln\left(\dfrac{r_3}{r_2}\right) \right\}}$$

Chapter 2

2.1 体積は $V = 1\,\mathrm{cm}^3$ なので，気体の状態方程式 $p = nk_{\mathrm{B}}T$ より，

$$N = nV = \frac{pV}{k_{\mathrm{B}}T} = \frac{(1013 \times 10^2\,\mathrm{Pa}) \times (1 \times 10^{-6}\,\mathrm{m}^3)}{(1.38 \times 10^{-23}\,\mathrm{J/K}) \times 273\,\mathrm{K}} = 2.69 \times 10^{19}$$

となる.

2.2 $1\,\mathrm{mm}$ の深さの水銀柱の圧力は $P = \rho gh = (13.6 \times 10^3\,\mathrm{kg/m^3}) \times 9.8\,\mathrm{m/s^2} \times (1 \times 10^{-3}\,\mathrm{m}) = 133.28\,\mathrm{Pa}$．したがって，$1\,\mathrm{Torr} = 1\,\mathrm{mmHg} \approx 133\,\mathrm{Pa}$．1 気圧 $= 760\,\mathrm{mmHg} = 760 \times 133.28 = 101292.8\,\mathrm{Pa} \approx 1013\,\mathrm{hPa}$.

2.3 分子の速さ V と運動エネルギー E は 1 対 1 対応なので，速さに関する分布関数の確率変数 V を E に変数変換すればよい．$E = mV^2/2$ より，$dE = mVdV = \sqrt{2mE}\,dV$ なので，規格化因子 $C = N(m/2\pi k_{\mathrm{B}}T)^{3/2}$ を用いて次のように求められる.

$$dN = C\exp\left(-\frac{mV^2}{2k_BT}\right)4\pi V^2 dV = C\ \exp\left(-\frac{E}{k_BT}\right)4\pi\frac{2E}{m}\frac{dE}{\sqrt{2mE}}$$
$$= \frac{2}{\sqrt{\pi}}\frac{N}{(k_BT)^{3/2}}\sqrt{E}\ \exp\left(-\frac{E}{k_BT}\right)dE$$

2.4　25℃ $= 298\,\mathrm{K}$ なので，気体の密度は

$$n = \frac{p}{k_BT} = \frac{2.66}{1.38\times10^{-23}\times298} = 6.47\times10^{20}\,\mathrm{m}^{-3}$$

したがって，

$$\lambda_{el} = \frac{1}{n\sigma_{el}} = \frac{1}{n\pi a^2} = 3.53\times10^{-2}\,\mathrm{m}$$

となる．電子温度は $k_BT = 5\,\mathrm{eV} = 8.01\times10^{-19}\,\mathrm{J}$ なので，電子の平均の速さは

$$v = \sqrt{\frac{8k_BT}{\pi m_e}} = 1.50\times10^6\,\mathrm{m/s}$$

これより，衝突周波数は次のように求められる．

$$\nu_{el} = \frac{v}{\lambda_{el}} = 1.57\times10^5\,\mathrm{Hz}$$

2.5　電界の x 成分は $E_x = -\partial V/\partial x$ なので，フラックスゼロの条件は

$$-D\frac{\partial n}{\partial x} - n\mu\frac{\partial V}{\partial x} = 0$$

両辺を $n\mu$ で割ると全微分形になるので，積分定数を C とすると

$$-\frac{D}{\mu}\frac{1}{n}\frac{\partial n}{\partial x} - \frac{\partial V}{\partial x} = 0 \quad\Longrightarrow\quad -\frac{\partial}{\partial x}\left(\frac{D}{\mu}\ln n + V\right) = 0$$
$$\Longrightarrow\quad \frac{D}{\mu}\ln n + V = C$$

$V = 0$ で $n = n_0$ なので次のように求められる．

$$n = n_0\exp\left(-\frac{V}{D/\mu}\right)$$

2.6　基底状態のエネルギーは，電子電荷 $e = 1.602\times10^{-19}\,\mathrm{C}$，電子質量 $m_e = 9.109\times10^{-31}$ kg，真空の誘電率 $\varepsilon_0 = 8.854\times10^{-12}\,\mathrm{F/m}$，プランク定数 $h = 6.626\times10^{-34}\,\mathrm{J{\cdot}s}$ を代入すると

$$E_1 = -\frac{m_e e^4}{8\varepsilon_0^2 h^2 1^2} = -2.17\times10^{-18}\,\mathrm{J} = -13.6\,\mathrm{eV}$$

$n = 2$ の状態から基底状態に遷移するときに放射される光の振動数は次のようになる．

$$\nu = \frac{E_2 - E_1}{h} = \frac{|E_1|}{h}\left(\frac{1}{1^2} - \frac{1}{2^2}\right) = 2.48 \times 10^{15}\,\mathrm{Hz}$$

2.7 この状態遷移で放出される光子の振動数は

$$\nu = \frac{E_m - E_n}{h} = \frac{Z^2 e^4 m_\mathrm{e}}{32\pi^2\varepsilon_0^2 \cdot \hbar^2 h}\left\{\frac{1}{n^2} - \frac{1}{(n+1)^2}\right\}$$

n が大きいので，$1/n$ でテイラー展開すると

$$\frac{1}{(n+1)^2} = \frac{1}{n^2} \times \frac{1}{(1+1/n)^2} = \frac{1}{n^2} \times \left(1 - 2 \cdot \frac{1}{n} + \cdots\right)$$

となるので，

$$\nu = \frac{Z^2 e^4 m_\mathrm{e}}{32\pi^2\varepsilon_0^2 \cdot \hbar^2 h}\left(\frac{1}{n^2} - \frac{1}{n^2} + \frac{2}{n^3} - \cdots\right) \approx \frac{Z^2 e^4 m_\mathrm{e}}{16\pi^2\varepsilon_0^2 \cdot \hbar^2 h n^3}$$

この式が式 (2.42) と一致することから，$\hbar = h/2\pi$ となる．

2.8 電離電圧を V_i とすると，光電離を起こす光の振動数は $eV_\mathrm{i} = h\nu$ を満たす．光の振動数と波長の関係 $c = \nu\lambda$ より，次のように求められる．

$$\lambda = \frac{hc}{eV_\mathrm{i}} = \frac{(6.626 \times 10^{-34}) \times (2.998 \times 10^8)}{(1.602 \times 10^{-19}) \times 12.1} = 102.5 \times 10^{-9}\,\mathrm{m}$$

2.9 衝突電離は，電子の運動エネルギー $m_\mathrm{e}v^2/2$ が電離エネルギー eV_i を超えたときに起こる．したがって，次のように求められる．

$$v_\mathrm{min} = \sqrt{\frac{2eV_\mathrm{i}}{m_\mathrm{e}}} = \sqrt{\frac{2 \times (1.602 \times 10^{-19}) \times 12.1}{9.109 \times 10^{-31}}} = 2.76 \times 10^6\,\mathrm{m/s}$$

Chapter 3

3.1 限界波長は，式 (3.2) より，次のようになる．

$$\lambda_0 = \frac{ch}{e\phi} = \frac{(2.998 \times 10^8) \times (6.626 \times 10^{-34})}{(1.602 \times 10^{-19}) \times 2.3} = 539.1 \times 10^{-9}\,\mathrm{m}$$

光量子方程式 (3.1) を波長 λ と限界波長 λ_0 で表すと，

$$\frac{1}{2}m_\mathrm{e}v^2 = \frac{hc}{\lambda} - \frac{hc}{\lambda_0}$$

これを v について解き，数値を代入する．

$$v = \sqrt{\frac{2 \times (6.626 \times 10^{-34}) \times (2.998 \times 10^{8})}{9.109 \times 10^{-31}} \left(\frac{1}{500} - \frac{1}{539.1} \right) \times 10^{9}}$$

これより $v = 2.52 \times 10^{5}\,\mathrm{m/s}$ を得る．

3.2 温度 T_1, T_2 での電流 J_1, J_2 の比は，式 (3.3) より

$$\frac{J_2}{J_1} = \frac{T_2^2 \exp\left(-\dfrac{e\phi}{k_\mathrm{B} T_2} \right)}{T_1^2 \exp\left(-\dfrac{e\phi}{k_\mathrm{B} T_1} \right)} = \frac{T_2^2}{T_1^2} \exp\left\{ -\frac{e\phi}{k_\mathrm{B}} \left(\frac{1}{T_2} - \frac{1}{T_1} \right) \right\}$$

$J_2/J_1 = 7.43$ なので，両辺の自然対数を取ると，

$$\ln 7.43 = 2 \ln \frac{2500}{2300} - \phi \times \frac{1.602 \times 10^{-19}}{1.381 \times 10^{-23}} \left(\frac{1}{2500} - \frac{1}{2300} \right)$$

これより，$\phi = 4.56\,\mathrm{eV}$ を得る．

3.3 陰極表面からの距離を x とすると，電子のポテンシャルエネルギーは外部電界によるポテンシャル U_E（$= -eEx$）と影像力によるポテンシャル U_image の和である．

$$U = U_E + U_\mathrm{image} = -eEx - \frac{e^2}{16\pi\varepsilon_0 x}$$

ポテンシャル障壁の減少分は，この関数の極値と真空準位 $U = 0$ の差である．この式は，相加平均と相乗平均の関係より

$$(-e) \times 2 \times \sqrt{Ex \times \frac{e}{16\pi\varepsilon_0 x}} = -e\sqrt{\frac{eE}{4\pi\varepsilon_0}}$$

を超えない．したがって，式 (3.4) が成り立つ．

3.4 式 (3.5) より，電界があるときの電流は，熱電子飽和電流の $\exp(0.44\sqrt{E}/T)$ 倍である．電界は

$$E = \frac{V_\mathrm{a}}{R_\mathrm{c} \ln(R_\mathrm{a}/R_\mathrm{c})} = \frac{500}{0.01 \times 10^{-2} \ln(1.0/0.01)} = 1.09 \times 10^{6}\,\mathrm{V/m}$$

より，倍率は

$$\exp\left(\frac{0.44\sqrt{1.09 \times 10^{6}}}{2000} \right) = 1.26$$

これより，26% 増加する．

3.5 光電子が初期電子である．陰極での初期電子電流 I_cathode と全電流 I の関係

$I = I_{\mathrm{cathode}} \exp(\alpha d)$ より，

$$\alpha = \frac{1}{d} \ln\left(\frac{I}{I_{\mathrm{cathode}}}\right) = \frac{1}{0.5 \times 10^{-2}} \ln\left(\frac{4.5}{0.3}\right) = 542\,\mathrm{m}^{-1}$$

となる．

3.6 大気圧 $p = 1013\,\mathrm{hPa}$ ($760\,\mathrm{Torr}$) と表 3.2 の値（$A = 2.8\,\mathrm{cm}^{-1}\cdot\mathrm{Torr}^{-1}$, $B = 77\,\mathrm{V}\cdot\mathrm{cm}^{-1}\cdot\mathrm{Torr}^{-1}$）を式 (3.21) に代入すると，次のように求まる．

$$V = \frac{pdB}{\ln\left\{\dfrac{pdA}{\ln(1+1/\gamma)}\right\}} = \frac{760 \times 0.014 \times 77}{\ln\left\{\dfrac{760 \times 0.014 \times 2.8}{\ln(1+1/0.01)}\right\}} = 439\,\mathrm{V}$$

このときの換算電界は

$$E/p = \frac{439/0.014}{760} = 41.2\,\mathrm{Vcm}^{-1} \cdot \mathrm{Torr}^{-1}$$

であり，A, B の値の使用可能な範囲になっている．

3.7 式 (3.21) において，$x = pd$, $D = A/\ln(1+1/\gamma)$ とおくと，

$$\frac{dV}{dx} = \frac{d}{dx}\left\{\frac{xB}{\ln(xD)}\right\} = B\frac{\ln xD - 1}{\{\ln(xD)\}^2}$$

ここで，$dV/dx = 0$ より $x = e/D$ を得る．これより，パッシェン曲線の極小値における pd は，次のようになる．

$$(pd)_{\min} = \frac{e\ln(1+1/\gamma)}{A} = \frac{2.718 \times \ln(1+1/0.01)}{2.8} = 4.48\,\mathrm{Torr}\cdot\mathrm{cm}$$

$p = 1013\,\mathrm{hPa}$ ($760\,\mathrm{Torr}$) のときの電極間隔は，次のように求められる．

$$d = \frac{4.48}{760} = 5.9 \times 10^{-3}\,\mathrm{cm}$$

Chapter 4

4.1 4.1 節参照．圧力の増加に対して絶縁破壊電圧が飽和傾向を示すため，10 気圧を超えるような圧力では機器の機械的強度の要求が厳しくなる一方で，耐電圧はあまり高くならず，経済的でないため．

4.2 4.2 節に示したように，陽極から放出された正イオンや光子による二次電子放出や，陽極や陰極からの金属蒸気発生に伴う絶縁破壊が起こるため．

4.3 4.4 節参照．高価な SF_6 に安価な窒素を 20%程度混合しても，絶縁耐力の低下がわずかであるため．

Chapter 5

5.1 5.1 節参照．暗流およびタウンゼント放電の領域では電圧の上昇に伴い徐々に電流が増加し，絶縁破壊にいたると電圧が急激に低下する．前期グロー放電および正規グロー放電区間では電圧の大きな変化がないが，異常グロー放電区間において，アーク放電に移行する前に電圧が上昇し，アーク放電に移行すると電圧が大きく低下する．

5.2 電界強度が強い領域では電離係数が電子付着係数よりも大きく，局所的に電離による電子増倍が起こって自続放電が形成される一方で，電界強度が弱い領域では電離係数よりも電子付着係数が大きく，電子は負性気体に付着して負イオンを形成するため．

5.3 $\dfrac{3}{2}k_{\rm B}T_{\rm e} = \dfrac{1}{2}m_{\rm e}v_{\rm te}^2$ より，次のように求められる．

$$v_{\rm te} = \sqrt{\frac{3k_{\rm B}T_{\rm e}}{m_{\rm e}}} = \sqrt{\frac{3 \times 1.38 \times 10^{-23}\,{\rm J/K} \times 10000\,{\rm K}}{9.11 \times 10^{-23}\,{\rm kg}}} = 6.74 \times 10^5\,{\rm m/s}$$

5.4 5.6 節参照．電子は電界により大きなエネルギーを得るが，中性粒子との衝突時のエネルギー損失が小さい．イオンは電界から得るエネルギーが電子よりも小さく，また，中性粒子との衝突でエネルギーの大部分を失う．中性粒子は電界によるエネルギー供給がない．このような理由で，電子温度はイオン温度および中性粒子温度よりも高くなる．

5.5
$$\omega_{\rm e} = \left(\frac{n_{\rm e}e^2}{\varepsilon_0 m_{\rm e}}\right)^{1/2} = \left\{\frac{10^{16}\,{\rm m}^{-3} \times (1.60 \times 10^{-19}\,{\rm C})^2}{8.85 \times 10^{-12}\,{\rm F/m} \times 9.11 \times 10^{-23}\,{\rm kg}}\right\}^{1/2}$$
$$= 5.64 \times 10^9\,{\rm rad}$$

$$\lambda_{\rm D} = \left(\frac{\varepsilon_0 kT_{\rm e}}{n_{\rm e}e^2}\right)^{1/2}$$
$$= \left\{\frac{8.85 \times 10^{-12}\,{\rm F/m} \times 1.38 \times 10^{-23}\,{\rm J/K} \times 10000\,{\rm K}}{10^{16}\,{\rm m}^{-3} \times (1.60 \times 10^{-19}\,{\rm C})^2}\right\}^{1/2}$$
$$= 9.77 \times 10^{-5}\,{\rm m}$$

Chapter 6

6.1 6.1.1 項参照．電気集じん機は，コロナ放電によって粒子を荷電し，集じん部において電界の作用で粒子を捕集する．一段式では，コロナ放電を発生させる放電電極が集じん電極の間に設置され，荷電と捕集を同時に行う．二段式では，二つの電極が分けられており，最初にコロナ放電で荷電した後に集じん部で捕集を行う．

6.2 ドイッチュの式 (6.1) より，

$$0.920 = 1 - \exp\left(-\frac{\omega_d A}{Q}\right), \quad \exp\left(-\frac{\omega_d A}{Q}\right) = 0.080$$

ここから，A が 2 倍，Q が 3 倍となるので，

$$\exp\left(-\frac{\omega_d 2A}{3Q}\right) = \exp\left(-\frac{\omega_d A}{Q}\right)^{2/3} = 0.080^{2/3} = 0.186$$

よって，求める集じん率 η は，

$$\eta = 1 - \exp\left(-\frac{\omega_d A}{Q}\right)^{2/3} = 1 - 0.186 = 0.814$$

であり，81.4％となる．

6.3 6.1.2 項参照．主に周波数によって分類される．直流や低周波数ではイオンの運搬効率が高いが，静電気除去のムラや逆帯電が生じる場合がある．高い周波数では，イオンの発生と運搬の効率が低いが，正負イオンのバランスがよく，高精度に除電が可能である．

6.4 熱化学反応式より

$$3O_2 \ \rightarrow \ 2O_3 - 284\,\mathrm{kJ}$$

となる．1 mol のオゾンを生成するのには 142 kJ 必要となる．この関係を電気的な単位に換算すると，約 1200 g/kWh となる（実際の収率はこの理論収率の約 1/10 ということになる）．

6.5 6.4.2 項，6.4.3 項参照．切断は，電極と被加工物である金属材料間でアーク放電を発生し熱によって被加工物を溶融することで加工する．接合は，被溶接材の接合部をアーク放電による熱で過熱し，被溶接材のみを溶融，もしくは被溶接材と溶加材を融合した溶融金属を生成し，それらを凝固させて接合する．

Chapter 7

7.1 7.1.1 項参照．電界の作用によって正負電荷が変位する変位電極，有極性分子の双極子モーメントの配向に基づく双極子分極もしくは配向電極，イオンが外部電界によって移動・蓄積して生じる空間電荷もしくはイオン分極．変位分極には，電子分極と原子分極がある．

7.2 図 7.3 参照．周波数の増加とともに，双極子分極，原子分極，電子分極の順に応答できなくなり，誘電率が低下するとともに，誘電損率が増加する．

7.3 20 m の同軸ケーブルの静電容量は 2 nF となる．電流は矩形波立ち上がり・立ち下がり時に流れる瞬時充電電流が占め，これが最大値となる．電圧変化 (dv/dt) は 5 kV/μs なので，式 (7.6) より，$2 \times 10^{-9} \times 5 \times 10^{3}/10^{-6} = 10$ A となる．

7.4 誘電体の電気伝導度は，その状態によって大きく変わる．たとえば，固体誘電体では気体の吸着や酸化，液体濡れ，微粒子付着などによって，液体誘電体では不純物の混入などによって，大きく電気伝導性が変化する．また，温度によっても大きく変化する．加えて，誘電率は周波数により影響を受ける．そのため，電気的特性を調べるうえでは，使用する周波数，温度，環境，経過時間などを考慮する必要がある．

7.5 7.3 節，7.4 節参照．液体誘電体では，電子が電界によって加速して電子なだれが発生し絶縁破壊が起こる電子的破壊や，空間電荷の蓄積によって電界が上昇して電子放出が増加することによる空間電荷破壊，気泡の発生によって生じる気泡破壊，不純物の混入による破壊などがある．固体誘電体では，同様に電子的破壊のほか，伝導電流や誘電損による発熱による熱的破壊がある．

Chapter 8

8.1 合成インピーダンス $\dot{Z}_1, \dot{Z}_2$ および分担電圧 $\dot{V}_1, \dot{V}_2$ は，

$$\dot{Z}_1 = \frac{\dfrac{R_1}{j\omega C_1}}{R_1 + \dfrac{1}{j\omega C_1}} = \frac{R_1}{1 + j\omega C_1 R_1}, \quad \dot{Z}_2 = \frac{\dfrac{R_2}{j\omega C_2}}{R_2 + \dfrac{1}{j\omega C_2}} = \frac{R_2}{1 + j\omega C_2 R_2}$$

$$\dot{V}_1 = \frac{\dot{Z}_1}{\dot{Z}_1 + \dot{Z}_2}\dot{V}_0, \quad \dot{V}_2 = \frac{\dot{Z}_2}{\dot{Z}_1 + \dot{Z}_2}\dot{V}_0 \quad \therefore \frac{\dot{V}_1}{\dot{V}_2} = \frac{\dot{Z}_1}{\dot{Z}_2} = \frac{R_1(1 + j\omega C_2 R_2)}{R_2(1 + j\omega C_1 R_1)}$$

となる．したがって，次のように求められる．

$$\lim_{\omega \to \infty} \frac{\dot{V}_1}{\dot{V}_2} = \frac{C_2}{C_1}, \quad \lim_{\omega \to 0} \frac{\dot{V}_1}{\dot{V}_2} = \frac{R_1}{R_2}$$

8.2 がいしの連結個数を増やして沿面距離を長くする，耐塩がいしを使う，定期的に洗浄して塩じんを除去する，グリース状のシリコーンコンパウンドを絶縁物表面に塗布することにより水分を弾きやすくしてトラッキング現象を抑える，絶縁テープや高分子がいしを使う場合には耐トラッキング性の高い材料を選択する，など．

8.3 図 8.6(b) における b-c 間の電圧が放電により V_g から $V_g - \Delta V_g$ へと変化したときに消費されるエネルギーは，

$$W = \frac{1}{2}\left(C_{\mathrm{g}} + \frac{C_0 C_{\mathrm{S}}}{C_0 + C_{\mathrm{S}}}\right)\left\{V_{\mathrm{g}}^2 - (V_{\mathrm{g}} - \Delta V_{\mathrm{g}})^2\right\}$$

である．ここで，$C_0 \gg C_{\mathrm{S}}$, $\Delta V_{\mathrm{g}} \approx V_{\mathrm{g}}$ とすると，

$$W = \frac{1}{2}\left(C_{\mathrm{g}} + C_{\mathrm{S}}\right) V_{\mathrm{g}}^2 = Q_{\mathrm{g}}\frac{V_{\mathrm{g}}}{2} = Q_0\frac{V_0}{2} = \frac{1}{2}C_0 V_0\,\Delta V_0$$

となり，式 (8.7) が導かれる．

8.4 ブリッジの各枝における合成インピーダンスは

$$\dot{Z}_1 = R_1, \quad \dot{Z}_2 = \frac{1}{1/R_2 + j\omega C_2}, \quad \dot{Z}_x = R_x + \frac{1}{j\omega C_x}, \quad \dot{Z}_{\mathrm{S}} = \frac{1}{j\omega C_{\mathrm{S}}}$$

である．ブリッジの平衡条件より，$\dot{Z}_1/\dot{Z}_2 = \dot{Z}_x/\dot{Z}_{\mathrm{S}}$ が成り立つ．

$$j\omega C_{\mathrm{S}}\left(R_x + \frac{1}{j\omega C_x}\right) = R_1\left(\frac{1}{R_2} + j\omega C_2\right)$$

両辺の実部どうし，虚部どうしがそれぞれ等しいから，次のように求められる．

$$\frac{R_1}{R_2} = \frac{C_{\mathrm{S}}}{C_x} \quad \therefore C_x = \frac{R_2}{R_1}C_{\mathrm{S}}, \quad C_2 R_1 = C_{\mathrm{S}} R_x, \quad \therefore R_x = \frac{C_2}{C_{\mathrm{S}}}R_1$$

$$\tan\delta = \omega C_x R_x = \omega\frac{R_2}{R_1}C_{\mathrm{S}}\frac{C_2}{C_{\mathrm{S}}}R_1 = \omega C_2 R_2$$

8.5 ボウタイトリーとは，固体誘電体内部に形成される水トリーの一種である．固体中のボイドや異物を起点として，両電極に向かって 2 方向に伸びるため，ボウタイ（蝶ネクタイ）のように見えることからそのようによばれる．水分を含むボイドや異物などの起点があると，その近傍に電界が集中するため，誘電泳動により固体内に拡散している水分がそこに集まり，水分を含むボイドが新たに形成される．これの繰り返しによりボウタイトリーは成長する．

8.6 負荷の無効電力（遅れ）Q を並列に組み込む進相コンデンサで打ち消すのだから，負荷の力率を $\cos\phi$ とすると

$$Q = VI\sin\phi = \omega CV^2 = 2\pi fCV^2 \quad \therefore C = \frac{Q}{2\pi fV^2}$$

となる．ここで $Q = 10\,\mathrm{kvar}$, $V = 7\,\mathrm{kV}$, $f = 50\,\mathrm{Hz}$ より，$C = 65\,\mu\mathrm{F}$.

8.7 一つのロールは 2 個のコンデンサの並列なので，1 個あたりの静電容量は $C' = 32.5\,\mu\mathrm{F}$ である．ロールの長さを $x\,[\mathrm{m}]$ と置けば，

$$C' = \varepsilon_0\varepsilon_r\frac{S}{d} = \varepsilon_0\varepsilon_r\frac{l\cdot x}{d} = 8.85\times10^{-12}\times2.5\times\frac{0.1x}{100\times10^{-6}}$$
$$= 32.5\times10^{-6}$$

これを解くと $x \approx 1.5 \times 10^3$ m，なんと 1.5 km である．

Chapter 9

9.1 ガラスの場合，磁器に比べて機械的強度に劣る．また，ガラス中にはイオン成分が多く含まれているため，電界分布や応力分布がひずみやすい．とくに直流送電において注意が必要である．

9.2 空間電荷注入のない問図 (a) では電界は一定．

$$E_0 = \frac{V}{d} \tag{i}$$

問図 (b) では，正電荷が $\rho(x) = -\rho_1 x/d + \rho_1$ の式に従って分布しているので，電界はポアソンの式より次式で表される．

$$E(x) = \int_0^x \frac{1}{\varepsilon}\left(-\frac{\rho_1}{d}x + \rho_1\right)dx = \frac{\rho_1}{\varepsilon}\left\{x\left(1 - \frac{x}{2d}\right)\right\} \tag{ii}$$

$x = d$ を基準（接地電位）とし，そこから $x = 0$ までの $E(x)$ の積分値に負符号をつけたものが印加電圧に相当する．

$$V = -\int_d^0 \frac{\rho_1}{\varepsilon}\left\{x\left(1 - \frac{x}{2d}\right)\right\}dx = \frac{\rho_1}{\varepsilon}\frac{d^2}{3} \tag{iii}$$

式 (i)，(iii) より

$$V = E_0 d = \frac{\rho_1}{\varepsilon}\frac{d^2}{3} \qquad \therefore \rho_1 = \frac{3\varepsilon}{d}E_0 \tag{iv}$$

式 (ii)，(iv) より

$$E(x) = \frac{3E_0}{d}\left\{x\left(1 - \frac{x}{2d}\right)\right\} \tag{v}$$

$E(x)$ は，陰極に近いほど高い．$x = d$ において

$$E(d) = \frac{3E_0}{d}\left\{d\left(1 - \frac{1}{2}\right)\right\} = 1.5E_0 \tag{vi}$$

より，1.5 倍．

9.3 電界がもっとも高い場所は内部導体表面であり，次式で表される．

$$E_{\max} = E(r) = \frac{V}{r\ln(R/r)}$$

$0 \leq r \leq R$ の範囲において，分母の微分係数がゼロとなる条件を考える．分母を r について微分する．

$$\frac{d}{dr}\left\{r\ln\left(\frac{R}{r}\right)\right\} = \frac{d}{dr}\left\{r\ln(R) - r\ln(r)\right\} = \ln(R) - \ln(r) - 1 = 0$$

$$\ln\left(\frac{R}{r}\right) = 1 \quad \therefore \frac{R}{r} = e, \quad r \approx 0.38R$$

実際の超高圧ケーブルにおける r と R の比は，およそこれに等しい．

9.4 三相交流における基準容量 P_b と，基準電圧 V_b および基準電流 I_b との間には，$P_b = \sqrt{3}\,V_b I_b$ の関係が成り立つ．基準電流と三相短絡電流 I_{S} との関係は，$I_{\mathrm{S}} = (100/\%Z)I_b$ であるから，

$$I_{\mathrm{S}} = \frac{100}{\%Z} \times \frac{P_b}{\sqrt{3}V_b} = \frac{100}{8} \times \frac{10^7}{\sqrt{3} \times 6.6 \times 10^3} \approx 11\,\mathrm{kA}$$

となる．

9.5 コンデンサの電荷量を $q(t)$ として回路方程式を立てる．

$$L\frac{d^2q(t)}{dt^2} + \frac{1}{C}q(t) = 0$$

この微分方程式の解をオイラーの公式を用いて変形する．

$$q(t) = Ae^{j\frac{t}{\sqrt{LC}}} + Be^{-j\frac{t}{\sqrt{LC}}} = (A+B)\cos\frac{t}{\sqrt{LC}} + j(A-B)\sin\frac{t}{\sqrt{LC}}$$

$$i(t) = \frac{dq(t)}{dt} = -\frac{1}{\sqrt{LC}}(A+B)\sin\frac{t}{\sqrt{LC}} + j\frac{1}{\sqrt{LC}}(A-B)\cos\frac{t}{\sqrt{LC}}$$

初期条件 $q(0) = CV$, $i(0) = 0$ から，$A = B = CV/2$ が得られる．

$$\therefore \quad i(t) = -\frac{V}{\sqrt{L/C}}\sin\frac{t}{\sqrt{LC}}$$

遮断器に流れる電流は，I と $i(t)$ の重ね合わせである．

$$I + i(t) = I - \frac{V}{\sqrt{L/C}}\sin\frac{t}{\sqrt{LC}}$$

9.6 アーク中の電荷が横方向へ移動しようとすると，縦方向磁界を中心とした円周方向にローレンツ力がはたらき，その結果，電荷はらせん運動をしながら磁束に捕捉される．これにより，電流が一点に集中することを抑えることができる．

9.7 電力会社，機器メーカ，ガス会社等による厳しい削減目標の自主的設定，業界の垣根を越えた統一的ルールづくりとその運用，管理台帳を用いた数値管理の徹底などの効果による．文献 [44] に詳しい．

Chapter 10

10.1 10.1.1 項の記述のように，日射で地表が熱せられて上昇気流などが生じ，これにより氷晶の帯電が起こる．

10.2 10.1.2 項の記述のように，まず階段状先駆的放電が枝分かれしながら進む．この放電が大地に近づくと大地からストリーマ状放電が伸び，両者が結合する．この放電を通して大地から雷雲へ帰還雷とよばれる大電流が流れる．

10.3 図 10.3 より IKL を求め，330×10^{-6} を掛けて求める．

10.4 $r_s = 6.7i^{0.8}$ に $i = 100$ を代入すると，$r_s = 267\,\mathrm{m}$ となる．

10.5 $r_s = 6.7i^{0.8}$ に $i = 10$ を代入すると，$r_s = 42.3\,\mathrm{m}$．架空地線から建造物中心までの距離は $50/2\,\mathrm{m}$ なので，保護範囲の高さ H は，避雷針の高さを h として，

$$h - 42.3\left\{1 - \sin\left(\cos^{-1}\frac{50/2}{42.3}\right)\right\} = h - 8.2$$

となる．H が建物の高さ $20\,\mathrm{m}$ となるためには，避雷針の高さ h は $28.2\,\mathrm{m}$ となる．

10.6 式 (10.3) に代入して，$|v| = \dfrac{10 \times 2 \times 10^3}{2 \times 3 \times 10^8} \times \dfrac{100 \times 10^3}{40 \times 10^{-6}} = 83.3\,\mathrm{kV}$.

10.7 10.3.4 項の記述のように，避雷器サージ電圧がある電圧 e_a を超えると低抵抗体として作用して電流を大地に逃がし，サージ電圧をある値以下に制限する．

Chapter 11

11.1 この系を模式的に描くと**解図** 11.1 のようになる．これより，必要段数は 3 段，絶縁架台に印加される最大の電圧は 1000 kV となる．

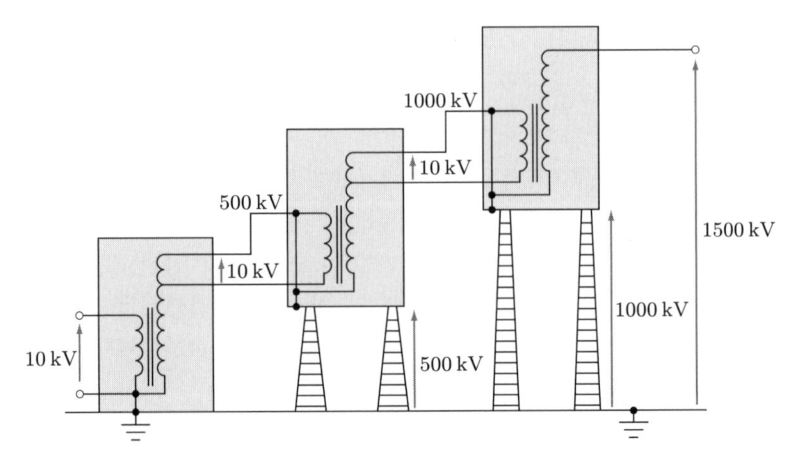

解図 11.1

11.2　雷インパルスでは，過制動条件 $R_S + R_o > \sqrt{4L/C}$ で電圧が発生するが，フラッシオーバが生じた場合，負荷抵抗が $0\,\Omega$ に近くなるため，減衰振動条件 $R_S + R_o < \sqrt{4L/C}$ に変化する．そのため，**解図** 11.2 のような波形となる．

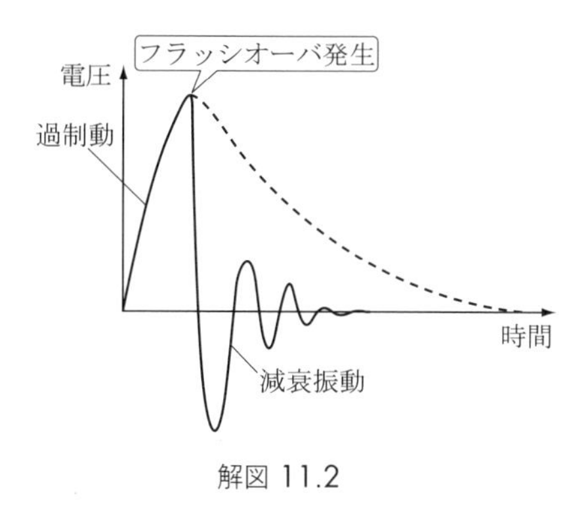

解図 11.2

11.3　**解図** 11.3 のとおり．入力波形を破線，出力波形を実線で示す．

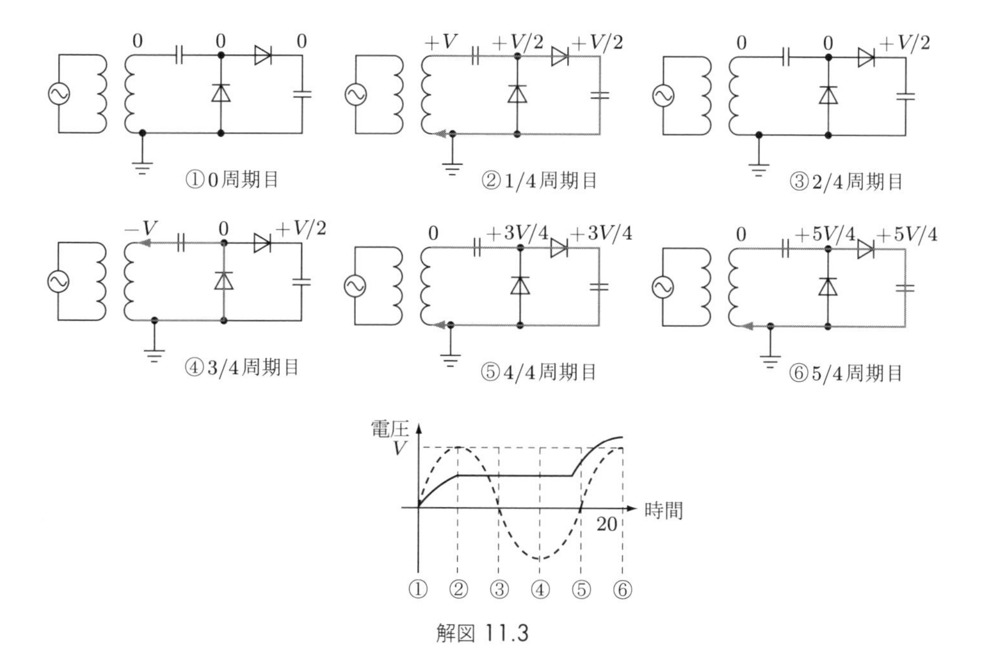

解図 11.3

Chapter 12

12.1　12.1.1 項参照．片方が固定され，もう一方にバネが付いている対向した平板電極間に電圧が加わると，電圧の 2 乗に比例した静電気力による引力がはたらき，バネが付いた電極が移動する．この移動量より，電圧の実効値を測定する．

12.2　12.1.3 項参照．高電圧部の電界を緩和するとともに，浮遊静電容量成分の影響を補償するため．

12.3　12.2.2 項，12.2.3 項参照．ロゴウスキーコイルは電流回路とコイルの相互インダクタンスによる起電圧を時間積分することによって測定する．積分回路が必要ではあるが，磁性体コアを必要とせず大電流の測定が可能である．一方，変流器は変圧器と同様の原理で，磁性体コアを用いて，巻線比と接続した抵抗値により電流を電圧に直接変換する．磁性体コアを用いるため，磁気飽和に注意する必要がある．

索　引

■さ 行

■た　行

■な　行

■は 行

■ま 行

■や 行

■ら 行

■わ 行

著者略歴

高木浩一（たかき・こういち）

1988 年　熊本大学大学院工学研究科博士前期課程 修了（電気工学専攻）
1989 年　大分工業高等専門学校助手（電気工学科）
1996 年　岩手大学助手（工学部電気電子工学科）
2011 年　岩手大学教授（理工学部システム創成工学科）　現在に至る
　　　　博士（工学）

向川政治（むかいがわ・せいじ）

1998 年　広島大学大学院理学研究科博士課程後期 修了（物理学専攻）
1998 年　広島大学ナノデバイス・システム研究センター講師（研究機関研究員）
2001 年　岩手大学助手（工学部電気電子工学科）
2016 年　岩手大学教授（理工学部システム創成工学科）　現在に至る
　　　　博士（理学）

竹内　希（たけうち・のぞみ）

2009 年　東京工業大学大学院理工学研究科博士後期課程 修了（電気電子工学専攻）
2009 年　東京工業大学助教（電気電子工学専攻）
2017 年　産業技術総合研究所主任研究員（環境管理研究部門）
2019 年　東京工業大学准教授（電気電子工学系）　現在に至る
　　　　博士（工学）

高橋克幸（たかはし・かつゆき）

2009 年　岩手大学大学院工学研究科博士前期課程 修了（電気電子工学専攻）
2009 年　シシド静電気株式会社 入社
2011 年　岩手大学大学院工学研究科博士後期課程 修了（電気電子工学専攻）
2015 年　岩手大学助教（理工学部システム創成工学科）
2019 年　岩手大学准教授（理工学部システム創成工学科）　現在に至る
　　　　博士（工学）

門脇一則（かどわき・かずのり）

1990 年　愛媛大学大学院工学研究科 修了（電気工学専攻）
1990 年　日東電工株式会社 入社
1996 年　愛媛大学助手（電気電子工学科）
2011 年　愛媛大学教授（大学院理工学研究科電子情報工学専攻）　現在に至る
　　　　博士（工学）

基礎からの高電圧工学

2022 年 10 月 3 日　第 1 版第 1 刷発行

著者　　　高木浩一，向川政治，竹内　希，高橋克幸，門脇一則

編集担当　藤原祐介（森北出版）
編集責任　富井　晃（森北出版）
組版　　　藤原印刷
印刷　　　　同
製本　　　　同

発行者　　森北博巳
発行所　　森北出版株式会社
〒 102-0071　東京都千代田区富士見 1-4-11
03-3265-8342（営業・宣伝マネジメント部）
https://www.morikita.co.jp/

ISBN978-4-627-78751-3